（亚）热带主要景观药用
植物名录及景观配置形式

麦全法　林宁　著

U0345896

吉林科学技术出版社

图书在版编目（CIP）数据

（亚）热带主要景观药用植物名录及景观配置形式 /
麦全法，林宁主编 . -- 长春：吉林科学技术出版社，2022.9
ISBN 978-7-5578-9731-4

Ⅰ . ①亚… Ⅱ . ①麦… ②林… Ⅲ . ①热带植物-药
用植物-中国-名录 Ⅳ . ① Q949.95-62

中国版本图书馆 CIP 数据核字（2022）第 178115 号

（亚）热带主要景观药用植物名录及景观配置形式

主　编　麦全法　林　宁
出版人　宛　霞
责任编辑　杨超然
封面设计　杨雨松
幅面尺寸　185mm×260mm
字　数　84 千字
印　张　17.75
印　数　1-1500 册
版　次　2022年9月第1版
印　次　2023年4月第1次印刷

出　版　吉林科学技术出版社
发　行　吉林科学技术出版社
地　址　长春市福祉大路5788号
邮　编　130118
发行部电话/传真　0431-81629529 81629530 81629531
　　　　　　　　　81629532 81629533 81629534
储运部电话　0431-86059116
编辑部电话　0431-81629518
印　刷　三河市嵩川印刷有限公司

书　号　ISBN 978-7-5578-9731-4
定　价　105.00元

作者简介

麦全法（1980年2月），男，汉族，广东省佛山市顺德区人，博士研究生学历，高级农艺师、副研究员。现为海南农垦红明农场有限公司总经理、中国热带作物学会理事。主要从事研究方向为热带作物栽培管理、土壤肥料学、栽培生态学等。主持省级项目2项，参与省部级项目5项（其中国家重大项目1项、省自然基金4项）；发明实用性专利1项，合作出版专业著作2部（第一第二作者各1部），在省级以上期刊发表论文十多篇；获省级科技成果转化奖一等奖、二等奖各1项，省级科技进步三等奖3项。

林宁（1981年5月），女，汉族，广西合浦人，硕士研究生毕业，现为海南大学林学院讲师。研究方向为景观生态与景观规划设计、休闲农业规划设计、园林史。曾赴日本筑波大学环境与科学学部研修GIS在园林设计中的运用、日本庭园设计。出版专著1部，参编著作2部，参编教材1部，主持或参与完成海南省自然科学基金3项，参与国家自然科学基金1项，发表论文章若干。

前　言

　　药用植物作为一种天然资源，它的价值不仅体现在其医药作用方面，大部分药用植物可以通过自身植株或散发物激发人体感官，给人类带来愉悦，在促进人体系统平衡，保护人体健康甚至在治愈疾病方面也有很大功效。如利用其丰富的叶、枝、花、果和不同的群落结构，能给人类带来多样的视觉、触觉和嗅觉效果，使人从身心感受角度提升生活质量。

　　对于药用资源积极丰富的南方地区，特别是在热带和亚热带，药用植物种类和生态系统多样，其具有特殊的景观生态美、群落整体美、季节变化动态美和净化环境美等功能，如挺拔的槟榔树、层次分明的山竹树、叶片姿态丰富的蕨类、万紫千红的低矮灌木植物（如檵木、朱瑾、月季等）、抗逆性较好的草坪植物（如鸭拓草、节节草等），以及某些特殊的芳香植物散发的"萜烯"等芳香物质还能杀死空气中有害细菌、或有助于提神醒脑如草薄荷、薰衣草、香樟等。这些兼具一定的景观观赏价值的药用植物，通过运用一定的景观配置手段，能为人们带来极大的愉悦感和健康。

　　鉴于海南与广东、广西、云南等同属热带、亚热带地区，为了更全面归纳南方药用景观植物种类，本书收录了该区域主要药用景观品种。同时，本书根据实地调研成果，在总结岭南常见药用植物和观赏药用植物基础上，对景观可塑性药用植物品种进行完善补充，并增加植物的景观用途说明。全书共收入 176 科 1128 种植物，其中被子植物 146 科 1071 种（其中单子叶植物 16 科 163 种、双子叶植物 130 科 908 种）、裸子植物 8 科 12 种、蕨类植物 22 科 44 种。在描述过程中，本书按照学名（拉丁名）、别名、形态特征、生境与分布、药用部位和药效功能，以及该品种在景观（园区）中的使用途径都进行说明；在科目排序上本书也尽量结合恩格勒系统和《中国植物志》体系进行排列。务求使读者从品种辨别、药效价值、植株欣赏和利用等多角度认识该植物。此外，本书对药用植物在园林中配置形式进行简要的补充描述，提高其在景观实际应用性。

由于本人调查研究时间有限，书中部分植物特征参考了前人著作；此外，鉴于个人能力有限，对许多药用植物的园林景观用途仍未细化和深入研究，特别是庭园用途方面研究更少，以至于在整理和编写的过程中存在局限性。因此，本书难免存在一些不足和遗漏，望广大专家、学者及读者多加指正，以期今后加以补充完善。同时，全书编著整理过程中也得到海南省自然科学基金项目（319QN169）的支持，在此对项目组其他成员及海南大学的有关老师一并表示感谢！

编者

目 录

（三）被子植物（双子叶植物）

第三章 景观药用植物在园林中部分配置方式

第一章 药用植物基础认识

1.1 药用植物概念

在漫长的植物开发过程中，人类开始分类出药用植物（或功效植物），并逐渐用于治病救人（特别是中国及其中药研究）。药用植物是指其植株的全株或部分（叶、枝、花、果、皮和根），以及它们的生理病理产物，含有能防治疾病的物质的一类植物，其对人们身心健康的保持、保护有着明显功效的一类植物。它可以成为但不限于包括用作营养剂、嗜好品、调味品、色素添加剂，及农药和兽医用药的植物资源。药用植物种类繁多，其药用部分各不相同，如有全部入药的，如：益母草、夏枯草等；有部分入药的，如：人参、曼陀罗、射干、桔梗、满山红等；有需提炼后入药的，如：金鸡纳霜等。

药用植物在人类生产生活中的重要意义在于：一方面药用植物由于其药效特点给人类去病救人，另一方面由于药用植物的花、果、枝、叶和树干甚至是产生物（如花粉、分泌的挥发物、或凝结物等）在一定程度上又兼有观赏性、体验性和生理改善，可以作为园林植物给人带来愉悦，特别是存在奇特、美丽的叶、花、果等观赏价值的或群落方面具有独特景观造型魅力的植物。

1.2 中国药用植物资源现状与分类

1.2.1 中国药用植物资源概述

据统计，我国有 12807 种中药种类，其中就有 11146 种药用植物，植物资源种类占全部中药种类的 87%。由此可知植物在中药资源中占了

1

主要地位。而根据我国药用植物资源按照地理分布特点，可以划分为 8 大药用植物区，分别为内蒙古、东北、华北、华中、西南、华南（热带、亚热带）、西北、青藏高原地区。另一种说法为 6 大区域，即西南、中南、华东、西北、东北、华北。

表 1. 中国药用植物类别及其主要品种

主要类别及划分			代表品种
中国中药植物（383科2309属11146种）	药用低等植物	药用菌类	冬虫夏草、各类灵芝等
		药用菌类　海洋藻类为主	海带、昆布等
		药用地衣类（占地衣类77%）梅衣科、松萝科、石蕊科等为主	破茎松萝、长松萝等
		药用苔藓类	地钱、石地钱、蛇苔（蛇地钱）等
		药用蕨类（占本类98%）石松亚门和真威亚门为主	贯众狗脊、骨碎补等
	药用高等植物（其中种子植物占90%）	药用裸子植物（10科27属126种）松科（113种）	松花粉
		柏科（29种）	侧柏
		三尖杉科（10种）	
		红豆杉科	东北红豆杉、南方红豆杉和云南红豆杉
		麻黄科（11种）	草麻黄、中麻黄、木贼麻黄
		买麻藤科	买麻藤和垂子买麻藤
		银杏科	仅银杏
		苏铁科	苏铁、华南苏铁等
		药用被子植物（213科1957属10027种）菊科（778种）	白术、苍术、云木香等
		豆科（490种）	甘草、黄芪、鸡血藤等
		毛茛科（420种，占全科种数的58%）	乌头属为主，103种，包括川乌、草乌等
		唇形科（436种，占本科植物种数的55%，）	有丹参、黄芩等。
		蔷薇科（360种，占本科植物种数的43%）	有乌梅、地榆等。
		伞形科（234种，占本科植物种数的44%）	有当归、白芷、羌活、柴胡等
		蓼科（123种，占本科植物种数的53%）	
		五加科（112种，占本科65%）	最重要的是人参和三七
		百合科（358种）	有贝母、百合等。
		兰科（占本科28%）	天麻、石斛类

这 11146 种中药植物分别属于 383 科 2309 属。其中在药用低等植物资源中，菌类种数最多，以真菌为主；药用藻类以海洋藻类种数最多，有 120 种以上；药用地衣较多的有梅衣科、松萝科、石蕊科等；药用苔藓类主要有地钱、石地钱、蛇苔（蛇地钱）等；蕨类属药用以孢子植物之首，较重要的是石松亚门和真蕨亚门。在药用高等植物资源中，种子植物占 90% 以上，是我国药用植物资源的主体。其中裸子植物药用种类有 10 科 27 属 126 种。其中松科最多，10 属 113 种 29 变种；柏科有 8 属 29 种 7 变种；三尖杉科中许多都含有抗癌活性物质，1 属 10 种，均可药用；红豆杉科中含有抗肿瘤活性物质紫杉醇；麻黄科有 11 种 3 变种 1 变型；还有苏铁科、买麻藤科、银杏科（仅银杏 1 种）。被子植物的药用种数十分庞大，有 213 科 1957 属 10027 种。菊科是第一大科，含药用植物 778 种；豆科中药用的有 490 种。毛茛科药用植物有 420 种；唇形科有 436 种药用植物；蔷薇科有 360 种药用植物；伞形科有药用植物 234 种；蓼科有药用植物 123 种。五加科有药用植物 112 种；百合科有 358 种；药用兰科种数仅约占本科植物种数的 28%。中国药用植物类别及主要品种见表 1 所示。

1.2.2 药用植物分类

在药用植物分类方法上，常按照植物属性，即草本、藤本、灌木、乔木进行划分（见表 2），或以产地进行（见表 3）、或根据植物药效进行划分等。无论如何分类，总的就是表现了我国中药资源地域分布广阔、物种资源丰富、功效多样。

表 2. 部分常见观赏药用植物分类（按属性）

乔木	常绿	坡垒、枇杷、橘、柚、
	落叶	香拼、柿子、苦楝、乌桕、南酸枣、盐肤木
灌木	常绿	木本曼陀罗、苏铁、含笑、叶十大功劳、茉莉、长叶排钱树、月季
	落叶	马甲子、臭牡丹、红背叶、玫瑰、赪桐
草本	一年生	水芹、一点红、益母草、莲子草、辣蓼、决明、灯笼草、苍耳、波斯菊、紫花前胡、白花前胡、地桃花、笔杆草、金针花、薄荷、野薄荷、鱼腥草、积雪草、大戟、野菊花、艾草、玫瑰
	多年生	平卧菊三七、蛇侍、蛇含、香茅、血满草、丁迅光、天门冬、翠云草、紫芋、活血丹、头花装、芝麻（半常绿）、紫菀、红蓖麻
藤本	常绿	金银花（半常绿）、麒麟尾（半木质）
	落叶	使君子、威灵仙、砌瓜

表 3. 我国中药分布区域及主要品种（以八区划分为例）

地区	主要代表性植物资源
内蒙古地区	柴胡、黄芪、知母
东北地区	人参、川黄柏、党参、黄芪、刺五加、山花椒等
华北地区	菊花、怀牛膝、地黄、金莲花、山药、山楂、
华中地区	茯苓、乌药、栀子、葛根
西南地区	黄连、厚朴、冬虫夏草、灵芝、红景天、三七
岭（华）南地区（热带、亚热带）	沉香、槟榔、田七、藿香、肉桂
西北地区	大叶麻、枸杞、甘草、大黄
青藏高原地区	姜活、天麻、学灵芝

1.3 药用植物分类概况和一般特征

蕨类植物　蕨类植物一般生长在阴湿环境，一般特征是：绝大部分是草本；根通常为须状的不定根；多为根状茎，少数有直立茎；多维基生叶，刚长出的幼叶一般卷曲状。叶的形态分小型叶和大型叶两种。小型叶没有叶柄，仅有一条不分枝的叶脉，如卷柏；大型叶有叶柄，有分枝的叶脉，有单叶和复叶之分，如石韦、贯众等。有的叶片叶背或叶缘能产生孢子，这样的叶子叫孢子叶；不能产生孢子的叶叫营养叶。蕨类植物靠孢子来繁殖，其药用部位一般是根状茎及共根，也有全株入药的。

裸子植物　裸子植物生长远离潮湿环境。其一般特征是：多为常绿乔木、灌木，少数为落叶性（如金钱松、银杏）；也多为针形、条形、鳞片形，极少为阔叶。有种子，但胚珠裸露，常有多胚现象。裸子植物药用部位一般为叶、树皮、树干分泌物和种子；主要成为是黄酮类、生物碱类、萜类及挥发油、树脂等。

被子植物　被子植物是植物界进化最高级、种类最多、分布最广的类群，也是药用植物种类最多的类群。其主要特征为：具有真正的花、胚珠有子房包被，子房在受精后发育成果实可保护种子并帮助种子传播；双倍体和三倍体可以使新植物体具有更强的生命力。被子植物除乔木和灌木外，更多是草本植物，且根据各部分器官特点，可分为双子叶植物和单紫叶植物两大类。其中双子叶植物是指种子内的胚具有两片子叶，其药用部位有根、茎、叶、花、果实、种子、茎皮、花蕾或全草；而单子叶植物是指种子内的胚只有一片子叶，其药用部位一般为根、叶、花、种子及全草。

1.4 药用植物的利用

不同药用植物药用部位不同，一般分为全草类、根及根茎类、茎木、树（根）皮类、花类、果实、叶类、种子、树脂及其他分泌物或内含物等。

无论是哪类，其药效就是植物体内所含的化学成分，且植物化学成分都相当复杂，有些含有多种有效成分或不同药效成分。植物通常的成分包括糖类、氨基酸、蛋白质、油脂、酶、维生素、有机酸、挥发油、生物碱、苷类、萜类等。有些化学成分还是来自植物次生代谢的产物。比较常用的成分有以下几种：

（1）生物碱：是一类含氮有机化合物，具有特殊的生理活性和医疗效果。许多药用植物中都含有生物碱，如黄连、胡椒、茶叶等。

（2）苷类：又称配糖体。由糖和非糖物质结合而成。不同类型的苷元有不同的生理活性。皂苷在药用植物分布较广，如人参、七叶一枝花、三七、田七等都含有皂苷。

（3）萜类（挥发油）：又称为精油，是具有香气和挥发性的油状液体，由多种化合物组成的混合物，具有生理活性，在医疗上使用较广，如止平喘、发汗解表、祛风镇痛、抗菌等。药用植物中挥发油含量较为丰富的有种子植物如薄荷、肉桂、藿香等。

（4）单宁（鞣质）：多元酚类混合物，存在于多种植物中，如茶叶、苦楝子、土茯苓、槟榔等。

各组分的使用及产生是根据不同需求，采用物理、化学和生物等多种手段进行，并考虑医疗需要和病理治愈要求，合理搭配才有治疗效果。

1.5 药用植物景观应用

随着社会的发展，其在园林景观中的应用将越来越广泛，有的甚至建设特色专园，如以植物命名的有兰园、茶园、竹园等；大型植物园专设药草园，如西安植物园药用景区、杭州植物园的百草园、在特定地区设立药用植物园，如亚太地区规模最大、种植药用植物最多的药用植物园——广西药用植物园。而南方药用植物，特别是热带、亚热带药用植物种类和生态系统多样，除了自身药用价值外，其特有的景观生态美、群落整体美、季节变化动态美和净化环境美等功能，如挺拔的槟榔树、层次分明的山竹树、叶片姿态丰富的蕨类、万紫千红的地被植物（蒲公英、益母草、积雪草），某些特殊的芳香植物散发的"萜烯"等芳香物质还能杀死空气中有害细菌、或有助于提神醒脑如草薄荷、薰衣草、肉桂、香樟等。这些既有药用价值，兼具一定的景观观赏价值的药用植物，将是今后康养产业重要的配套资源。本书根据现存（亚）热带的植物资源资料进行整理汇编，以供大家交流。

第二章 （亚）热带景观药用植物名录

序号	科目名	品种	拉丁学名	别名	识别特征	生长环境	药用部位及功效	园林用途
（一）蕨类植物								
1	石松科	垂穗石松	Palhinhaea cernua (Linn.) A. Franco et Vase.	铺筋草、灯笼草、地蜈蚣草	多年生草本。须根白色，侧枝平伸，多回不等二叉分枝，上部多分枝。叶密生，叶螺旋状排列，条状钻形。孢子囊小，圆柱形，单生于枝顶端，成熟时下垂，孢子叶穗生于小枝顶端；孢子囊穗无柄，叶腋，圆肾形。	生于马尾松林、阔叶林地和草边的酸性土	全草。甘，平，无毒。祛风湿，舒筋络，活血；跌打损伤的止血和瘀伤。	林下地景，或墙体、河岸旁等点缀
2	卷柏科	卷柏	Selaginella tamariscina (P. Beauv.) Spring	还魂草、九死还魂草。	土生或石生，复苏植物，呈垫状。叶全部交互排列，二形，覆瓦状排列的叶质厚，表面光滑，绿色或棕色，边缘具细齿。孢子叶小，枝上的略大（腹质透明）；边缘具白边，具孢子叶一形，小孢子橘黄色。大孢子浅黄色。	生于石灰岩上。	全草。辛，平，活血通经，跌打撞伤。	林下地景、盆景，或墙体、河岸旁等点缀
3		深绿卷柏	Selaginella doederleinii Hieron.	石上柏、山扁柏、深绿卷柏。	常绿草本。主茎直立，下面灰绿色，上面深绿色，叶交互两侧排列，侧叶的两侧斜展。孢子叶卵状三角形。常在分枝处生出根托。叶二形，中叶两行，矩圆形，卵状柜圆形，向枝顶端，圆形，孢子囊生于枝顶端；孢子叶一形，大孢子浅黄色。	多生于林下，草地。	全草。甘，凉。清热解毒，抗癌，止血。	林下地景、盆景，或墙体装饰
4		江南卷柏	Selaginella moellendorffii Hieron.	百叶草、岩叶卷柏、卷柏。	土生或石生。主茎中上部羽状分枝，具一横夹的地下根状茎和游走茎。叶交互排列。孢子二形，大孢子叶，具白边，大孢子叶，小孢子叶在枝上部分布于孢子叶穗中部的下侧；大孢子浅黄色。	生于林下或溪边。	全草。微甘，平。活血利尿，消肿、水肿等。	林下地景、盆景，或墙体、河岸旁等点缀
5		耳基卷柏	Selaginella limbata Alston	具边卷柏。	土生。匍匐，分枝斜升。叶交互排列，二形，相对肉质，较硬，表面光滑，边缘全缘，明显具白边。孢子、孢子叶穗，孢子叶一形，四棱柱形，四棱紧密，单生于小枝末端，边缘全缘，具白边，先端渐尖，尤背状。	生于林下或山坡阳面。	全草。辛，平。清热解毒，活血通经。	林下草坪，或墙体装饰
6		翠云草	Selaginella uncinata (Desv.) Spring	翠云柏、地柏叶、分筋草。	多年生草本。主茎伏地蔓生。叶生不定根，二叉分枝，侧枝一形，疏生；侧枝叶二形，有白边，中叶长卵形，嫩叶翠绿色。孢子叶穗四棱形，孢子二形，孢子囊穗四棱形，单生于枝顶。	生于阴湿山石间。	全草。甘、淡，凉。清热利湿，解毒，止血。	林下地景，河岸旁等点缀

（亚）热带主要景观药用植物名录及景观配置形式

序号	科目名	品种	拉丁学名	别名	识别特征	生长环境	药用部位及功效	园林用途
7	木贼科	笔管草	Equisetum ramosissimum Desf. subsp. debile (Roxb. ex Vauch.) Hauke.	大节谷草、笔管木贼。	大中型植物。枝一形，主枝较粗，下部具少数分枝，幼枝的轮生不明显；鞘齿黑棕色或波褐色，早落或宿存，鞘齿扁平，两侧有棱角，边上具气孔带明显或不明显。孢子囊穗短棒状或椭圆形，顶端有小尖突，无柄。	生于溪边、沟边或山坡，黏土或上半阴湿地方。	全草。甘、平。清热、利尿，明目退翳，止咳。	庭院或景观公园配景叶观景，或做界点缀植物，也做林道边植物。
8		节节草	Equisetum ramosissimum Desf.	笔杆草、枝木贼、枝木贼。	中小型植物。枝一形，主枝较细，多在下部分枝，幼枝的轮生状，（或叶成蕨生状），色（或有时为棕色），宿存；孢子囊穗短棒状或椭圆形，顶端具小尖突。	生于路旁、山坡草丛、溪边、池塘边等地。	全草。甘、微苦、平。清热、利尿，明目退翳，止咳。	河岸、池塘、小溪边等做界点缀植物，也做林道边植物。
9	莲座蕨科	福建观音座莲（国家二级保护植物）	Angiopteris fokiensis Hieron.	马蹄蕨、建莲座蕨。	大型陆生蕨类。根状茎直立，块状。叶一回羽状；基部有肉质复叶，叶柄粗壮，肉质；有瘤状突起，托叶状附属物。孢子囊群线形，长圆形，生于叶缘；孢子囊托有肉质，由8～10个孢子囊组成。	多生于林下、溪边。	根茎。苦、凉。清热祛风，消肿，调经止血；外治蛇咬伤。	庭院或林下观叶植物，金景配景，盆景植物。
10	紫萁科	紫萁	Osmunda japonica Thunb.	大贯众、大叶贯众、贝草。	根状茎短粗。叶簇生，直立。叶二回羽状，奇数羽片5-9对，对生，羽片披针形，先端渐尖；小羽片叶面明显。孢子叶和不育叶均短缩，羽片或线形，沿中肋两侧背面密生孢子囊。	生于林下或溪边酸性土上。	根茎、叶柄残基（贯众）。苦。微寒、清热解毒，祛瘀，止血。	庭院或林下观叶植物，金景植物。
11	里白科	芒萁	Dicranopteris dichotoma (Thunb.) Berhn.	芦萁、芒萁草。	根茎细长横走，被毛。叶轴多回分叉，各分叉的腋间有一休眠芽，裂片披针形，蓖齿状深裂，羽轴下面灰白色，孢子囊群圆形，由5～8个孢子囊组成，在主脉两侧各排成一行。	生于丘陵、荒坡林缘等酸性土壤的指示植物。	幼叶、叶柄。苦、平。活血止血，清热利尿。	林下植被
12		里白	Hicriopteris glauca (Thunb.) Ching	大叶卢萁。	根状茎横走，被鳞片，小羽片22-35对，互生，上面绿色，下面灰白色，由3-4个裂片深裂，裂片20-35对，草质，全缘，上面光滑，叶一回羽状，羽状深裂；基部小羽片汇合，下面灰白色。孢子囊群生于上侧小脉，由孢子囊组成。	生于常绿阔叶林下，木林间沟边。	根茎。苦、涩、凉。化痰止血，行气止血，接骨。	庭院或林下观叶植物，盆景配景，植物。

序号	科目名	品种	拉丁学名	别名	识别特征	生长环境	药用部位及功效	园林用途
13		中华里白	Hicriopteris chinensis (Ros.) Ching	华里白。	根状茎横夫，深棕色，二回回羽状，互生，裂片羽状深裂或披针形，上面沿小羽轴被分叉的毛。孢子囊群着生于中脉和叶缘之间，位于中脉一列，近基部上侧小脉上。叶片巨大，小羽片；小羽片密被红棕色鳞片，互生，密被鳞片向上斜，全缘，竖质，50～60对。	生于山谷溪边或林中。	根茎，微苦，凉，止血，接骨。	庭院或林下植物，或配景，盆景植物
14	海金沙科	海金沙	Lygodium japonicum (Thunb.) Sw.	金沙藤、蜈蚣藤、铁丝藤。	多年生攀缘草质藤本。地下茎细长而横夹。叶二形。小羽片掌状或三裂，边缘有钝锯齿。孢子：羽片一至二回羽裂，黑褐色孢子囊穗。	生于阴湿路边、山坡灌木丛中。	地上部分、孢子。甘，寒。清热利水，清淋，解毒通络。	林下、地景、盆景
15		小叶海金沙	Lygodium scandens (Linn.) Sw.	斑鸠窝、把藤。	植株蔓生，茎纤细。叶近二形，一回羽状，顶生，小羽片具短柄，柄端有关节。孢子：孢子叶羽片羽裂，奇数羽状，孢子囊穗状，排列于子叶缘。	生于溪边灌木丛中。	全草，孢子。甘，寒。清热通淋，活血。	林下、盆景和庭园植物
16		曲轴海金沙	Selaginella moellendorffii Hieron.	长叶海金沙、柳叶海金沙。	草质藤本。根茎细长，羽片3-5对，披针形，下部羽状，顶生小羽片三角形，叶基连接处无关节。孢子：孢子囊穗线形。	生于路边坡地向阳处。	孢子、全草。微苦，甘，寒。舒筋活络，消肿，止血解毒。	庭院或林下观叶植物及盆景
17		掌叶海金沙	Lygodium digitatum Presl	海南海金沙。	植株高攀达6m。叶二形，不育羽片掌状深裂深裂达基部，常为二至三回二叉掌状分裂。孢子：孢子囊穗有羽片对生于叶轴的短距上，能育羽片，线形，褐色。	生于向阳林下或灌木林下。	全草，成熟孢子。微甘，凉。清热解毒，利尿通淋。	庭院盆景及造型植物
18	蚌壳蕨科	金毛狗（国家二级保护植物）	Cibotium barometz (Linn.) J. Sm.	金毛狮子、黄狗头。	大型蕨类。根茎横卧，粗壮，根茎如金狗头。大型叶，下部棕色，有泛纵沟，三回羽状深裂。孢子：孢子囊群盖两瓣，形如蚌壳。表面密生金黄色长毛，有光泽，叶片革质，宽卵形，叶柄基部边缘。	生于山脚沟边，或林下阴面，阴处酸性土壤。	根茎，苦，甘，温。补肝肾，强腰膝，祛风湿，利关节，根茎上的柔毛可用于止血。	庭院或林下观叶植物，或孤植成大型植物，小型盆景植物

9

（亚）热带主要景观药用植物名录及景观配置形式

序号	科目名	品种	拉丁学名	别名	识别特征	生长环境	药用部位及功效	园林用途
19	桫椤科	桫椤（国家二级保护植物）	Alsophila spinulosa (Wall, ex Hook.) R. M. Tryon	飞天蠄蟧、刺桫椤、龙骨风	树蕨。高3-8m，茎直立粗壮。叶簇生于顶部，羽片多数，三回羽状深裂，裂片矩圆形，边缘有细锯齿、龙状拨针形，边缘有细锯齿。孢子囊群着生于小脉分叉处，囊群盖近圆球形。	生于山谷常绿阔叶林下。	茎干（飞天蠄蟧）。微苦，平。祛风除湿，活血祛瘀，清热止咳。	庭院或林下观叶植物，或成大型孤植，小型盆景植物。
20		黑桫椤（国家二级保护植物）	Alsophila podophylla Hook	鬼桫椤、结脉黑桫椤、笔桫椤	树状蕨类。高1-3m，茎直立粗壮。叶簇生于顶部，叶柄、叶轴及羽轴均为栗黑色至栗红色，有光泽。孢子囊群着生于小脉基部，无囊群盖。	生于沟谷、溪边或林下。	白色髓心。辛、微苦、平。祛风除湿，强筋骨，清热止咳。	庭院，或成大型孤植，小型盆景植物。
21		笔筒树	Sphaeropteris lepifera (Hook.) R. M. Tryon	多鳞白桫椤、山棕蕨、笔桫椤	树状蕨。叶柄密被鳞片，禾杆色，有疣状突起，密被宿存显著疣状排列；叶轴和羽轴禾杆色，螺旋状着叶，三回羽状复叶。孢子囊群生于小脉中部，无囊群盖。	生于林缘、路边或山坡向阳地段。	茎干。甘，平。散瘀消肿。	庭院，植或成大型孤植，小型盆景植物。
22	鳞始蕨科	团叶鳞始蕨	Lindsaea orbiculata (Lam.) Mett.	圆叶陵齿蕨、圆叶鳞始蕨、高脚假铁线草	根茎短而横走，密被赤色鳞片。叶近生，叶柄禾杆色，一回羽状，羽片15～20对，叶柄至叶轴二叉分枝。孢子囊群着生。	生于溪边，林下或石上。	全草。苦，凉。清热解毒，止血。	沿水系边植被，或作盆栽植物。
23		乌蕨	Stenoloma chusanum Ching	金花草、大金针、乌韭、大叶金花草	根茎短而横走，密被赤褐色钻状鳞片。叶柄自根状茎长出，褐棕色，叶片三至四回羽状细裂，裂片先端有少量截形或浅裂成2-3个小圆裂片，圆形。孢子囊群顶生。	生于林下、路边或空旷处。	全草。苦，寒。清热解毒，利湿。	庭院或林下观叶植物，小型盆景。
24	凤尾蕨科	井栏边草	Pteris multifida Poir.	凤尾草	根状茎短而直立，先端被黑褐色鳞片。叶簇生，二形，对生，斜向上；不育叶一回羽状，线形披针形，先端渐尖不具软骨质锯齿边缘，条均全缘；能育叶仅不育部分具羽裂，孢子囊群沿羽片两侧具狭翅。孢子囊群线形，沿裂片边缘着生。	生石灰岩地区的岩石隙间或石灰岩灌木丛中。	全草。淡，凉。清热利湿，凉血止血。	沿水系边观叶植被。

序号	科目名	品种	拉丁学名	别名	识别特征	生长环境	药用部位及功效	园林用途
25		半边旗	Pteris semipinnata Linn.	半边蕨、半边梳、单边旗。	根状茎短，横走，上部被褐色鳞片。叶柄粗壮，光亮，一回深羽裂，上部羽片深裂状达于叶轴，下部有近对生的半边的羽状分裂达4~7对，即羽片上半边无裂片，下半边深裂，裂片线形，纸质，孢子囊群线形，沿裂片边缘着生；囊群盖线形，灰褐色。	生于溪边、林下阴处，为酸性土壤指示植物。	全草。苦、辛、凉，止血。清热解毒，消肿。	庭院或水系边沿观叶植物，或作小型盆景。
26		剑叶凤尾蕨	Pteris ensiformis Burm.	凤尾草、三叉草、井边草。	草本。根茎短，斜生或横卧，被赤褐色鳞片。叶二型，丛生；羽片羽状，一回羽状，营养叶为奇数，不育羽片或小羽片较嫩，孢子叶二回羽状，有柄或无柄。孢子：孢子囊群线性，生于羽片边缘。	生于溪边、草地或疏林下。	根茎、全草。淡、微苦，微寒。清热利泄，凉血止痢，解毒消肿。	庭院或水系边沿观叶植物。
27		蜈蚣草	Pteris vittata Linn.	梳子草、肺筋草。	根茎短，斜生或横卧，密生黄棕色形鳞片。叶柄禾秆色，密生一回羽状，奇数生，无柄。孢子：孢子囊群线形，生于羽片边缘的边脉上。	生于空旷钙质土或石灰岩石上。	全草、根茎。淡、平，祛风除湿，解毒。舒筋活络，杀虫。	栽小型或盆景植物。
28	中国蕨科	野雉尾金粉蕨	Onychium japonicum (Thunb.) Kze.	小野雉尾草、野鸡尾、黄连。	根状茎长而横走，疏被鳞片。叶散生，疏松，孔明显，长圆披针形或三角披针形，四回羽状细裂，先端渐尖，羽片12~15对，互生，并具羽裂尾尖。孢子：孢子囊群短长圆形，背生于小羽片上边的小脉先端。孢子囊盖圆形，灰白色。	生于林下沟边或溪边上。	全草。微苦，淡，凉。清热利湿，清热止血。	林下观叶植物，或水系边沿观叶植物。
29	铁线蕨科	扇叶铁线蕨	Adiantum flabellulatum Linn.	铁线草、黑骨芒萁、乌脚鸡。	根茎短，叶簇生。叶柄亮黑色，叶片二至三回不对称的鸟足状，斜方披针形，孢子叶三角披针形。叶纸质，近革质，小羽片圆形，近扇形，囊群盖长圆形。孢子囊群圆形，囊群盖先端。	生于山坡路旁草丛中或疏林下。	全草、根。苦、寒，散结。清热利尿，消肿活血。	林下观叶植物，或庭院小型盆景。
30	乌毛蕨科	乌毛蕨	Blechmim orientable Linn.	黑狗脊、龙船草、大风尾草。	根状茎直立，粗壮。一回羽状复叶，下部羽片多数，中部羽片线状披针形，先端渐尖，二岐分枝。孢子：孢子囊群长于中脉两侧着生，沿中脉及外缘的小脉先端，黑褐色。	生于山坡灌木丛中或溪边。	根茎。微苦、凉。活血，解毒，驱虫。清热，止血，散结。	庭院或水系边沿观叶植物。

(亚) 热带主要景观药用植物名录及景观配置形式

序号	科目名	品种	拉丁学名	别名	识别特征	生长环境	药用部位及功效	园林用途
31		狗脊蕨	Woodwardia japonica (Linn, f.) Sm.	白枝、大叶贯众、日本狗脊蕨。	根状茎粗壮，横卧，暗褐色，与叶柄基部密被鳞片。叶近生，叶柄15-70cm，暗淡棕色，坚硬，下部密被小鳞片；叶一回羽裂，羽状半裂，侧生羽片4-16对，革质，面无毛或下面疏被短柔毛。孢子囊群线形，挺直，着生于主脉两侧的狭长网眼上，不连续，或生于羽轴两侧沿长网眼，呈单行排列。	生于疏林下。	根茎。苦、凉。清热解毒，杀虫，止血，祛风湿。	林下植被，杀虫，也可不同植被分割带。
32		苏铁蕨	Brainea insignis (Hook.) J. Sm.	贯众、苏铁蕨、凤尾贯众。	根茎木质，粗短，直立，有圆柱状残存叶柄，密被红棕色，长钻形鳞片。羽片多数，线状披针形，互生或近对生，平展，具三角形或多角形网眼；中脉两面明显，侧脉网眼外小脉分离，单一或二回分叉。孢子囊群幼时沿小脉着生，以后向外满布叶面。	生于较干旱的荒坡或路边。	根茎。微涩、凉。清热解毒，活血止血，驱虫。	河岸、池塘等边缘小溪点缀植物，也可做林道边植物。
33	鳞毛蕨科	镰羽贯众	Cyrtomium balansae (Christ) C. Chr.	巴兰贯众、小羽贯众。	根茎直立，密被披针形棕色鳞片。叶簇生，羽片12-35cm，禾秆色；一回羽状，羽片12-18对，镰状披针形，纸质，具羽状脉，小脉连接成两行网眼，上面光滑，下面疏生针形棕色小鳞片；中脉两侧各有一至二行网眼，囊群盖圆形，盾状，边缘全缘。	生于林下。	根茎。苦、寒。清热解毒，散瘀止血，跌打损伤，驱虫。	庭院、林下和沿水系边观叶植物。
34	肾蕨科	肾蕨	Nephrolepis auriculata (Linn.) Trimen	石黄皮、圆羊齿、石上丸、凤凰蛋。	根茎直立，有匍匐茎，互生，无柄，密被钻形棕色绒毛；呈簇集而生，羽状排列，披针形，下部具明显块茎。外被淡黄色钻形鳞片。叶簇生，羽片多数，一回羽状，叶缘生孢子囊群似褐蚁，形似鳞蚧，沿中脉两侧着生成两行，羽片背面，囊群盖圆形。	生于溪边、林下、石缝、或树干中，常栽培作观赏。	叶及全草。辛、平。清热利湿，宁肺止咳，块茎甘、热，软坚散结。	庭院、林下和沿水系叶植物，可常栽培作盆景。
35	骨碎补科	圆盖阴石蕨	Humata tyermanni Moore	阴石蕨、白毛岩。	根茎横走，密被蓬松鳞片，鳞片线状披针形，淡棕色。叶柄6-8cm，棕色或深禾秆色；叶片长三角状卵形，羽状深裂，两面光滑，革质，孢子囊群顶生于小脉顶端，沿端着，仅基部一点附着，余均分离。	生于林中树干或石上。	根茎、全草。甘、淡、凉。祛风除湿，清热解毒。	庭园或盆景，或被不同植带分割。

序号	科目名	品种	拉丁学名	别名	识别特征	生长环境	药用部位及功效	园林用途
36	水龙骨科	抱树莲	Drymoglossum piloselloides (Linn.) Presl	抱石莲、瓜子菜。	根茎细长，横生。叶疏生，二形，营养叶肉质，近圆形或宽椭圆形，叶片发短，营养叶有短柄，孢子叶叶片发短。孢子囊群隐没于叶肉中，连接成延长狭带状。孢子囊群贴近叶缘成延长狭带状。	生于疏林中的树干上。	全草。甘、淡，微凉。清热解毒，消肿散结，止血。	植株寄生性观赏植物，景配置或做小型盆景
37		伏石蕨	Lemmaphyllum microphyllum Presl	抱石莲、瓜子莲。	小型蕨而横生。根茎纤细，淡褐色鳞片。叶二形，全缘，淡绿色，营养叶叶片近圆形，孢子叶叶柄长狭披针形，孢子叶叶柄长而横短。小脉连接呈网状。孢子囊群线形，位于中脉与叶边之间。	生于潮湿的树上或岩石上。	全草。甘、微苦，寒。清热解毒，凉血止血，润肺止咳。	植株寄生性观赏植物，景配置或做小型盆景
38		石韦	Pyrrosia lingua (Thunb.) Farwell	七星剑、一枝剑、蜈蚣七。	地下茎细长而横走，叶片披针形至椭圆状披针形，密生许多深褐色细小鳞片。叶疏生于根至叶柄，孢子囊群近相接，表面密被褐色星状毛，并有多数颗粒状深绿色点（即孢子囊群）。	生于山野的岩石和树干上。	全草。苦、微寒。利尿通淋，清热止血。	植株寄生性观赏植物，景配置或做小型盆景
39	槲蕨科	槲蕨	Drynaria roosii Nakaike	骨碎补。	根状茎密被鳞片，鳞片斜升，盾状着生，基部心形，裂片深裂，厚革质，基能育叶绿色或黄绿色，叶缘常有翅，互生，正面具短毛，下面疏被短毛，孢子叶片具明显张翅，孢子囊群圆形，椭圆形，各排列成2-4行。	附生于树干或螺状木缘。	根状茎。苦，温。补肾强骨，续伤止痛。	植株寄生性观赏植物，景配置或做小型盆景
40		崖姜蕨	Pseudodrynaria coronans (Wall, ex Mett) Ching	马骝姜、玉麒麟、穿石剑。	根茎粗壮，肉质，横走，密被棕色鳞片。叶一形，中部以下渐狭，中部以上羽状深裂，两面光滑无毛。孢子囊群着生于孢子叶下面沿裂片中肋两侧，小脉交叉处，每对侧脉之间有一行。	附生于林中树干或岩石上。	根茎。微苦、涩，温。补肾强骨，活血止痛。	庭院，林下观叶植物，可作盆景

（亚）热带主要景观药用植物名录及景观配置形式

序号	科目名	品种	拉丁学名	别名	识别特征	生长环境	药用部位及功效	园林用途
41	蹄盖蕨科	菜蕨	Callipteris esculenta (Retz.) J. Sm. ex Moore et Houlst.	过沟菜蕨、青蕨、水蕨。	根状茎直立，密被鳞片。叶簇生，顶部羽裂渐尖，下部一回或二回羽状，羽片12-16对，互生，斜展；小羽片8-10对，平展，基部截形，两侧稍有耳。孢子：孢子囊群多数，线形，几生于全部小脉上，达叶小缘；囊群盖线形，黄褐色。	生于山谷林下湿地及河边沟边。	嫩叶。清热解毒。亦可作蔬菜。	庭院或沿水系边观赏植物
42	金星蕨科	华南毛蕨	Cyclosorus parasiticus (Linn.) Farwell.	金星草、密毛蕨、华南毛蕨。	根茎横生，被棕色鳞片。叶柄纤细，叶片草质，叶片披针形，基部不变狭，两面沿叶脉有针状毛，椭圆圆状披针形，基部沿叶脉中部稍上处，二回羽状裂。孢子：孢子囊群生叶小脉中部稍上处。	生于林下或溪边湿地。	全草。辛。祛风除湿。止痛。	庭院或沿水系边观赏叶植物，或作小型盆景
43		三羽新月蕨	Pronephrium triphyllum (Sw.) Holtt.	三枝标、三叶毛蕨、又蕨。	茎长而横生，一回羽状，顶生羽片较大。侧生羽间形成两行整齐的网眼，叶脉网状，幼时近圆形，成熟时满布叶小背，着生于小脉上。	生于林下或溪边阴地。	全草。微苦、平。消肿止痛、止痒。	林下植被，不同被植分割带
44	铁角蕨科	巢蕨	Neottopteris nidus (Linn.) J. Sm.	鸟巢蕨、星鹭、雀巢蕨。	根茎短而粗，向下延展而成簇状，缘叶自地下茎丛生，先端渐尖，基部渐狭，叶披针形，纸质或薄革质。孢子：孢子囊群线形，侧脉平行，生于小脉上侧，由中部以上或近边缘。	附生于树干上或石上。	全草。微苦、凉。清热解毒，强筋祛瘀、健胃。活血止痛。	庭园或树干寄生植物
(二) 裸子植物								
45	苏铁科	苏铁	Cycas revoluta Thunb.	铁树、铁甲松、凤尾蕉、金边凤尾。	常绿木本。树干有明显宿存的叶基。叶二形。叶三角卵形，羽状裂叶两侧针刺，线状披针形，小孢子厚革质，坚硬，雌雄异株，雄球果长圆柱形，大孢子叶扁平，边缘指状分裂。种子倒卵阴形，成熟时红色。	多为栽培。	根、叶、花及种子。甘、淡、平。根：补肾、风活血通络。叶：收敛止血、止痛。花：理气止痛、益肾固精。种子：平肝、降血压。	庭院或室外观赏植物，盆景

14

序号	科目名	品种	拉丁学名	别名	识别特征	生长环境	药用部位及功效	园林用途
46	松科	马尾松	Pinus massoniana Lamb.	山松	常绿乔木。树皮红褐色，有时可见树脂，纵深裂成不规则鳞片状。叶针叶2针一束，粗硬，长10-20cm，叶鞘宿存。雄球花丛生新枝基部，雌球花生于枝顶。球果卵圆形，成熟后栗褐色，宿存，鳞盾肥厚，菱形。	生于阳光充足的山地或平原。	花粉（松花粉）、含树脂的节（松节）及叶（松叶）。花粉：甘，温；收敛止血，燥湿。松香：苦、甘，温；祛风燥湿，排脓拔毒，生肌止痛。松节：苦，温；祛风燥湿，活血通络，舒筋活血止痛。松叶：苦，温；祛风燥湿，杀虫止痒，活血安神。	列植成带或植丛成植林、可作盆景景观林。
47	杉科	杉木	Cunninghamia lanceolata (Lamb.) Hook.	沙木、木头树、刺杉、杉。	乔木。树皮裂成长条片脱落，内皮淡红色。主枝上的叶辐射伸展；侧枝叶基部扭转成两列状，披针形或披针状披针形，先端渐尖，微弯呈镰状，边缘具细缺齿，上面具光泽，革质，下面沿中脉两侧各有一条白粉气孔带。雄球花圆锥形，具短梗，40余个蔟生；雌球花单生，球果卵圆形，熟时苞鳞革质，棕黄色，三角状卵形。	生于阳光充足的山地。	心材、树枝。辛，微温；散瘀止血。	列植成带或植丛成植林、景观林。
48	柏科	侧柏	Platycladus orients alls (Linn.) Franco	扁柏、片柏、片松。	常绿乔木。树皮淡灰褐色或灰色，纵裂成长条片剥落，小枝密，扁平，排成一平面。鳞形叶交互对生，成熟后种鳞4对，较厚。球果成熟前肉质，熟时木质，开裂，较厚。	多为栽培。	枝梢、叶及种仁。叶及枝梢（侧柏叶）：苦、涩，寒；凉血止血，生发乌发。种仁（柏子仁）：养心安神。	列植成带或植丛成植林、可作盆景景观林。

(亚)热带主要景观药用植物名录及景观配置形式

序号	科目名	品种	拉丁学名	别名	识别特征	生长环境	药用部位及功效	园林用途
49	罗汉松科	罗汉松	Podocarpus macrophyllus (Thunb.) D. Don	罗汉杉、土杉。	乔木。叶螺旋状着生，条状披针形，先端渐尖，基部楔形，上面深绿色，有光泽，中脉显著隆起，下面带白色，灰绿色或淡绿色。雄球花穗状，3-5个簇生；雌球花单生叶腋，有梗。种子卵色，具白粉，种托肉质圆柱形，先端圆，熟时肉质种皮紫黑色，红色或紫红色。	多为栽培。	种子、花托。甘，微温。行气止痛，温中补血。	列植成带或丛植成林，景观行，可作盆景。
50		小叶罗汉松	Podocarpus brevifolius (Stapf) Foxw.	小叶竹柏松、短叶罗汉松、江南柏。	乔木。树皮黄带白色或褐色，枝条无毛，状隆起圆形或薄革质。叶披针状椭圆形，窄椭圆形或革质；单生叶腋；雌球花单生叶腋，有梗。种子椭圆形或圆球形，先端钝圆。具棱，窄矩圆形。雄球花穗状，单生或2-3个簇生。种子椭圆形，先端尖。具凸起小尖尖。	生于常绿阔叶林中或高山矮林子或生于岩缝间。	叶、根皮及种子。微苦、辛，温。活血、祛瘀，舒游活络。	列植成带或丛植成林，景观行，可作盆景。
51		竹柏	Podocarpus nagi (Thunb.) Zoll. et Mor ex Zoll.	罗汉柴、椤树、山杉。	乔木。树皮红褐色或暗紫红色，成小块薄片脱落。叶对生，革质，单生叶腋，圆柱形或假种状，具白粉。	生于常绿阔叶林中。	根、叶。根：淡、平；叶：祛风除湿。叶：止血，接骨。	孤植成景或列植行道树、园景树。
52		长叶竹柏	Podocarpus fleuryi Hickel	竹叶球、木树。	常绿乔木干通直，树皮褐色，平滑。叶交叉对生，宽披针形或椭圆状披针形，厚革质，上面深绿色，有光泽叶。雌雄异株，雄球花簇生于叶腋，种子球果状，为肉质假种皮所包，成熟时假种皮暗紫色。	生于常绿阔叶林中。	枝梢，叶。抗肿瘤。	列植成带或丛植成林，景观行。
53	红豆杉科	南方红豆杉	Taxus chinensis (Pilger) Rehd. var. mairei (Lemee et Levi.) Cheng et L. K. Fu	红豆树、观音杉。	乔木。叶两列，条形，呈镰状，上部常渐尖，先端渐尖，下面中脉上无角质状突起点，或局部有零星分布的角质状突起点，中脉带绿色边或绿色，绿色边较宽而明显。种子生于杯状红色肉质假种皮中间，卵圆形，成熟时肉质假种皮红色。	生于高山上部。	带叶枝条、种子。带叶枝条：微甘、平；有小毒；通经利尿，消积，种子：驱虫，消积，抗癌。	孤植成景或列植行道树、庭院树。

序号	科目名	品种	拉丁学名	别名	识别特征	生长环境	药用部位及功效	园林用途
54		榧树	Torreya grandis Fort. et Lindl.	圆榧、芝麻榧、柔泡榧。	乔木。叶光亮色，列成两列，通常两直，先端凸尖。片成带宽，上面光亮色，下面气孔带与中脉等宽，绿色边基部绿色边带或长椭圆形，卵球形。雄球花圆柱状，基部苞片或长椭圆形，倒卵圆形，有白粉。熟时假种皮淡紫褐色，种子椭圆形。	生于温暖多雨的黄壤、红壤、黄褐色土地区。	种子。甘、平、润肠，杀虫消积，通便。	孤植成景或庭园绿树。
55	三尖杉科	海南粗榧	Cephalotaxus hainanensis H. L. Li		高大乔木，树皮裂成片状脱落。叶片条形，排列成两列，先端微急尖，急尖或近渐尖，上面中脉隆起，下面有两条浅褐色气孔带，稀黄褐色，成熟时下面浅褐色或通常通常微扁，倒卵圆形或红紫色。裂成片状脱落。种子通常脱落，熟后呈红色。	耐阴湿，喜高土壤肥力强的树种，不耐干旱瘠薄。	枝、叶、种子。苦、涩，性温。含多种植物碱，对治疗白血病及淋巴肉瘤等有一定疗效。	庭园植，或列植物作行道树。
56	买麻藤科	小叶买麻藤	Gnetum parvifolium (Warb.) C. Y. Cheng ex chun	脱节藤、竹节藤、乌骨风、黑藤。	常绿木质藤本。茎枝圆形，节膨大，节上有椭圆形叶柄短。叶片狭椭圆形，长卵形，革质，侧脉斜伸背面网脉明显。单叶对生，有光泽，雄球花序不分枝或一次分枝，雌球花序一次三出分枝。分枝三出或成球状果实，较短，长椭圆形。花穗细长。种子假果长，熟后假皮红色。	常生于林中或山坡谷地的湿润谷地，缠绕于林中大树。	茎叶、根。苦，微温，祛风除湿，活血散瘀，止咳化痰。	林下攀援植物，作墙垣或景造造景植物。

（三）被子植物（单叶子植）

序号	科目名	品种	拉丁学名	别名	识别特征	生长环境	药用部位及功效	园林用途
57	泽泻科	慈姑	Sagittaria trifolia L.	燕尾草、剪刀草	须根肉质，具细小分支。球茎卵形，顶芽。叶基生，叶片箭形，先端锐尖，侧裂裂片开展，叶柄很长。总状花序，雌雄异花。	水生，喜温暖，耐高湿	根。味甘、微辛，性寒。具消肿散结，化痰，解毒功能，可治痈疽肿痛，喉源肿痛	水沿观叶植物，可用于水池或水生盆景
58		泽苔草	Caldesiaparnassifolia (Bassi ex Linn.) Pari.	北泽苔草、圆叶中泽泻。	多年生水生草本。根状茎细长，横走。沉水叶小，卵圆形，浅绿色，浮水叶大，先端钝圆基部心形叶柄两有横隔，随水位深浅有分枝，侧枝可再分枝，组成大型圆锥状花序分枝轮生；内轮花被片远大于外轮，白色，小坚果倒卵形或椭圆形。	生于湖泊、水塘、沼泽水静等水域。	根。甘，寒，清热利尿。有热的功效，用于湿疹，肺炎。	丛植或条植，庭园栽植，及水体边缘或浅水区。

17

（亚）热带主要景观药用植物名录及景观配置形式

序号	科目名	品种	拉丁学名	别名	识别特征	生长环境	药用部位及功效	园林用途
59		泽泻	Alisma plantago-aquatica Linn.	如意花、水慈菇、川泽泻、水慈姑	多年生水生或沼生草本。具地下根茎和块茎，圆形或卵圆形，外皮褐色，密生多数须根。叶基生，叶片卵形或椭圆形，顶端渐尖，边缘膜质，基部楔形或心形，叶柄较长。花两性，白色、粉红色或带紫色。瘦果椭圆形，种子紫褐色，具凸起。	生于湖泊、河湾、溪流、河塘的浅水带，喜温，怕冷等。	块茎，甘、寒。有利尿、清热的功效。用于小便不利、水肿胀满、热淋涩痛	株形美观，可用于沿观叶植物，及水生园或水池配置
60	禾本科	淡竹叶	Lophatherum gracile Brongn.	竹叶麦冬、山鸡米	草本。根茎短缩，须根中部常膨大成纺锤形，秆直立，中空，节明显。叶互生，广披针形，有小横脉，叶鞘包秆；叶舌短小，质硬，具缘毛。圆锥花序顶生，小穗披针形，颖果深褐色。	生于林下或沟边阴湿处。	茎叶，淡，寒。清热除烦，利尿。	造园、庭院室内观赏第和绿篱
61		白茅	Imperata cylindrica var. major (Nees) C. E. Hubb.	茅根、黄茅、丝茅根、甜根。	草本。秆直立，节上有细柔毛，具短毛。对生丙枝轴上。圆锥花序紧缩呈穗状。每小穗具一花，基部被白色丝状长柔毛。	生于路旁、草地或阳面山坡上。	根茎，甘、寒。凉血止血，清热利尿。	水系（小溪、湖池）沿岸、林下及草坪边界植物
62		稻	Oryza sativa L.	糯、粳。	一年生水生草本。秆直立，叶舌膜质，两侧基部下延长成叶鞘边缘。叶片线状披针形；叶耳镰形。圆锥花序大型舒展，颖果。成熟果序向下弯垂。	多为栽培。	成熟果实经发芽（稻芽）甘、温。健脾开胃，和中消食。	丛植、用于小溪（小湖池、田间）布局或盆景
63		粉单竹	Bambusa chungii McClure	白粉单竹、高节单竹。	常绿乔木状植物，竿绿色被白色蜡粉，无毛，节间微弯曲，顶端平坦，常自第八节始，秆以薄而硬质，披针形至线状披针形，脱落多具7叶，叶线状披针形叶鞘无毛；叶鞘极短，花枝极细长，每节具叶1-2枚假小穗，无毛，先端渐尖，成熟颖果呈卵圆形，果皮在上部变硬，干后呈三角形，深紫色。	多种植在河流两岸和村落周围。	叶芽，甘、凉，解暑利湿。清心泻火，生津止渴，解毒除烦。	丛植或条植，可作墙、绿篱或庭园植物

序号	科目名	品种	拉丁学名	别名	识别特征	生长环境	药用部位及功效	园林用途
64		佛肚竹	Bambus a ventricosa McClure	佛竹。	常绿乔木状植物。竿二形，w正常竿尾梢略下弯，下部常呈"之"字形曲折；节间近全无毛，干时纵肋显著隆起，竿节间短缩而其基部肿胀，呈瓶状；畸形竿，竿下部节间短缩而其基部肿胀，呈瓶状；箨鞘早落，背面无毛或基部被微曲柔毛；箨片卵状披针形或卵状披针形至镰刀形，边缘具缝毛；叶片线状披针形至披针形各节，花枝无叶或数枚枝生以数枚枝生于花枝各节，花假小穗单生或数枚枝生于花枝各节。颖果。	多为栽培。	嫩叶。甘，凉。清热除烦，解暑生津	丛植或列植，可作绿墙、绿篱以及行道和庭园植物
65		高粱	Sorghum bicolor (L.) Moench	蜀黍。	一年生草本。秆较粗壮，直立，基部节上具支撑根。叶鞘无毛或稍有白粉；叶片线形至线状披针形，先端渐尖，基部圆或微呈耳形，主轴裸露，圆锥花序疏松，主轴裸露，总状花序轴节间淡红色至红棕色。	多为栽培。	成熟种仁。甘、涩，温。燥湿祛泻，化痰安神。	丛植，林下及草坪边界植物
66		狗尾草	Setaria viridis (Linn.) Beauv.	谷莠子、莠、毛毛草、莠草、毛草。	一年生草本。根为须状，高大植株具支持根。秆直立或基部膝曲，叶鞘松弛，无毛或疏具柔毛；叶片扁平，长三角状狭披针形或线状披针形，先端长渐尖或渐尖，基部略呈钝圆形。圆锥花序紧密呈圆柱状或基部稍疏离，直立或稍弯垂，主轴被较长柔毛，颖果灰白色。	生于荒野道旁。	全草。甘、淡，凉。清热明目，祛风止痒，解毒杀虫。	丛植，用于水系（小溪、湖池）间布局，或林下及草坪边界植物
67		菰	Zizania latifolia (Griseb.) Stapf	茭白、茭包、茭笋。	多年生草本。具匍匐根状茎。须根粗壮。秆高大直立，具多数节，基部节上生不定根。叶鞘长于其节间，肥厚，有小横脉；叶舌膜质，叶片扁平宽大，顶端芒状渐尖，分枝多数簇生，雄小穗两侧压扁，带紫色上部或分枝下部，着生于花序上部和分枝下部与主轴贴生处。颖果圆柱形。	水生或沼生，常见栽培。	茎肥大嫩茎秆部，根及果实。茭白：甘，凉。清热利大小便，通孔。菰根：甘，寒。清热解毒，除烦，生津止渴。	丛植，用于水系中观叶或小溪、湖池边植物

（亚）热带主要景观药用植物名录及景观配置形式

序号	科目名	品种	拉丁学名	别名	识别特征	生长环境	药用部位及功效	园林用途
68		麻竹	Dendrocalamus latiflorus Munro	甜竹。	常绿乔木状植物。竿高，梢端长下垂或弧形弯曲，竿间幼时被白粉，节间无毛，但在节下具一圈棕色绒毛环；箨环易落，上表面无毛，下表面的中脉及箨鞘两侧面具小刺毛；箨舌宽厚革质，隆起；箨耳无，箨片外翻，卵状披针形至披针形，花枝大型，分枝的节间坚硬，各节着生1-7枚乃至更多的假小穗，形成半轮状态。囊果状、卵球形。	多种植在河流两岸和村落周围。	花、竹笋。花：止咳化痰。竹笋：清热解毒。	丛植或植以绿化墙、篱以及庭园植物
69		金丝草	Pogonatherum crinitum (Thunb.) Kunth	猫毛草、黄毛草。	簇生草本。竿直立，纤细，两面和边缘多少被毛，先端渐尖；叶线状披针形，线状披针形，穗状花序单生于竿和分枝顶端，密生金黄色的柔毛长芒。颖果褐色，光亮，纺锤形。	生于墙隙、山坡和潮湿田野。	全草。甘、淡、凉。清热解毒，通淋、凉血。	可丛植作墙边篱以及园植物
70		拟高粱	Sorghum propinquum (Kunth) Hitchc.	野高粱、高粱七。	密丛多年生草本。根茎粗壮，或疏被白色柔毛；叶片线形或线状披针形，两面和边缘被软骨质，绿黄色边缘软骨质，圆锥花序开展，分枝纤细，总状花序具3-7节。颖果，倒卵形，棕褐色。	生于河岸旁湿润之地野。	根状茎。甘、凉。清热利水。	丛植于浅水中观叶或湖池边植物
71		勒竹	Bambusa blumeana J. A. et J. H. Schult. f.	刺竹、郁竹。	常绿乔木状植物。竿尾梢下弯，下部略呈"之"字形曲折，幼时上半部疏被棕色贴生刺毛，老则光滑无毛，下面基部被披针形的长柔毛粗糙，背部上方被短硬毛起，竿下部上方密生短硬毛，于竿基各节，小穗线形，带淡紫色，各小花4-12朵，其中2-5枚为两性花。	多种植在河流两岸和村落周围。	竹叶、竹茹、竹笋及竹茹：竹叶：甘、凉。竹笋：甘、酸、平；凉。竹茹止血；竹津：凉。竹沥：微苦、凉；清热利尿。	丛植、作墙边篱以及园园植物
72		牛筋草	Eleusine indica (Linn.) Gaertn.	蟋蟀草。	一年生草本。根系较发达，秆丛生。叶叶鞘压扁，有脊；叶片平展，线形，穗状花序2-7个，指状着生于秆顶，小穗密集成二行于一侧。基部倾斜。	生于道路旁及荒地之地。	全草。甘、淡、平。清热解毒，祛风利湿，散瘀止血。	林下地被植物、草坪

20

序号	科目名	品种	拉丁学名	别名	识别特征	生长环境	药用部位及功效	园林用途
73		香茅	Cymbopogon citratus (DC.) Stapf	柠檬草、香茅、香麻。	多年生密丛型具香味草本。秆节被白色蜡粉。叶长合分枝，疏散，分枝细长，具节。叶片顶端复长渐尖，平滑无毛，平滑或边缘粗糙；内面浅绿色，不向外反卷。伪圆锥花序具多次复顶端下垂，总状花序不等长。	生于山坡、道路旁及荒地之地。	全草，辛、甘、温。祛风通络、止痛，止泻。	丛植，可作墙边装饰以及庭园植物
74		薏米	Coix chinensis Tod.	薏米、六谷米、绿谷。	一年生草本。具6-10节，节多分枝，无毛。总状花序腋生，雄花序位于雌花序上部。叶宽大开展，叶片宽大，揉搓和手指按压可坡，腹面具宽沟，白色或黄白色。暗褐色或浅棕色。颖果，质地棕色种脐，质地粉粒性坚实。	生于温暖潮湿山地、山谷、溪沟。	成熟种仁。甘、凉。健脾、利尿，清热，镇咳。	用于浅水叶系中观小溪，或湖池边植物
75		薏苡	Coix lacryma-jobi Linn.	薏米、川谷、沟子米。	一年生粗壮草本。须根黄白色，海绵质。丛生，具10多节，节多分枝。中脉粗厚于背面凸起；叶鞘无毛；叶舌干坚硬。腰质，总状花序腋生，具长梗。颖果外包坚硬或卵状球形。	生于湿润的屋旁、河边或山农田，溪沟。	根、成熟种仁（薏仁）。寒；苦。根：清热通淋，祛湿杀虫。	丛植，可作墙边装饰以及庭园植物
76		玉蜀黍	Zea mays Linn.	玉米、包谷、珍珠米、苞芦。	一年生高大草本。秆直立。基部各节具气生支柱根。叶鞘具横脉，极少分枝，叶舌呈耳形，叶片宽大，膜质，中脉与叶扁平无毛或主轴线形。大型顶生雄性圆锥花序；其腋间均被细柔毛。总状花序或宽卵形。	生于山坡、道路旁及荒地之地。	花柱（玉米须）、种子。甘、淡、平。玉米须：利尿消肿，清肝利胆。种子：调中开胃，利尿消肿。	丛植，可绿篱，水岸边观赏，植物
77		竹蔗	Saccharum sinense Roxb.	草甘蔗、芦。	高大实心草本。秆直立粗壮，实心，具多数节，节下被蜡粉，花序以下的部分具白色灰被毛。叶片线形披针形，顶端宽于叶片基部；叶缘宽锯齿状粗糙，圆锥花序大型，边主轴被白色丝状毛，总状花序顶端稍膨大，边缘疏生长丝丝状毛。颖果卵状球形。	常见于山坡地、田间。	茎秆。甘、寒，下气。清热生津，润燥。	丛植，可作绿篱，水岸边庭院观及庭院植物

（亚）热带主要景观药用植物名录及景观配置形式

序号	科目名	品种	拉丁学名	别名	识别特征	生长环境	药用部位及功效	园林用途
78		粽叶芦	Thysanolaena maxima (Roxb.) Kuntze	莽草、粽叶草	多年生丛生草本。直立粗壮，不分枝。叶鞘光滑无毛，具白色髓部；叶舌质硬，顶端渐尖，截平，叶片广披针形，基部心形。圆锥花序大型，柔软，分枝多，斜向上升，下部裸露，颖果长圆形。	生于山坡、山谷或树林下和灌木丛中。	根、笋。甘，凉。清热截疟，止咳平喘。	丛植，林下植被或绿篱，作园植物。
79	天南星科	海芋	Alocasia macrorrhiza (Linn.) Schott	广东狼毒、野芋头	草本。根茎肉质粗壮。叶片阔大质粗壮，先端短尖，着生于茎顶，叶柄粗壮，叶互生，基部扩大而抱茎。佛焰苞部粉绿色，雌雄同株，肉穗花序短于佛焰苞。苞片舟状，浆果红色。	生于村旁、山沟或溪边等湿地。	根茎。辛，寒。有毒。清热解毒，行气止痛，祛风消炎，杀虫疗癣。	叶片特，可作盆观赏。
80		半夏	Pinellia ternata (Thunb.) Breit.	三叶半夏、半月莲、步跳	块茎近球形。叶心形，全缘，两面青绿；幼苗期小叶为单叶，卵状心形，老株叶为3全裂，裂片长圆形披针形，先端细尖，无毛。佛焰苞下部管状，外面绿色，上面卵圆形。肉穗花序下子叶柄长于叶柄。花单性，雌雄同株。浆果卵圆形。	喜阴生，低山林下或地边多见。	化痰止咳，和胃健脾。	园林中可用于点缀阴景、园景、山谷及山林下溪的石滩间。
81		龟背竹	Monstera deliciosa Liebm.	蓬莱蕉、铁丝兰、蓬莱芋	攀援灌木。茎绿色，粗壮，有苍老光泽，周延为环状，长达1米；叶片绿色，轮廓心状卵形，长、宽常达1米，腹面扁平；花序柄长15-30厘米，粗3-6米，叶片大，叶片3-1厘米，近直立。浆果淡黄色，花梗圆柱状，厚革质，宽卵形，舟状，柱头周围有紫色斑熟。	喜温暖湿润的遮阴的生态环境，忌强光暴晒与干燥，不耐寒。	清热解毒，舒筋活络，散瘀止痛。	室内大型盆栽，湿润景观带观叶植物。
82		麒麟尾	Epipremnum pinnatum (Linn.) Engl.	上树龙	木质藤本，常攀登于石上或树上；叶大，叶长卵心形，全缘或羽状分裂，卵心形，圆柱形，花序柄无柄，脱落；雌花，肉穗花序，密着，种子肾形；雄蕊4-6，花丝极短；浆果分离；种子肾形。	喜温暖湿润，较耐阴，耐旱，耐湿性强。	全株。有清热散凉、活血解毒消肿之功效，常用于治疗跌打损伤、骨折、风湿痹痛等。	潮湿景观带观叶植物，栽种于墙边、石山、花架等处，作为垂直绿化、点缀环境。

22

序号	科目名	品种	拉丁学名	别名	识别特征	生长环境	药用部位及功效	园林用途
83		鞭檐犁头尖	Typhonium flagelliforme (Lodd.) Blume	田三七，疯狗薯、水半夏。	多年生草本。块茎近圆形，椭圆形或倒卵形。上部肉质以下具宽鞘，叶中部以下具长肉质根，叶和花序同时抽出，戟状佛焰苞管部绿色，卵圆形或长圆形，檐部绿色至而渐尖；肉穗花序比佛焰苞短或较长，常伸长卷曲为长鞭状或较短，有时极长。浆果卵圆形，绿色。	生于山溪水中，水田或田边以及湿地。	块茎，辛，温。燥湿化痰，有毒。止咳。	林下植被，林边行道分界及盆栽和景园植物
84		菖蒲	Acorus calamus Linn.	香蒲、野菖蒲、山菖蒲、水剑草。	多年生草本。根茎横走，稍扁，具分枝，外皮黄褐色，芳香，肉质根多数，具毛发状须根。叶基生，剑状线形，对褶，中部以上渐狭，叶基部绿色，两面均明显隆起，侧脉3-5对，平行，纤弱，都伸延至叶尖。花序柄三棱形，叶状佛焰苞剑状线形，肉穗花序斜向上或近直立，狭锥状圆柱形，花黄绿色。浆果长圆形，红色。	生于水边，沼泽湿地或浮湖治浮于上。	根茎，辛、苦，温。除痰开窍，化浊和胃，健胃，杀虫止痒。	丛植，可作绿篱、水岸观景，水生及庭园植物
85		刺芋	Lasia spinosa (Linn.) Thwait.	野茨菇、茨菇、慈姑、刺芋。	有刺草本。根茎具结节及硬刺，旁生侧根。叶幼时常戟形或箭形，具阔或狭的基部，老时常沿基部长刺，羽状裂片，基部心形，羽状深裂，叶柄有刺，血红色，叶柄粗壮，旋扭状，15-30cm，血红色。浆果倒圆形，绿色。浆果倒卵圆形，顶部四角形，肉穗花序圆柱形，先端常密生小疣状突起。	生于田边，沟旁、山谷、草丛或阴湿林下。	根状茎，辛、凉。清热利湿，解毒消肿，消食。	丛植，可作林下植被，水岸观景，水生边及庭园植物
86		大薸	Pistia stratiotes Linn.	大浮萍、水浮莲、水荷莲。	水生飘浮草本。具长而悬垂的根多数，须根羽状，密集。叶簇生成莲座状，因发育阶段不同形状不一，叶片倒三角形，倒卵形，扇形，以至倒卵状楔形，先端截头状或浑圆，基部厚，叶脉扇状伸展，背面明显隆起成折皱状。花佛焰苞白色，外被茸毛，小疣果卵圆形，种子圆柱形。	生于平静淡沟水池塘、渠中。	全草，辛，寒。利尿，疏风透疹，除湿，凉血活血。	孤植，水系观面漂浮植物，可用于水池和景观等

（亚）热带主要景观药用植物名录及景观配置形式

序号	科目名	品种	拉丁学名	别名	识别特征	生长环境	药用部位及功效	园林用途
87		广东万年青	Aglaonema modestum Schott ex Engl.	大叶万年青。	多年生常绿草本。叶鳞叶草质，基部具大苞状芽，卵形或宽楔形，基部钝或宽楔形，披针形，基部侧，不等侧，先端具长2cm的渐尖，叶柄1/2以上具鞘，叶片深绿色；花序柄纤细，佛焰苞长圆形，先端长渐尖，佛焰苞长较长，先端长渐尖，肉穗花序，后长为佛焰苞的2/3。浆果绿色至黄红色，长圆形；种子长圆形。	生于山坡、林荫等荫蔽的林下。	根茎、叶。辛、微苦，寒。有毒。清热凉血，消肿拔毒，止痛。	丛植，可作墙边绿化和林下植被，及庭园植物。
88		红芋	Colocasia konishii Hayata	山芋、红夏	草本。叶柄长约50cm，多为红色。叶卵形，先端浑圆，具细尖，基部盾状心形。佛焰苞30~40cm，管部席卷，缩小过渡为椭部，佛焰花序约5cm，肉穗花序约12cm；附属器圆柱形，锐尖。	生于地边、田头、草坡或石隙中。	块茎、全株。麻、温。有大毒。麻醉止痛。消肿杀虫，麻醉止痛。	丛植，可作林下植被、庭园植物，及庭园植物。
89		尖尾芋	Alocasia cucullata (Lour.) Schott	老虎芋、观音莲、蛇芋、虎耳芋。	直立草本。地上茎圆柱形，黑褐色，具环形叶痕，中肋和一级侧脉均较粗，由中肋基部出发，侧脉5~8对，其中下部2对叶柄，下倾，然后弧曲向上升。花序柄常单生，佛焰苞近肉质，管部长圆状卵形，渐绿至深绿色，佛焰花序比佛焰苞短。浆果近球形，遍常有种子一枚。	生于溪谷湿地或田边，地或栽培于庭院。	根茎、辛。微苦，寒。大毒。清热解毒，散结止痛。	丛植，可作墙边绿化和林下植被，及庭园植物。
90		金线蒲	Acorus gramineus Sol. ex Aiton	钱菖蒲、钱蒲。	多年生草本。根茎较短，横走或斜伸，芳香，外皮淡黄色；根肉质，须根密集；根茎上部多分枝，呈丛生状。叶基对折，叶片中部以下，渐狭，两侧膜质叶鞘棕色，上延，平行脉多数，叶片绿色，无中肋，较厚，先端长渐尖，为肉穗花序长的1~2倍，肉穗花序黄绿色，圆柱形，果序粗达1厘米，果黄绿色。	生于水旁湿地或石上。	根茎辛、温。苦，宽中宁神开窍，开胃。	林下植被、林边行道绿化，行植物或花坛边界植物

24

序号	科目名	品种	拉丁学名	别名	识别特征	生长环境	药用部位及功效	园林用途
91		犁头尖	Typhonium divaricatum (Linn.) Decne.	土半夏、头半夏、犁头独脚莲。	草本。具块茎。叶片戟状三角形。叶柄基部鞘状，叶柄从叶腋抽出，直立，佛焰苞部绿色，外面绿紫色，内面深紫色，肉穗花序无柄，附属物似鼠尾状。浆果卵圆形。	生于地边、田头、草坡或石隙中。	块茎，辛、苦、温。有毒，解毒消肿，散瘀止血。	丛植，可作墙边绿化和林下植被，及庭园植物。
92		魔芋	Amorphophallus konjac K. Koch	花魔芋、磨芋。	草本。块茎扁球形，顶部中央稍下凹，暗红褐色。块茎基部粗，光滑，有绿色或叶片绿色，叶柄膜质鳞片2-3片，披针形，二次分裂，小裂片互生，大小不等，二歧分裂，小裂片二回羽状分裂或二回三裂边缘折波状，外面绿色。花序柄长50-70cm；佛焰苞漏斗形，檐部深紫色，外面深紫色，内面深紫色。浆果球形或扁球形，成熟时黄绿色。比佛焰苞长1倍；附属器圆锥形，中空，深紫色。	生于疏林下、林缘或溪谷两旁湿润地，或栽培于房屋前后、田边。	块茎，辛、苦、寒。有毒，化痰消积，解毒散结，行瘀止痛。	可作墙边绿化、林被，及庭园植物。
93		麒麟尾	Rhaphidophora decursiva (Roxb.) Schott	爬树龙、山壁虎、过山龙、老蛇藤、大青龙。	附生藤本。茎粗壮，多数肉质气生根；叶片状长圆形或幼叶圆形，背面绿色，腹面深绿色，节环状；成熟叶片深羽状深裂，裂片线形，背面隆起，两侧地羽状深裂，背面具膨大关节，沿中肋两侧小穿孔，卵状长圆形，二面黄色，花序腋生，蕾时佛焰苞肉质，花时展开成舟状，绿白色，下部席卷，浆果锥状楔形，果皮厚，内含丰富无色黏液。花序柄长，佛焰苞宽，边缘稍淡，明或黄绿色。	匍匐于地面、石上，或攀附于树干上。	根、茎叶。微苦、平。清热凉血，活血散瘀，解毒消肿。	景观垂直绿化，也可作为林下植物或室内盆栽。
94		千年健	Homalomena occulta (Lour.) Schott	香芋、团芋、一包针、假苏芋。	多年生草本。根茎匍匐，肉质根圆柱形，密被淡褐色短绒毛，向上渐狭，锐尖，叶膜质至纸质，箭状心形至心形，基部心形，一级侧脉7对，其中3-4对斜出，而后弧曲上升；上部斜出；花序1-3个，生于鳞叶叶腋之间，佛焰苞绿白色，长圆形至椭圆形，花前席卷成纺锤形，种子圆形，长圆形。	生长于沟谷密林下，竹林和山坡灌木丛中。	根茎。苦、辛、温。祛风湿，健筋骨，活血止痛。	丛植，可作墙边绿化和林下植被。

（亚）热带主要景观药用植物名录及景观配置形式

序号	科目名	品种	拉丁学名	别名	识别特征	生长环境	药用部位及功效	园林用途
95		石菖蒲	Acorns tatarinowii Schtt	剑草、山菖蒲、香菖蒲。	草本。根茎横卧，节明显，叶由根基丛生，叶片薄，细长，剑状线形，基部对折，无中脉，平行脉多数，全缘。肉穗花序圆柱形，花序基部有一个片状的佛焰苞，花小，一总苞所包围，花白色，成熟时黄白色。浆果肉质，花白色，成熟时地红色。	生长于密林下湿地或山沟石砾多的地方。	根茎。辛、苦、温。宁神开窍，祛痰，宽中开胃。	可丛植，作绿化和林下植被，及庭园花坛、边界植物、盆景等。
96		石柑子	Pothos chinensis (Raf.) Merr.	石蒲藤、石柑、巴岩香。	藤本。茎具棱角。叶革质，卵状椭圆形或披针形，叶柄无毛，叶柄两边大成翅，腋生肉穗花序扩大成球。肉穗花序上石上或攀附于石上。浆果黄绿色或红色。	生于阴暗湿润的地方，以气生根攀附于石上或树上。	全草。辛、小毒、平。理气散瘀，祛风湿，散瘀解毒。	可丛植，林下植被，造型点缀。
97		螺蜈藤	Pothos repens (Lour.) Druce	百足藤、石上蜈蚣。	附生藤本。分枝较细，营养枝细，贴附于树上，披散或下垂。叶柄叶片状，可长13-15cm，长椭圆形，肉穗花序披针形，肉穗花序黄绿色。茎曲而折，常具纵条纹，花枝圆柱形，向上渐狭。具棱。花枝披针形，成熟时地红色。	生于林内石上或树干上或附生。	全草。辛、温。散瘀止痛，接骨。	丛植，作林下植被，点缀。
98		五彩芋	Caladium bicolor (Ait.) Vent.	花叶芋、红叶芋、水彩芋、独角芋。	草本。块茎扁球形。上部被白粉，背面粉绿色，栽状卵形，后裂片约为前裂片的1/2，长圆状卵形，基部耳状，后裂片常青紫色，雌雄序几与雄花序相等。叶片表面光滑，叶片表面满布各色透明斑点，栽状卵形至卵状披针形，先端状为叶片长的3-7倍，先端三角形，长圆状绿色，内面绿色，佛焰苞管部绿色，外面绿色，白色，檐部凸头，浆果白色，种子多数。	湿地或低洼栽种区。	块茎。苦、辛、温。有毒。解毒消肿，散瘀止血。	直也。景观垂直绿化，被作为林下植物。
99		芋	Colocasia esculenta (Linn.). Schott	芋头、水芋、毛芋。	湿生草本。块茎常卵形。叶2-3片或更多，卵状，先端短尖或短渐尖，含生长度，盾状着生，单生，檐部披针形或檐部黄，淡黄色至绿黄色，管部绿色，边缘内卷，种子。侧脉4对，斜伸达叶缘，后裂片半浑圆，边缘钝，一花序柄常单生，达1/2-1/3；叶柄长于叶片。佛焰苞长圆形，展开后成片状，肉穗花序短于佛焰苞；附属器钻形。	湿地或低洼栽种区。	块茎、茎叶及花。块茎：甘、辛、平；有小毒。叶柄：辛、平；调中补虚。茎：平；行气消肿，壮筋骨。花：治久泻，脱肛，子宫脱垂，小儿脱肛，痔疮脱出及吐血。	可丛植，作林下植被，水岸及景观及庭园植物。

序号	科目名	品种	拉丁学名	别名	识别特征	生长环境	药用部位及功效	园林用途
100		越南万年青	Aglaonema tenuipes Engl.	观音莲。	多年生常绿草本。茎深绿色，圆柱形，光滑，下部节上生肉质须根，圆形，叶鞘上部多密集，鳞叶宽线形，早落。叶片5~6叶，一般时席卷，卵形，表面深绿色，青面淡绿色，中肋明显隆起。花序1~2个，直立，肉穗花序比佛焰苞稍长或近等长，果成熟时长圆形，种子长圆形。佛焰苞展开为卵形，舟状；纸质，佛焰苞蕾时纺锤形，种子多角器角形。	生于河谷、箐沟密林下。	茎。用于导泻。	丛植，可作林下植被、水岸边景观及庭园观植物
101		紫芋	Colocasia tonoimo Nakai	芋头花、广菜、东南菜。	草本。块茎粗厚，侧生小球茎若干，由块茎顶部抽出，须根多。叶1~5片，表面生褐色，膜质，叶片卵形，全缘，先端渐圆，基部盾状心形；叶柄圆柱状，向上渐细，具细紫色，基部绿色或紫色，金黄色，变白色；肉穗花序向上缩缩成，佛焰苞厚，鞘部急缩，佛焰管状、角状，附属器角状，具细槽致。浆果白色，种子多数。	湿地或低洼栽种区	块茎、叶。辛，寒。散结消肿，祛风解毒。	丛植，可作林下植被、水岸边景观及庭园观植物
102	香蒲科	香附子	Cyperus rotundus L.	沙草、沙结、莎根、水巴戟。	多年生草本，茎高20~40cm。块茎状，匍匐银状茎长，外皮紫褐色，有棕褐色或黑色毛的块状物。茎三棱形，基部呈锤大纺锤形的毛状。叶鞘叶线形，叶苞片2~5片，长于花序或较于花序；穗状花序；短子茎；穗状花序简单或复出，长侧枝聚伞花序简单伞形花序，长侧线形，花药线形，小坚果长圆状倒卵形	喜温暖湿润的疏松土壤、沙地上	疏肝解郁，理气宽中，调经止痛。	可作为水沿岸或浅区挺气或水池景观植物
103		水烛	Typha angustifolia Linn.	蒲草、狭叶香蒲、水烛香蒲。	多年生水生或沼生草本。根状茎乳黄色、灰黄色，先端白色。地上茎直立，粗壮。上部微凹，背面呈半圆形，叶鞘以下腹面微凹，背面下逐渐隆起，细胞间隙大，呈海绵状，叶耳鞘抱茎。雌雄花序相距2.5~6.9cm，雄花序轴具白褐色柔毛，单出，雌花序基部具一枚叶状苞片，通常比叶片宽，花后脱落。小坚果长椭圆形，具褐色斑点，纵裂，种子深褐色。	生于湖泊、河流、池塘浅水处，湿地环境中。	花粉（蒲黄）。甘，平。止血，化瘀，通淋。	丛植或条植，水池景观或缘水体栽浅水区。

（亚）热带主要景观药用植物名录及景观配置形式

序号	科目名	品种	拉丁学名	别名	认识特征	生长环境	药用部位及功效	园林用途
104		香蒲	Typha orientalis Presl.	东方香蒲。	多年生水生或沼生草本。根状茎粗壮，地上茎下部腹面微凹，光滑无毛，上部扁平半圆形。叶鞘细，向上渐细，背面逐渐隆起呈凸形，横切面呈半圆形。花序雌雄花序密接，花序基部向上具1-3枚叶状苞叶，花轴具白色弯曲柔毛，自基部至上具长条形至长椭圆形，果皮具长形褐色斑点。小坚果椭圆形，种子褐色，微具。	生于湖泊、池塘、沟渠、沼泽及河流缓流带。	花粉（蒲黄）。甘，平。止血，化瘀，通淋。	丛植或条植，园林水体，栽及水，景植，体边缘或浅水区。
105	鸭跖草科	鸭跖草	Commelina communis Linn.	鸭鹊草、蓝花菜、翠蝴蝶、桂竹叶。	披散草本。茎具纵棱，叶单叶互生，卵圆形状披针形或披针形，抱茎，有白色缘毛，全缘。花瓣上面两瓣为深蓝色，下面一瓣为白色；总苞片佛焰苞状，边缘常有硬毛。	生于山谷、路边、荒地、田埂及水缘草丛湿润处。	地上部分。甘、淡，寒。清热解毒，利水消肿。	丛植、林下地被植物、草坪灯。
106		紫露草	Tradescantia virginiana L.	紫鸭趾草、紫叶草	茎簇生，直立。叶片线形或线状披针形为绿色，花序顶生，花瓣为蓝紫色；雄蕊6枚，3枚退化，2枚可育，1枚可育，雌蕊花形而纤细无花丝；雌蕊1枚，子房卵形；蒴果近圆形，种子橄榄形。	喜温湿半阴环境，耐寒。	活血，利水，消肿，散结，解毒。	列植或丛植，花坛的填料，林下地被观赏，也可作表饰植物。
107		紫背万年青	Tradescantia spathacea Sw.	紫锦兰、蚌花、紫兰	多年生草本。茎粗壮，肉质，高不及50厘米，不分枝。叶先端渐尖，基部紧贴，披针形，上面绿色，下面紫色，长15～30厘米，包藏于苞片内，聚生；苞片蚌壳状，大而压扁，子房无柄，蒴果，紫色，开裂。	性喜半阴，湿润的环境，喜肥沃、疏松的沙壤土，较耐旱，怕暴晒，畏寒冷。	味甘、淡，性凉血。清肺化痰，止血，解毒止痢。主治肺热咳喘，百日咳，鼻衄，便血。	为花坛、花境材料，可作林下地被观赏，栽观叶植物，盆植物。

28

序号	科目名	品种	拉丁学名	别名	识别特征	生长环境	药用部位及功效	园林用途
108		白花紫露草	Tradescantia fluminensis	水竹草、淡竹叶、白花紫鸭跖草	多年生常绿草本。茎匍匐，下部光滑，上部被短柔毛，节部膨大，略带紫红色晕；叶互生，长圆形或卵状长圆形，先端尖，具纵条纹，叶缘被短柔毛；叶鞘具白色丝状绒毛。花顶生，花瓣3片，6枚雄蕊，花丝众多，白色。蒴果。	生于山边、村边等较潮湿的草地上，或栽培。	全株。苦、凉。消肿解毒、活血利尿、淋病等疾病。	盆栽，或在花中可布置成条列花坛，可成条片栽或成片栽植。
109		大苞水竹叶	Murdannia bracteata (C. B. Clarke) J. K. Morton ex Hong	痰火草、围夹草。	多年生草本。根须状，极多，密被长绒毛；主茎不育，可育茎2支。叶主茎上密集成莲座状，剑形；背面粗糙，叶缘有紫色条纹，两面无毛，背面被针形至披针形，蝎尾状聚伞花序常2-3个；总苞片叶状。花伞状花序密集而呈头尖状；花瓣蓝色。蒴果宽椭圆状三棱形；种子黄褐色。	生于山谷水边或溪边沙的草地上。	全草。甘、淡、凉。化痰散结、清热通淋。	水界岸边、被植物。
110		吊竹梅	Tradescantia zebrina Heynh.	水竹草。	多年生草本。茎半肉质，多分枝。叶互生，椭圆状圆形至椭圆形，上面绿色而来以银白色，下面紫红色，鞘被疏长毛；花团聚于一大一小的顶生苞片状中；花萼片3片，花冠裂片白色，合生成圆柱状的管；蒴果。	生于山边、村边和沟边潮湿的草地上。	全草。甘、寒、淡、凉血。清热解毒。	列植、沿岸边被、林景观观叶花坛分和草坪植物
111		节节草	Commelina diffusa Burm. f.	竹节菜、节花。	一年生披散草本。叶为披针形或卵状披针形，无毛或被刚毛，顶端常渐尖，分枝下部为长圆形，节上生根，多分枝；叶鞘具红色小斑点。花单生于枝上部小聚伞，蝎尾状聚伞花序十分枝裂片上部，花瓣玫瑰色，花瓣矩圆状三棱形，种子黑色，具粗网状纹饰。	生于林中、灌木丛边或溪边潮湿的旷野中。	全草。淡、寒、利尿解毒、止血。	丛植，水沿岸种行道边边植被、草坪植物

（亚）热带主要景观药用植物名录及景观配置形式

序号	科目名	品种	拉丁学名	别名	识别特征	生长环境	药用部位及功效	园林用途
112		聚花草	Floscopa scandens Lour.	水草、竹叶草、水竹菜、小竹叶菜。	草本。具较长根状茎，节上密生须根；全体或仅叶鞘、花序各部被柔腺毛。叶无柄或具带翅短柄，椭圆形至披针形。上面具鳞片状突起，圆锥花序多个，顶生并兼有腋生，组成扫帚状复圆锥花序，花瓣蓝色或紫色。蒴果卵圆形，侧扁。	生于水边、山沟边草地及林中。	全草。苦、凉。清热利水、解毒。	列植或丛植，水沿岸边界植被
113	百部科	云南百部	Stemona mairei	狭叶百部、线叶百部、丽江百部药	草本。块根肉质，长圆状卵形，茎长20-70厘米，分枝或不分枝，攀援状，圆柱形，具纵条棱。叶3-4枚轮生，直立向上，有时在下部的叶为卵圆形，卵形或楔形或圆形，基部楔形至圆形，无柄至近无柄。花草生于叶腋或叶片中脉基部，花被片线形或披针形，顶端急尖或渐尖。雄蕊直立，花丝短；蒴果。	阴湿的山坡或山草地上或路边	根或全株可药用，作治骨折，外伤，跌打出血，支气管炎，哮喘，贫血等。	为花坛、花境、材料，可作林下地被观赏植物，也可盆栽观叶植物
114		大百部	Stemona tuberosa Lour.	对叶百部、山百部根、大春根药	多年生攀缘草本。块根常纺锤状。茎常具少数分枝。叶对生或轮生，卵形或宽卵形，卵状披针形，端渐尖至短尖，基部心形。花生于叶腋，单生或2-3朵排成总状花序，被片黄绿色带紫色脉纹。果光滑，其余多数种子。	生于山坡丛林下、溪边、路旁以及山谷和阴湿岩石中。	块根。甘、苦，微温。润肺下气止咳，杀虫。	可作绿篱、绿墙等
115	百合科	玉簪	Hosta plantaginea (Lam.) Aschers.	白鹤草、白花玉簪、玉耳草、玉钻。	多年生草本。根状茎粗厚。叶卵状心形、卵形或卵圆形，先端近渐尖，基部心形，具6-10对侧脉；花草高40-80cm，单生或2-3朵簇生，花白色，芳香。蒴果圆柱状，有三棱。	生于林下、草坡或岩石边，有栽培。	叶、全草。苦、辛，寒。有毒。清热解毒，散结消肿。	可作为林下地被植物，也可盆栽观叶植物
116		玉竹	Polygonatum odoratum (Mill.) Druce	地管子、尾参、铃铛菜。	多年生草本。根状茎圆柱形，卵状矩圆形，先端尖，下面带灰白色，花被黄绿色至白色，平滑至具乳头状粗糙。花序具1-4花，被黄绿色，浆果蓝黑色。	生于林下或山野阴坡山地。	根茎。甘，微寒。养阴润燥，生津止渴。	植下、林边被、行道树，配植或盆景或庭园植物

序号	科目名	品种	拉丁学名	别名	识别特征	生长环境	药用部位及功效	园林用途
117		黄花菜	Hemerocallis citrina Baroni	金针菜、橼萱草。	多年生草本。具短小的根茎和肉质、肥大的纺锤状块根。叶7-20片；花葶上披针形，花被淡黄色，有时在花蕾时顶端带黑紫色；蒴果三棱状椭圆形；种子黑色，有棱。	生于山坡、山谷、荒地或林缘。	根。甘，凉。清热利尿，凉血止血。	丛植或列植，庭院修饰花卉。路边、花坛、路边，孤植可作盆栽观赏。
118		萱草	Hemerocallis fulva (Linn.) Linn.	忘萱草。	多年生草本。根近肉质，中下部纺锤状膨大。叶基生，排成两列，叶片条形，褐尾状聚伞花序复组成圆锥状，花蕾时稍弯曲，具花6-12朵或更多，苞片卵状披针形，花橘红色至橘黄色。蒴果。	生于草甸、湿草地、荒坡或被灌木丛中。	根。甘，凉。清热利尿，凉血止血。	适合庭院栽培，露地栽培，亦可片植种植花成修饰花坛、路边。
119		芦荟	Aloe vera var. chinensis (Haw.) Berg	油葱。	多年生草本。茎较短。叶近簇生，粉绿色，叶近披针形或披针状条形，边缘疏生刺状小齿。花葶不分枝或稍分枝，总状花序具几十朵花，苞片近披针形，先端锐尖，花点垂，淡黄色而有红斑。	喜阳光，耐干旱，忌积水。	叶的汁液浓缩干燥物。苦，寒。泻下，清肝，杀虫。	条形，叶肥厚多汁，株形美为观叶，室内观赏盆栽植物。
120		百合	Lilium brownii F. E. Brown	紫百合、野百合	多年生草本。鳞茎球形，淡白色，其茎部分带紫色圆柱形，直立，不分枝，光滑无毛，常有褐色斑点。叶互生，有棱，室背开裂。先端鳞叶常开放如荷花状，下生有多数须根。叶披针形到椭圆状披针形。蒴果长圆形，淡白色，其基部分带淡白色。	生于山坡林下、溪沟等处。	养阴润肺，清心安神。	用于盆栽观赏，花境丛植或与其他岩石山木山石配植及鲜切花

（亚）热带主要景观药用植物名录及景观配置形式

序号	科目名	品种	拉丁学名	别名	识别特征	生长环境	药用部位及功效	园林用途
121		万年青	Rohdea japonica (Thunb.) Roth	斩蛇剑、冬不调草、九节连	多年生常绿草本。根茎倾斜，肥厚而短，须根细长，密被白色毛茸；叶丛生，叶片披针形或带细全缘，革质而光滑，叶上面深绿色，下面淡绿色，具平行脉，背面中脉隆起。穗状花序，浆果球形。	陵园，或野生于阴湿的林下、山谷	强心利尿、清热解毒，止血、吐血，喉肿痛、蛇咬伤，跌花肾虚腰痛、打损伤	作观叶、观果盆栽植物，可作路边下地被及绿墙绿篱等植物
122		石刁柏	Asparagus officinalis Linn.	芦笋、芦笋、露笋、龙须菜。	直立草本。叶状枝每3-6枚成簇，呈稍扁的圆柱形，略有钝棱，纤细，常稍弧曲，状短距距无距。花1-4朵腋生，绿黄色。浆果，熟时红色，有2-3颗种子。	沙质河滩、河岸、草坡或林下	块根。微甘、平。。具有润肺镇咳，祛痰杀虫的功效。可用于肺热咳嗽、淋巴结结核、水肿	热性成缀点时观，植物，良好的观赏价值。成片种植修饰花坛，路边。
123		阔叶麦冬	Liriope platyphylla Wang et Tang	阔叶土麦冬	多年生草本。植株丛生。根多分枝，根局部膨大成矩圆形或锤形小块根。叶丛生，叶质，革质。总状花序。浆果球形，初期绿色，成熟后变黑紫色	生长于野生山坡林下阴湿处	块根。甘、滋阴凉。润肺止咳，清心除烦	叶片密散披散，作地被植物，常作花坛、花境物分界植物
124		麦冬	Ophiopogon japonicus (Linn. f.) Ker-Gawl.	麦门冬、沿阶草。	多年生草本。根中间或近末端常膨大成椭圆形或纺锤形的小块根。叶基生成丛，禾叶状，具3-7条脉，边缘具细锯齿。总状花序，单生或多生于苞片腋内，花被片下常稍下垂而不展开，成对生于苞片白色或淡紫色。种子球形。	生于山坡阴湿处，林下或溪旁。	块根。甘、微苦、寒。滋阴润肺，益胃生津，清心除烦	集观叶、观花分界植物，常作地被，花坛分界植物

序号	科目名	品种	拉丁学名	别名	识别特征	生长环境	药用部位及功效	园林用途
125		七叶一枝花	Paris polyphylla Smith	滇重楼、金线重楼、九道箍、蚤休、螺蛇毒、重台根、草河车、七叶莲、铁灯台、虫蒌、枝花头	株高35~100cm，无毛；根状茎粗厚，密生多数环节和许多须根枝。叶7~10枚，矩圆形、椭圆形或倒卵状宽楔形，先端短尖或渐尖，基部圆形或宽楔形；叶柄明显。花梗长5~16cm；外轮花被片绿色，狭卵状披针形，雄蕊8~12枚；子房近球形，具棱，顶端具一盘状花柱基，花柱粗短，4~5分枝。蒴果紫色。	生长于林下。	块根，清热、解毒、消肿止痛，治咽喉肿痛、蛇虫咬伤、跌扑伤痛	叶片独特、美丽，可用作室内盆栽观赏和庭院绿化
126		吊兰	Chlorophytum comosum (Thunb.) Baker	桂兰、葡萄兰、钓兰。	多年生草本。根状茎短，根稍肥厚。叶剑形，绿色或有黄色条纹，向两端稍变狭。花葶比叶长，常变为匍枝而在近顶部具叶簇或幼小植株；花白色，常2~4朵簇生，排成疏散的总状花序或圆锥花序。蒴果三棱状扁球形。	喜温暖湿润的半阴环境，耐旱不耐寒	全草，根。微苦，消肿，清热解毒。	可用作室内盆栽观赏和庭院绿化、景观分隔植物等
127		多花黄精	Polygonatum cyrtonema Hua	长叶黄精、姜黄粘。	多年生草本。根状茎肥厚，常连珠状结节成块，稀近圆柱形。叶互生，椭圆形、卵状披针形，少有稍作镰状弯曲，先端尖至渐尖。花序具2~7朵花，伞形，花被黄绿色，花被筒中部稍缢缩。浆果黑色，具3~9颗种子。	生于林下、灌木丛或山坡阴处。	根茎。甘，微苦。凉。补脾润肺养肝，解毒消痛。	丛植、林下植被或庭园花卉、盆栽
128		好望角芦荟	Aloe vera Miller	开普芦荟、巨芦荟、刺芦荟。	多年生草本。茎直立，生于茎顶。叶片披针形，具刺，被白粉。圆锥花序上部的花下垂，呈管状连合，花被6片，基部连合，微外卷，带绿色条纹。蒴果。	多为栽培。	叶的汁液浓缩干燥物。苦，寒。清肝热，解毒润肠，通便。	列植或孤植、盆栽在庭园，景或花坛中栽种
129		吉祥草	Reineckia carnea (Andr.) Kunth	洋吉祥草、竹叶青。	多年生草本。茎蔓延于地面，逐年向前延长或缩短，有残存的叶鞘。叶每簇具3~8片，条形至披针形，先端渐尖，向下渐狭成柄，深绿色。花葶抽出新叶，穗状花序，上部的花有时仅雄蕊，花芳香，粉红色，裂片矩圆形。浆果，熟时鲜红色。	生于阴湿山坡、山谷或密林下。	全草。甘，凉。凉血止血，清肺止咳，解毒利咽。	丛植、庭园和花卉井下植物，或花坛、行道边植物

（亚）热带主要景观药用植物名录及景观配置形式

序号	科目名	品种	拉丁学名	别名	识别特征	生长环境	药用部位及功效	园林用途
130		韭菜	Allium tuberosum Rottl. ex Spreng.	起阳草、长生韭、壮阳草、扁菜。	多年生草本。具倾斜的横生根状茎，近圆柱状，鳞茎外皮暗黄色至黄褐色，破裂成纤维状。叶线形，扁平，实心，边缘平滑。花葶圆柱状，常具纵棱，下部被叶鞘。伞形花序半球状或近球状，具多但较稀疏的花，花白色，花被片常具绿色或黄绿色的中脉。蒴果具倒心形果瓣。	多为栽培。	叶。辛、温。补肾，温中，散瘀，解毒。	列植，孤植。在庭园或花坛中栽种。
131		库拉索芦荟	Aloe barbadensis Miller	芦荟、奴会、木脂。	多年生草本。茎较短。叶簇生于茎顶，直立或近直立，肥厚多汁，呈披针形，先端渐尖。基部宽阔，粉绿色，边缘疏离有刺状小齿。总状花序疏散，花点垂，黄色或有赤色斑点，花被管状，裂片稍外弯。	多为栽培。	叶的汁液浓缩干燥物。苦、寒。清肝热，通便。	丛植，庭园和花卉布置，行道等植物。
132		轮叶黄精	Polygonatum verticillatum (Linn.) All.	红果黄精、地吊。	多年生草本。根状茎细，一头粗，一头较细。节间的"节间"长2~3cm。叶带三叶轮生，或少有对生或互生。叶矩圆状披针形至条状披针形或条形，花腋生，花被淡黄色至淡紫色，花梗下垂。浆果红色，具2~4朵。浆果具6~12颗种子。	生于林下或山坡草地。	根茎。甘，微苦，凉。补脾润肺，养肝，解毒消痈。	丛植，庭园和花卉布置，行道等植物。
133		日本芦荟	Aloe arborescens Miller	立木芦荟、木剑芦荟。	多年生草本。茎短或明显，基部着生，边缘有硬齿或刺。叶轮生，大而厚，叶丛中抽出，具分枝，先端尖锐，叶两列着生。花葶从状伞形或总状花序，花被圆筒状，具多数种子。多朵排成总状花序，花橙红色。蒴果。	生于荒坡，向阳地处，或栽培。	叶的汁液浓缩干燥物。苦、寒。清肝热，通便。	列植或孤植，在盆景或花坛中栽种。
134		山菅兰	Dianella ensifolia (Linn.) DC.	山铰剪、铰剪草、假射干。	草本，具根茎。叶二列，条状披针形，基部鞘状套折，叶缘及叶背中脉具细锐齿。总状花序组成顶生圆锥花序，花绿白色、绿色至淡黄色，花梗常稍弯。浆果近圆形，蓝紫色，光滑。	生于林下，山坡或草丛中。	根茎、全草。甘、辛，凉。有大毒。拔毒消肿，散瘀止痛。	丛植，林下种植或灌木丛，庭园花卉植物，行道等植物。

序号	科目名	品种	拉丁学名	别名	识别特征	生长环境	药用部位及功效	园林用途
135		山麦冬	Liriope spicata (Thunb.) Lour.	土麦冬、大麦冬、湖北麦冬、鱼子兰草。	多年生草本。丛生,根近末端常膨大成矩圆形、椭圆形或纺锤形以褐色的肉质的小块根,具5条脉,中脉明显,基部常包的叶鞘,边缘具细锯齿。花葶长于或几等长于叶,少数稍短于叶,具多数花。花多生于苞片腋内,花被片矩圆形、矩圆状披针形,先端钝圆,淡紫色或淡蓝色。果近球形。	生于山坡、山谷林下,或路旁或湿地。	块根。甘、微苦、微寒,养阴生津、润肺清心。	丛植或列植、庭园、边界花卉植物,行道边界
136		天门冬	Asparagus cochinchinensis (Lour.) Merr.	天冬。	攀缘草本。块根肉质,簇生,纺锤形,先端锐尖。叶退化成鳞片状枝通常3枚成簇,扁平,叶状枝生于叶腋,基部有木质倒生刺。花常1-3朵簇生于苞片腋内,单性,雌雄异株,淡绿色。浆果球形,成熟时红色。	生于阴湿的山野林边、灌木丛或草丛中。	块根。甘、苦、寒,滋阴润燥、清肺降火。	丛植或列植、庭园、边界花卉植物,行道边界
137		小花蜘蛛抱蛋	Aspidistra minutiflora Stapf	毛知母。	多年生草本。根状茎近圆柱状,密生节和鳞片。叶2-3片簇生,带形或带状披针形,先端渐尖,基部渐狭成不很明显的叶柄。花被片4枚,宽卵形,花被坛状,有时带紫褐色,花被坛状,青带紫色,具紫色细点。	生于路旁或山腰石上或石壁上。	根状茎。甘、温,活血通淋、泄热通络。	丛植或列植、庭园和盆景植物
138		沿阶草	Ophiopogon japonicus (Linn, f.) Ker-Gawl.	麦冬、韭叶麦冬。	多年生草本。成丛生,须根中部或根端常膨大成纺锤形块根,成丛生。叶丛生,从叶丛中抽出,花茎比叶短,花小,淡紫色或白色。总状花序。浆果状,球形,成熟后深绿色或黑蓝色。	生于山坡溪旁或下,亦有栽培。	块根。甘、微苦、微寒,养阴生津、润肺清火。	丛植或列植、庭园和盆景植物,行道边坛或分界植物

序号	科目名	品种	拉丁学名	别名	识别特征	生长环境	药用部位及功效	园林用途
139		野百合	Lilium brownii F. E. Brown ex Miellez	百合。	多年生草本。鳞茎球形，鳞片披针形，无节，白色；茎偶有紫色条纹，下部可见小乳头状突起。叶散生，叶自下向上渐小，披针形、窄披针形至条形，具 5～7 脉，基部渐狭，全缘，两面无毛。花单生或几朵排成近伞形；花梗长 3～10cm，稍弯。花喇叭形，有香气，乳白色，外面稍带紫色，无斑点。花被片，向外张开或先端外卷，蒴果矩圆形。具小乳头状突起。	生于荒地路旁及山谷草地。	肉质鳞茎、花蕾。养阴润肺，清心安神。甘、微寒。	丛植或列植，庭园和花卉植物，下观花物，行道果边等植物
140		皂质芦荟	Aloe saponaria (Ait) Haw	皂草芦荟、花叶芦荟。	多年生草本。无茎，叶簇生于基部，呈螺旋状排列，叶立或平行状，浅色斑纹，叶片宽大或多少皱波状，如肥皂状条纹。花葶从叶丛中抽出，多分枝，总状花序。	生于荒坡、草地向阳处，或栽培。	叶的汁液浓缩干燥物。苦，寒。清肝热，通便。	列植或孤植。在盆物、花坛景或盆景中栽种
141		蜘蛛抱蛋	Aspidistra elatior Blume	飞天蜈蚣、竹叶伸筋、入地蜈蚣、山蜈蚣。	多年生草本。根状茎近圆柱形，具节和鳞片。叶单生，矩圆状披针形、披针形至近椭圆形，先端渐尖，基部渐狭。有时稍具波状，边缘多少皱波状，淡绿色，花被片具黑点或紫色条纹。花葶，花被裂片近三角状，钟状，紫色至深紫色，上部多裂，花被裂片近三角形，向外扩展或外弯，紫红色。	多为栽培。	根茎。辛，甘，微寒。活血止痛，清肺止咳，利尿通淋。	丛植、列植，庭园和盆景植物，行道边植物
142		小根蒜	Allium macrostemon Bunge	香葱、绵葱、火葱、四季葱	鳞茎圆柱状，具粗壮的根鳞茎外皮白色，腹质，明显，扁平，下部被叶根少破裂成纤维状，具 2～3 纵棱。叶半圆形，中空条状，早落伞形花序，松散，旱落常俯垂，小花梗近等长，顶端常俯垂，小花梗近等长，基部无小苞片。	生于耕地中及山地较干燥处，喜凉爽气候，和较干燥条件	全株。味辛，性温。通阳活血，发汗解毒，驱虫主治风寒解表；感冒轻症，疮毒痈痛、菌疾腹痛、微寒痰痛，小便不利等症	丛植或列植，庭园和盆景植物，行道边植物

36

序号	科目名	品种	拉丁学名	别名	识别特征	生长环境	药用部位及功效	园林用途
143	龙舌兰科	龙血树	Dracaena draco (L.) L.	龙树	树干短粗，表面为浅褐色，较粗糙，能抽出很多短小粗壮的树枝。树液深红色。龙血树花小，颜色为白绿色，圆锥花序。浆果，橙色。	喜阳光，喜高温多湿环境	木质部提取出来的血竭：有活血化瘀，消肿止痛，收敛止血的良好功效。	孤植，大型植株；林下布置于庭院、广场；列植可作为行道树、叶用植物；或花坛盆摆设景设置
144		剑麻	Agave sisalana Perr. ex Engelm.	波萝麻。	多年生植物。叶呈莲座式排列，叶刚直，肉质剑形，初被白霜，后渐脱落而呈深蓝绿色，表面凹，青面凸，叶缘无刺或具偶尔刺，顶端有一硬尖刺刺红褐色，圆锥花序粗壮，可高达6m，花黄绿色，有浓烈刺的气味。蒴果长圆形。	生于山坡、林缘及路旁。	叶。甘、辛、凉。凉血止血，消肿解毒。	列植，作为行道观叶植物；或绿化隔离带品种
145		金边虎尾兰	Sansevieria trifasciata Prain var. laurentii (De Wildem.) N. E. Brown	金边虎皮兰。	多年生植物。根状茎横走。叶基生，常1~2片，亦有3~6片成簇。直立，扁平，长条状披针形，有白绿色相间的披带斑纹，边缘绿色或向下部渐狭成长颈的柄。花淡绿色或白色，每3~8朵簇生，排成总状花序。浆果。	多为栽培。	叶。酸、凉。清热解毒，活血消肿。	丛植，庭园和盆栽景植物、行道边植物
146		亮叶朱蕉	Cordyline fruticosa (Linn.) A. Cheval. 'Aichiaka'	铁树、朱蕉。	灌木。直立，偶有分枝。叶聚生于茎或枝的上端，呈二列状旋转排列，矩圆形至矩圆状披针形，长25~50cm，宽5~10cm，紫红色，叶柄有槽，长10~30cm，基部变宽，抱茎。圆锥花序长30~60cm，生于上部叶腋，多分枝，花淡红色、青紫色至黄色。蒴果。	多为庭院栽培。	叶、根。甘、淡、凉。凉血止血，散瘀止痛。	列植，林下植物，或行道观叶植物；或绿化隔离带品种

（亚）热带主要景观药用植物名录及景观配置形式

序号	科目名	品种	拉丁学名	别名	识别特征	生长环境	药用部位及功效	园林用途
147		龙舌兰	Agave americana Linn.	番麻、剑麻、花麻、番麻、假波罗。	多年生植物。叶呈莲座式排列，通常30-40枚，偶育有50-60枚，大型，叶肉质，倒披针状线形，缘具有疏尖刺，顶端有一硬尖刺，刺黄褐色。花序大型，花黄绿色，蒴果长圆形，开花后花序上生成的珠芽极少。	多为引种栽培。	叶，苦、酸，温。解毒拔脓，杀虫止血。	作列植、为行道观或绿化隔离带品种。
148		朱蕉	Cordyline fruticosa (Linn.) A. Cheval.	青铁叶或铁树。	灌木，直立，偶有分枝，叶聚生于茎或枝的上端，呈二列状旋转排列，矩圆形至矩圆状披针形，长25-50cm，宽5-10cm，绿色，叶柄有槽，抱茎。圆锥花序长30-60cm，生于上部叶腋，多分枝，花淡红色，青紫色至黄色。	多为庭院栽培。	叶、根，甘、淡，凉。凉血止血，散瘀止痛。	作列植、林下植物，或行道观叶绿化隔离带品种。
149	灯芯草科	灯芯草	Juncus effusus Linn.	水灯芯、草。	多年生草本。根状茎粗壮横走，具纵条纹，须根；茎丛生，直立，圆柱形，具纵条纹，茎内充满白色的髓心。叶基状鳞片状，包围在茎基部，叶片退化呈芒刺状，低出叶线状披针形，黄褐色或淡褐色。聚伞花序假侧生，含多花，浅绿色至黑褐色，披针形，边缘膜质，顶端钝或微凹，黄褐色。蒴果长圆形或卵形，黄褐色。	生于河边、池旁、水沟、稻田旁及沼泽湿地等草地。	茎髓，甘，微寒。利水通淋，清心除烦。用于水肿，小便不利，热淋涩痛，小儿夜啼。	溪塘池等水沿观叶植物边。
150	石蒜科	君子兰	Clivia miniata Regel Gartenfl.	大花君子兰、大叶石蒜、剑叶石蒜、达木兰。	多年生草本。茎短缩，叶基部形成假鳞茎，叶片剑形，根肉质纤维状，黄色。伞形花序顶生，每个花序有7-30朵，花漏斗状，直立，黄色或橘黄色。浆果，未成熟绿色，未成熟时是深绿色，成熟时紫红色。	喜温凉气候，忌炎热，不耐寒，腐殖质疏松土。	花，果实，具有抗病毒，催吐作用；治肝硬化腹水和骨髓炎等症。	美型林可作观花观叶植物，盆栽或花坛分界或带状花花植物。
151		文殊兰	Crinum asiaticum Linn. var. sinicum (Roxb. ex Herb.) Baker	白花石蒜、葱皮石蒜、蕉、未兰叶。	多年生粗壮草本。鳞茎长柱形。叶20-30片，多列，带状披针形，顶端渐尖，具一急尖的尖头，边缘波状，暗绿色。花茎直立，伞形花序总苞片披针形，膜质，花梗状，花被管10-24朵，芳香。蒴果近球形，通常种子1枚。	生于海滨地区或河旁沙地。	叶、鳞茎，辛，凉，有小毒。活血散瘀、消肿止痛。	丛植、四季常绿，生态适应性广，常作花坛、花境或带状植物。

序号	科目名	品种	拉丁学名	别名	识别特征	生长环境	药用部位及功效	园林用途
152		水仙	Narcissus tazetta L. var. chinensis Roem	雅蒜、天葱、雪中花、凌波仙子	多年生草本植物。地下鳞茎肥大扁球形，皮膜褐色。叶片自鳞茎顶端抽出，每个鳞茎可抽花茎1-2枝或更多，扁平带状，全缘。伞形花序，花瓣多为6片，由绿色转至棕色。未端呈鹅黄色。蒴果背裂。	喜阳光充足，温暖环境，湿润的环境，短日照条件下才能开花。	鳞茎或花。清热解毒，排脓消肿，祛风除热，活血调经。	丛植，可作庭园或室内观赏。
153		朱顶兰	Hippeastrum vittatum (L'Hér.) Herb.	朱顶红、百枝莲	草本。鳞茎近球形。外皮淡绿。叶4-8片二列叠生，带状。花茎粗壮中空，顶部4-8片花序，近伞状，具条纹；蒴果近球形，种子扁平黑色。	喜阳光充足，温暖的环境，湿润的环境，怡凉。	鳞茎。活血解毒，散瘀消肿。治各种无名肿毒，跌打损伤，瘀血红肿疼痛。	可做种，做地被观花园林景观植物，或作为带状园林植物，盆景。
154		葱莲	Zephyranthes candida (Lindl.) Herb.	玉帘、葱兰、肝风草。	多年生草本。肥厚，亮绿色。花茎中空，有带褐红色的佛焰苞状总苞；淡红色。蒴果近球形，三瓣开裂，种子黑色。	多为引种栽培。	全草。甘，平。平肝熄风。	丛植，林下植被或庭园花卉，或栽为花坛，行道分界及带状花植物
155		大叶仙茅	Curculigo capitulata (Lour.) O. Ktze.	野棕、假棕榈树。	粗壮草本。根状茎粗厚，块状，叶常4-7片，长圆状披针形或近长圆形，纸质，全缘。总状花序强烈缩短成头状，俯垂。顶端具苞。浆果近球形，白色，种子黑色，表面具不规则纵凸纹。	生于林下阴湿处。	根、根状茎。苦，涩，平。止咳平喘，润肺化痰，镇静健脾，补肾固精。	丛植，行道分界及带状花植物
156		韭莲	Zephyranthes grandiflora Lindl.	风雨花、韭菜莲。	多年生草本。鳞茎卵状球形。叶基生，常数枚簇生，线形，扁平。花单生于花茎顶端，下有佛焰苞状总苞，花玫瑰红色或粉红色，花被裂片6片，裂片倒卵形。蒴果近球形，种子黑色。	生于林中，或草地或荒地上。	全草。苦，寒。解血，活血凉血，解毒消肿。	丛植，林下庭被或庭园花卉，或栽为花坛，行道为带状花植物

（亚）热带主要景观药用植物名录及景观配置形式

序号	科目名	品种	拉丁学名	别名	识别特征	生长环境	药用部位及功效	园林用途
157		水鬼蕉	Hymenocallis littoralis (Jacq.) Salisb.	蜘蛛兰。	多年生草本。鳞茎球形。叶10-12片，剑形，顶端急尖，基部渐狭，深绿色，多脉。花茎扁平，佛焰苞状总苞，无柄。花花黄白色。花茎顶端生花3-8朵，蒴果肉质。	生于林下或阴湿处。	叶，辛，温。舒筋活血，消肿止痛。	林下植被或庭园花卉，盆栽，为行道及花坛，分界带状花植物
158		仙茅	Curculigo orchioides Gaertn.	地棕、独茅、仙茅参、芽瓜子。	粗壮草本。根状茎近圆柱形，粗厚，直生。叶线形、线状披针形或披针形，顶端长渐尖，基部渐狭成短柄或近无柄，两面散生疏柔毛或无毛。总状花序多少呈伞房状，通常具4-6朵花，花黄色，花被裂片长圆状披针形。浆果近纺锤状，顶端具长喙，种子表面具纵凸纹。	生于林中、草地或荒坡上。	根茎，辛，温。温肾阳壮，祛除寒湿。	丛植，分界道及带状花植物
159	薯蓣科	白薯莨	Dioscorea hispida Dennst.	榜薯、野葛薯、山薯。	缠绕草质藤本。块状根鲜时白色或微带蓝色，干后新鲜时白色，鲜时皮刺。叶为掌状复叶有3小叶，顶生小叶片较大，倒卵状椭圆形或椭圆形，两侧小叶片小，斜卵形，叶片两面被柔毛。雄花序排列成圆锥状，硬革质，密生柔毛。	生于沟谷边灌木丛杂木林边。	块茎，甘，凉。有青毒。解毒消肿，去瘀止血。	攀援支架，绿墙，搭造景观立体景观
160		薯莨	Dioscorea cirrhosa Lour.	薯莨、红孩儿、金花果、红药子、鸡仔、红孩儿。	藤本。块茎。外皮黑褐色，凹凸不平，断面新鲜时红色，干后紫黑色，球形或葫芦状，单叶，茎下部互生，中部以上对生，长椭圆形至卵形，全缘，革质。深绿色，背面粉绿色，两面无毛，表面常排列。雌花序与雄花序相似，雌花序为重穗状，雄花外轮花被片较内者大。果三棱状扁圆形。	生于山坡、路旁河谷边的杂木林中或灌木丛中。	块茎，苦，凉。活血止血，理气止痛，清热解毒。	攀援支架，绿墙，搭造立体景观

序号	科目名	品种	拉丁学名	别名	识别特征	生长环境	药用部位及功效	园林用途
161		薯蓣	Dioscorea opposita Thunb.	野山豆、脚板薯、山药、淮山。	缠绕草质藤本。块茎长圆柱形，断面干时白色，茎通常带紫红色，右旋，无毛。单叶，茎下部互生，中部以上对生，卵状三角形至宽卵形或戟形，叶片变异大。雌雄异株，雌花序为穗状花序，2-8个着生于叶腋，偶呈圆锥花序排列，花序轴明显地呈"之"字状曲折；雌花序为穗状花序，1-3个生于叶腋，蒴果不反折，三棱状扁圆形或三棱状圆形，外面有白粉。	生于山坡、山谷林下，溪旁、路旁灌丛或杂草中。	根茎。甘，平，生津益肺，补脾养胃，补肾涩精。	攀援景观，棚架、绿墙、搭立体景观造观。
162	**鸢尾科**	鸢尾	Iris tectorum Maxim.	蓝蝴蝶、紫蝴蝶、土知母、铁扁担	多年生草本。基部围有老叶叶残留的膜质叶鞘及纤维，根状茎粗壮，二歧分枝，斜伸，稍弯曲，中部略紧，基部有1-2个短侧枝，有数条不明显纵棱，绿色；叶基部鞘状，有1-2个套褶，中、下部为膜质叶；花茎光滑，顶部常有短分枝，中、下部有1-2枚茎生叶；苞片2-3个，绿色，草质，边缘膜质，色淡，内含花1-2朵，花蓝紫色，有6条柔褐色、成熟时自顶端向下3瓣裂，种子黑褐色，梨形。	生于向阳坡地、林缘及水边湿地。	根状茎。苦、辛，平。消积活血利湿，祛风解毒。用于跌扑损伤，风湿肿痛，疟积腹胀，食积，疖疾等症。	可丛植、布列置花坛、边界花卉植物、水边界花卉植物，性也可作切花及地被植物。
163		射干	Belamcanda chinensis (Linn.) Redoute	扁竹叶、寸干、交剪草、野萱花。	多年生草本。根茎为不规则块状，斜伸，黄色或黄褐色，须根多数，根茎黄色，茎实心。叶互生，剑形，基部鞘状抱茎，无中脉，叶数枚，花橙红色，散生紫褐色的斑点，花被片倒卵形或长椭圆形，顶端钝圆或微凹，花丝近圆柱形，花柱顶端3裂，蒴果倒卵形或长椭圆形，成熟时室背开裂，果瓣外翻，中央有直立的果轴，种子圆球形，黑紫色，有光泽，着生在果轴上。	生于林缘或山坡草地	根茎。苦，寒。清热解毒，消痰利咽，用于热毒痰火郁结，咽喉肿痛，痰涎壅盛，咳嗽气喘。	布或丛植、花坛、景观边及花卉植物

41

序号	科目名	品种	拉丁学名	别名	识别特征	生长环境	药用部位及功效	园林用途
164		红葱	Eleutherinep-licata Herb.	小红蒜。	多年生草本。鳞茎卵圆形，鳞片肥厚，紫红色。根柔嫩，黄褐色。茎部包被条形、无膜质，表面呈明显皱褶。分枝处生有叶状苞片，顶端呈楔形，顶端渐尖。花茎上部有3-5个分枝，有伞形花序状的聚伞花序生于花茎的顶端，卵圆形，花下苞片2个，花白色，无明显的花被管，花被6片，二色排列。	生于林缘阴湿处或山坡草地。	全草。苦、辛、凉。清热凉血，活血通经，消肿解毒。	可丛植或列植，花丛下作布置。花坛、花境、道路边生草本植物。
165	姜科	豆蔻	Amomum kravanh Perre ex Gagnep.	白豆蔻、圆豆蔻、原豆蔻、扣米。	多年生直立草本。根茎延长，茎部具叶鞘。叶2列，叶片披针形，圆柱状，蒴果具小尖头，蒴果扁球形。		果实。辛、温。归脾、胃、大肠经。用于食欲不振，胸腹胀痛，胃胀，化湿行气。	丛植，可观夏盛果花。可作园景观，是较好的庭园景观植物，可成群植。
166		郁金	Curcuma aromatica Salisb.	毛姜黄。	多年生草本。根茎肉质，肥大，根端呈纺锤状，顶端具细尖。被短柔毛；叶柄约与叶片等长，有基部的叶片淡绿色，被毛。圆形、椭圆形或长椭圆形，长且叶生，叶片长圆形，基部渐狭，叶面无毛，叶背状圆柱形，穗状花序圆柱状，顶端常具小尖头，白色而染淡红色。	排水良好、土层疏松而肥沃土壤。	块根。辛、苦而凉。有行气解郁，破瘀，止痛的功用，主治胸闷胁痛，出血，黄疸，月经不调，尿血，癫痫。	布丛植，花坛，置花观边界景观植物。
167		莪术	Curcuma zedoaria (Christm.) Rose.	蓬莪术、山姜黄、臭屎姜。	多年生草本。根茎圆柱形，肉质，具樟脑般香味，叶淡黄色或白色，根细长或成末端膨大成根。椭圆状长至长圆状披针形，中部常有紫斑，无毛，叶圆状披针形对片为长。花葶由根茎单独发出，先叶而生；穗状花序阔椭圆形，苞片顶端红色，上部的较长而紫色，花葶下部绿色，顶端渐尖；花冠裂片长圆形，近倒卵形。	生于山野、村旁半阴湿的肥沃土壤上。	蒸煮透心干燥的根茎（莪术），绿丝根（郁金），苦、温。消积破气，行气破血，止痛。	丛植，布置花坛，景观花卉植物。

序号	科目名	品种	拉丁学名	别名	识别特征	生长环境	药用部位及功效	园林用途
168		山奈	Kaempferia galanga Linn.	沙姜。	多年生草本。根茎块状，成丛，淡绿色或绿白色，干时叶面可见红色小点。花4～12朵顶生，近圆形，芳香。叶片贴近地面生长，易半藏于叶鞘中；唇瓣白色，基部具紫斑。蒴果。	生于山坡、林下，现多丛栽培。	根茎辛、温，行气温中、消食、止痛。	丛种，可作为景观分割带植物或路边、花坛分界植物
169		姜黄	Curcuma longa L.	毛姜黄	属多年生草本。根茎发达，分枝很多椭圆形或圆柱形，橙黄色，极香。根粗壮，末端膨大呈块根形。叶每株5～7片，叶片长椭圆形，绿色，两面均无毛。穗状花序圆柱状，较长。蒴果膜质，球形。	喜阳，在排水良好、土层较厚的地块土均可栽培。	根茎和块根。辛、苦，温。归脾、肝经，破血行气，通经止痛。用于胸胁刺痛、闭经、癥瘕、风湿肩臂疼痛、跌打肿痛。	丛种，宜作园林庭园景，布置或室内盆栽
170		生姜	Zingiber officinale Ros.	姜、姜根、百根云	属多年生草本。根茎肉质，横走，分支，具芳香和辛辣味。叶互生，叶片长椭圆形、稠密，两列，薄片卵形。穗状花序稠密，细长圆形，薄片卵圆形，绿白色；蒴果	喜阳，在排水良好、土层较厚的地块土均可栽培。	根茎辛、微温；解表散寒、温中止呕，化痰止咳。	丛种，宜作园林庭园景，布置或路边、花坛分界植物
171		阳春砂	Amomum villosum Lour.	春砂仁	属多年生草本。根茎肉质，扁圆横走，叶互生。具根状茎；略呈三棱状，质轻脆，果皮薄。果面呈椭圆或卵圆球形，果密生刺状突起。蒴果皮里皮网纹，内含多数种子。	喜阳，半荫蔽状态也可以生长；以生长良好	根茎叶花果实均可入药。辛、微温。解表散寒、温中止呕，化湿开胃、温脾止泻、理气安胎。	丛种，宜作为林下地被植物，也可作景观带植物
172		白豆蔻	Amomum kravanh Pierre ex Gagnep.	豆蔻、圆豆蔻。	多年生草本。茎丛生，茎基叶鞘绿色，茎基处根茎长椭圆形，两面光滑无毛，近无柄。叶片，项端尾尖，叶舌圆形；苞片口又叶子自近白色；苞片三角形，具明显方格状脉纹；花萼管状，白色微透红，花冠裂片白色、唇瓣近圆形，边缘黄褐色，基部具瓣柄，黄色，略具棱三棱。蒴果近球形，白色或浅黄色，果实存花序自内列状排列状。	生于山坡田地及灌木丛中	成熟果实。辛、温。化湿行气，温中止呕，开胃消食。	丛种，作为林下地被植物，也可作景观带分界植物

43

（亚）热带主要景观药用植物名录及景观配置形式

序号	科目名	品种	拉丁学名	别名	识别特征	生长环境	药用部位及功效	园林用途
173		闭鞘姜	Costus speciosns (Koen.) Smith	樟柳头、东商陆、商陆。	多年生草本。顶部分枝常旋卷，叶片披针形，叶背密被绢毛，叶螺旋排列，穗状果状，卵形，红色，花冠白色。	生于水沟边、山谷阴湿地或草丛等处。	根茎，酸、微寒。有小毒，行水消肿、解毒止痒。	丛系边植景物也可作特色观花和观叶植物。
174		草豆蔻	Alpinia katsumadai Hayata	草蔻、草果、假麻树、偶子。	多年生草本。根茎粗壮，棕红色。叶线状披针形，有缘毛，两面光滑仅在下面被疏粗毛。总状花序顶生，直立，花序轴密被粗毛，外被粗毛。蒴果近圆形，熟时黄色。	生于山地、疏林、沟谷、河边及林缘湿处。	近成熟种子，辛、温。燥湿健脾、温胃止呕。	丛植或列植，木系边景物也可作特色观果和观叶植物。
175		高良姜	Alpinia officinarum Hance	风姜、良姜、佛手根。	多年生草本。根茎横生，茎丛生。具膜质鳞片，叶片线状披针形，两面无毛，叶缘、全缘，叶鞘开放，直立，被绒毛，熟时橙红色。花序顶生，苞片，具腰果、红色，花冠白色而有红色条纹。蒴果球形，熟时橙红色。	生于荒地、山坡、灌木、疏林中或栽培。	根茎，辛、热。温胃散寒、消食止痛。	丛植或列植，林下植被也；可作园庭小景路边置或花坛边，花坛分界植物。
176		广西莪术	Curcuma kwangsiensis S. G. Lee et C. F. Liang	毛莪术、广西姜黄、郁金。	多年生草本。根茎卵球形，具横纹状的节，鲜时内部白色或微带淡紫色褐色，须根细长，末端常膨大成近纺锤形块根，块根内部乳白色。叶基生，叶柄基部鞘状，叶片直立，椭圆状披针形，叶面无毛，叶背被短柔毛。穗状花序从根茎抽出，与具叶的营，上部苞片淡绿色，上部苞片淡红色；花生于下部和中部苞片腋内，花冠管喇叭状，唇瓣近黄色。	生于山坡灌木丛及草地，亦有栽培中，亦有栽培。	蒸透心干燥的根茎（莪术）辛、苦、温，消积止痛，块根（桂郁金）辛、苦，行气破血、气血痛。	丛植或列植，可作园林质或花小庭园景或略布置，行花坛边，分界植物。

序号	科目名	品种	拉丁学名	别名	识别特征	生长环境	药用部位及功效	园林用途
177		海南假砂仁	Amomum chinense Chun	海南土砂仁、土砂仁。	多年生直立草本。根茎延长，匍匐状，节上被膜状鳞片。叶长圆形或椭圆形，先端急尖，两面均无毛，叶背紫红色，叶柄短，叶鞘基部具明显网格状；叶舌凹陷，方格状网色，方格状膜片状卵形，紫色，苞片黄卵形，三角状卵形，中脉黄绿色，两边有脉纹。蒴果椭圆形，被短柔毛及片状、分枝柔刺。	生于林中。	果实，行气，消滞。民间作砂仁用。	丛植或列植，可作庭园或路边、花坛分界植物。
178		海南三七	Kaempferia rotunda L.	山田七、圆山柰。	多年生草本。根茎块状，根粗，先开花，后出叶。叶长椭圆形，叶面淡绿色，中脉两侧深绿色，叶背紫色，叶柄短，槽状，春季直接自根茎发出，苞片紫褐色。花冠裂片线形，白色；唇瓣蓝紫色，近圆形。	生于草地阳处，或栽培。	根茎，辛，温。活血止痛。	丛植或列植，可作行道、花坛分界植物，庭院观叶植物。
179		红豆蔻	Alpinia galanga (Linn.) Willd.	大高良姜。	多年生草本。株高达2m，根茎块状。叶长圆形或披针形，顶端渐尖，基部渐狭，叶舌近圆形。圆锥花序密生多花，花绿白色，有异味。果长圆形，熟时棕色或枣红色，果皮皱缩，质薄，不开裂。	生于山野沟谷阴湿林下或灌木丛，有草丛中。	果实、根茎。果实，辛，温。散寒燥湿，醒脾消食。根茎（大高良姜，辛，热，暖胃，止痛。	丛植或列植，可作林下观叶植被，花坛分界植物。
180		红茎砂	Ac has ma megalocheilos Griff.	红茎香砂仁、茎香砂仁。	多年生草本。株高2~3m，茎横生。叶长圆形，顶端渐尖并具小尖头，叶先侧，基部渐狭或近圆形，不等侧，叶面绿色，光亮，干时淡棕色，边缘及叶背中脉上被短柔毛，叶面长圆形，顶端渐尖，叶背无毛，叶鞘具方格状网纹。穗状花序自根茎生出，红色，叶鞘短，埋入土中，上被套褶的鳞片状叶鞘，花总苞片，揉之有茎香味。果球形，被短柔毛。	生于山坡林下。	根茎，辛，温。行气清热解毒，利尿。健脾。	丛植或列植，可作小园林庭院或路边、花坛分界植物。

序号	科目名	品种	拉丁学名	别名	识别特征	生长环境	药用部位及功效	园林用途
181		红球姜	Zingiber zerumbet (Linn.) Smith	南山姜、姜、山姜。	多年生草本。根茎块状，至长圆状披针形，内部淡黄色。叶披针形，梗长10~30cm，花序球状，背面被疏长柔毛。总花梗长，初时淡绿色，后变红色。苞片覆瓦状排列，花冠裂片淡黄色；蒴果椭圆形，种子黑色。	生于林下阴湿处。	根茎。辛，温。祛瘀消肿，解毒止痛。	丛植或列植，可作林下观叶植物；可作花境、行道、花坛分界植物。
182		花叶艳山姜	Alpinia zerumbet (Pers.) Burtt. et Smith 'Variegata'	花叶良姜。	多年生草本。株高2~3m。叶革质，具小尖头，边缘具长柔毛，两面均无毛，叶面金黄色纵斑纹。圆锥花序式，花序轴紫红色，被绒毛，一侧开裂，花端又齿裂，顶端粉红色。蒴果卵圆形，被稀疏的粗毛，具显露条纹，顶端露出以宿萼，熟时朱红色。	生于山地、疏林地。	根茎、果实。辛、涩，温。健脾暖胃，燥湿散寒。	丛植或可作庭院观叶植物；作行道、花坛分界植物。
183		华山姜	Alpinia chinensis (Retz.) Rosc.	华良姜、山姜	多年生草本。株高约1m。叶披针形或卵状披针形，两面均无毛。基部渐尖，基部渐狭，叶片腹质，二裂，具缘毛状，花萼白色，顶端二裂，花冠裂片长圆形，唇瓣卵形，顶端微凹。果球状。	生于林荫下。	根茎。辛，温。温中暖胃，散寒止痛。	丛植或可作院庭观叶植物；可作行道、花坛分界植物。
184		假益智	Alpinia maclurei Merr.	红蔻、山姜。	多年生草本。株高1~2m。叶披针形，顶端状渐尖，基部渐狭，叶背被短柔毛，被灰色，花3~5毛。圆锥花序直立，多花，花序顶端状，被短柔毛，花萼管状，唇形，被短柔毛，花冠裂片长圆形，唇瓣长圆状卵形，花时反折。果球状，无毛，果皮易碎。	生于山地疏林、密林中。	根状茎、果实。行气，用于腹胀呕吐。	丛植或列植，可作庭花、院庭观叶植物；行道、花坛分界植物。

序号	科目名	品种	拉丁学名	别名	识别特征	生长环境	药用部位及功效	园林用途
185		姜	Zingiber officinale Rose.	姜根、百辣云、勾状指。	多年生草本。根茎肥厚，多分枝，有芳香及辛辣味。叶二列，线状披针形。穗状花序球形；苞片淡绿色或边缘淡黄色，花茎自根茎生出；唇瓣短于花冠裂片，具紫色条纹及淡黄色斑点。本品栽培时很少开花。蒴果3瓣裂，种子黑色。	生于山地、疏林地	新鲜根茎（生姜），干燥根茎（干姜）。生姜：辛，微温；解表散寒，温中止呕，化痰止咳。干姜：辛，热；温中散寒，回阳通脉。	丛植或列植，可作庭院观叶植物；行道、花坛分界植物
186		姜花	Hedychium coronarium Koen.	蝴蝶花，草果。	多年生草本。茎高1-2m。叶长圆状披针形或披针形，顶端急尖，基部急尖，叶背被短柔毛，无柄，叶舌薄膜质，长圆形，苞片呈覆瓦状排列，卵圆形，白色。	生于林中，或栽培。	根茎。辛，温。祛风散寒，止痛。	丛植或列植，可作林下植被；可作行道、花坛分界植物
187		姜黄	Curcuma longa Linn.	郁金、黄姜、黄丝郁金。	多年生草本。根茎发达，成丛，分枝众多，橙黄色，极香；根粗壮，末端膨大呈块根。叶每株5-7片，两面均无毛。花葶由叶鞘内抽出，穗状花序圆柱状，花冠淡黄色，上部白色，边缘淡红晕，花萼白色，花冠淡黄色，中部深黄。上部膨大，裂片三角形，唇瓣波浪黄。	生于山地、疏林地	蒸透心干燥的根茎（姜黄），块根（郁金）。苦、辛，温。通经行气，破血止痛。	丛植或列植，庭院观赏植物；可作道、花坛分界植物
188		砂仁	Amomum villosum Lour.	春砂仁、砂仁、缩砂仁、砂仁蜜。	多年生草本。茎散生。叶中部叶片长披针形，上部叶线形，节上叶鞘略有凹陷方格状网纹。穗状花绿色或黄绿色，褐色或黄色；鳞片膜质，椭圆形，叶舌半圆形，花萼白色，花冠裂片白色，黄色小头，中部具瓣状斑，具瓣柄；花冠管2裂，反卷，唇瓣圆匙形，基部具2个紫色，中后部黄红色，先端黄色，具瓣；成熟时紫红色，果面被不分裂或分裂的柔刺，种子多角形，具浓郁香气。	野生于山地阴湿之处，亦有栽培。	成熟果实。辛，温。化湿开胃，温脾止泻，理气安胎。	丛植或列植，可作林下植被；可作行道、花坛分界植物

47

序号	科目名	品种	拉丁学名	别名	识别特征	生长环境	药用部位及功效	园林用途
189		温郁金	Curcuma aromatica Salisb. 'Wenyujin'	黑郁金、温莪术。	多年生草本。根茎肉质，肥大，黄色，芳香，根端膨大呈长纺锤状。叶片与叶柄等长，基部渐狭，叶片两面均无毛，叶柄约与叶片等长；顶端具小尖头，基部渐狭，与叶同时发出或叶先叶而出；穗状花序由根茎单独生出，呈圆柱形，有花的苞片长圆形，纯白色；下部无花的苞片绿色，卵形，花冠管漏斗形，裂片长圆形，黄色、唇瓣黄色，倒卵形。	栽培于土层深厚，排水良好的沙壤土中。	新鲜根茎（片姜黄）蒸透心，干燥的根茎（温郁金）及块根（温莪术）。辛、苦、温。破血行气，通经止痛。	丛植或列植，可作庭院观赏植物。
190		艳山姜	Alpinia zerumbet (Pers.) Burtt, et Smith	野山姜、大豆蔻、山姜。	多年生草本。株高2-3m。叶革质，披针形，顶端渐尖而有一旋卷的小尖头，基部渐狭，边缘具短柔毛，两面均无毛。花序轴无毛，圆锥花序呈总状花序式，下垂，花序轴紫红色，被绒毛，小苞片椭圆形，白色，顶端粉红色，蕾时包裹花，唇瓣匙状宽卵形，顶端皱波状，黄色而有紫红色纹，顶端具短柔毛。果球形，顶端具宿萼，被稀疏的粗毛，熟时朱红色。	生于山地，疏林、沟谷等处。	根茎、果实。辛、温。健脾暖胃，燥湿散寒。	丛植或列植，庭院观赏植物，可作行道、花坛分界植物。
191		益智	Alpinia oxyphylla Miq.	益智仁、益智子。	多年生草本。株高1-3m，茎丛生，根茎短。叶片披针形，顶端渐狭，具尾尖，基部近圆形，边缘具脱落性小刚毛；叶舌膜质，被淡棕色疏柔毛。总状花序在花蕾时全部包藏于一帽状总苞片中，花萼筒状，一侧开裂，花冠裂片长圆形，白色，唇瓣倒卵形，粉白色而具红色脉纹，顶端边缘皱波状，子时矩圆形，被短柔毛。蒴果鲜时球形，果皮上具隆起的维管束线条，顶端具花萼管残迹；种子不规则则扁圆形，被淡黄色假种皮。	生于林下阴湿处，或栽培。	果实。辛、温。温脾止泻摄涎，暖肾缩尿固精。	丛植、林下观赏，可作行道、花坛分界植物。
192		竹叶三七	Stahlianthus involucratus (King ex Bak.) Craib	土田七、姜三七、姜田七。	多年生草本。根茎块根形，粉色，块根形而有辛辣味，芳香而有辛辣味或被紫针形或被披针形，叶柄长，叶柄长6-18cm。叶片倒卵状披针形，外面棕褐色，内面棕褐黄色，绿色或紫色，花10-15朵聚生于钟状花的总苞中，透明的小腺点，总苞及花各部常有棕色，唇瓣倒卵状匙形，中央有各黄色斑，白色。	生于林下、荒坡，或栽培。	根状茎，辛、温。活血散瘀，消肿止痛。	丛植或列植，可作行道、花坛分界叶植物。

序号	科目名	品种	拉丁学名	别名	识别特征	生长环境	药用部位及功效	园林用途
193		紫花山柰	Kaempferia elegans (Wall.) Bak.	山柰。	多年生草本。根茎匍匐，不呈块状，须根细长。叶2~4片一丛，叶片长圆形圆形，基部圆形，顶端急尖，叶背绿色稍淡，叶面质薄，叶面可见深绿色及白色斑纹，苞片状披针形，头状花序具短总花梗，花淡紫色，唇瓣二裂至基部成二倒卵形的裂片。果果皮薄，种子近球形。	生于山坡、林下，现多为栽培。	根茎。辛、温。行气温中、消食止痛。	丛植或列植，可作林下植植；散。可作行道、花坛边界植物
194	美人蕉科	美人蕉	Canna indica L.	凤尾花，小芭蕉，五筋草，破血红	多年生草本植物。根茎红色，有粘液，地上茎直立，叶互生，叶片绿色，近球形，有瘤状凸起。总状花序，萼片浅绿色，朔果近球形。	喜凉爽，向阳或略阴的环境。	根茎和花。味甘、性凉。具有安神降燥的功能。外用治跌打损伤、疮疡肿毒等。	可作花坛美化庭院造景或绿化、花带花井、行道分界植物
195		蕉芋	Canna edulis Ker	姜芋。	多年生草本植物。根茎发达，多分枝，块状，高可达3m；叶长圆形或卵状长圆形，边缘紫色或青紫色。茎粗壮，绿色，总状花序单生或2朵聚生，少花。破蛛质粉霜，基部有阔鞘，小苞片浅紫色，萼片浅绿而浅紫色，花冠管杏黄，瘤状。花冠裂片各黄而顶端浅紫，朔果成3瓣开裂，瘤状。	生于林下、山坡、或荒地或栽培。	根茎。甘、淡、凉。清热利湿、解暑。	可作花坛美化庭院造景或绿化、花带花井、行道分界植物
196	竹芋科	花叶竹芋	Maranta bicolor Ker	孔雀草。	多年生草本，植株矮小，基部具块茎。叶长圆形，椭圆形至卵圆形，顶端圆而具小尖头，基部圆形或心形，边缘稍波浪形，叶面粉绿色，叶面有暗褐色的斑块，背面绿色。叶背粉绿或波浪紫色，总状花序单生，花冠白色。	生于林下、山坡、或荒地、或栽培。	根茎。苦、辛、寒。有小毒，清热消肿、散结消肿。	丛植或列植，可庭院观叶，可作行道、花坛分界植物

49

（亚）热带主要景观药用植物名录及景观配置形式

序号	科目名	品种	拉丁学名	别名	认识特征	生长环境	药用部位及功效	园林用途
197		紫背竹芋	Stromanthe sanguinea Sond.	红里蕉、紫背竹芋。	多年生草本。直立。叶基部鳞形或披针形，厚革质，浅绿色，叶背深紫褐色，具短柄，长卵形，中脉、叶面深绿色有光泽，不对称，花两性，穗状花序，花鲜红色，苞片及萼片紫红色，花瓣白色。蒴果或浆果状。	生于林下、荒地，或栽培。	块茎。甘、淡、凉。淡肺、利尿。	丛植或列植，可作庭院植物。叶可作行道、花坛分界植物
198		棕叶	Phrynium capitatum Willd.	蔸叶	多年生草本。株高约1m，根茎块状。圆形面面均无毛，叶柄可达60cm。叶片长披针形，两侧叶鞘肉生出，后呈纤维状，基部急尖。无柄；苞片长状披针状，顶端初急尖。花冠管紫堇色，光亮。外果皮质紧硬。	生于密林阴湿之处。	根状茎、叶。甘、微寒。清热解毒、凉血止血。利尿。	丛植或列植，林下植被或可作庭院观叶植物；可作行道、花坛分界植物
199	兰科	白及	Bletilla striata (Thunb. ex A. Murray) Rchb. f.	双肾草、白根、白芨。	多年生草本。假鳞茎扁球形，上面具荸荠似的环带，富黏性。叶4~6片，狭长圆形或披针形，先端渐尖。基部收缩或鞘并抱茎。花序具3~10余朵，常不分枝或极罕分枝。花苞片长圆状披针形，花大，紫红色或粉红色。花瓣圆柱形，顶端具荸荠状突起，蒴果长圆柱形，顶端常具花瓣宿萎后留下的痕迹。	生于山野、山谷较潮湿处。	根茎。苦、甘、涩、寒。收敛止血，消肿生肌。	宜林下片植或丛植岩石旁，作为植物也宜室内盆果观赏
200		石斛	Dendrobium nobile Lindl.	吊兰花、草、黄草、金耳环	多年生附生草本植物。茎肉质肥厚，成簇、圆柱形，黄绿色，有节，节上生有，叶扁平、扁或近革质。丛生总状花序，顶端具状圆形，有棱。	常附生于有苔藓植物的岩石上或树干上。	全草。味甘、淡，其具养胃生津、滋阴清热，生津止渴功能。	丛植或孤植，可作为大型植株也可作花，作室内盆栽观赏植物

50

序号	科目名	品种	拉丁学名	别名	识别特征	生长环境	药用部位及功效	园林用途
201		花叶开唇兰	Anoectochilus roxburghii (Wall.) Lindl.	金线莲、金线风	植株高 8~18 cm。根状茎匍匐，肉质具节，节上生根。茎圆柱形或卵形，具 3~4 枚叶。叶片卵圆形或卵形，正面暗紫色或黑紫色，具金红色的美丽具有绢丝光泽的美丽稍钝，基部近截形或圆形，背面淡紫红色，先端近急尖或急尖，具柄。总状花序具 2~6 朵花。	喜阴湿环境，怕涝，常生于腐殖层厚的肥沃土壤。	全草。清热润肺，消炎解毒。用于小儿急惊风，支气管炎，肾炎。	丛植或孤植，可作为肥沃土厚层植被、盆栽植物。
202		竹叶兰	Arundina chinensis Bl.	竹兰、石玉	草本植物。植株高约 40~80cm；地下根状茎膨大，连接茎基部处呈卵球形膨大，貌似假鳞茎，常数个丛生生长。多的纤维根，茎直立，圆柱形，细竹秆状，通常为叶鞘所包，具多枚叶片。叶线状披针形，薄革质或坚纸质，2~10 朵花。花序顶状花序；花粉红色或略带紫色的圆形或卵状椭圆形。	土层肥厚的阴湿环境，怕涝。	全草或根茎。清热解毒，祛风湿，利尿；同时用于风湿性腰腿痛，胃痛。	林下植被、盆栽植物。
203		杯鞘石斛	Dendrobium gratiosissimum Rchb. f.	苞鞘石斛。	多年生附生草本。茎悬垂，肉质，圆柱形，具次多稍肿大的节，节间长 2~2.5cm，上部略呈回折状弯曲，干后淡黄色。叶纸质，长圆形，先端钝且一侧钩转，基部具抱茎的鞘，先端干后具张开。总状花序从落了叶的老茎上部发出，具 1~2 朵花，花序柄基部被 2~3 枚鞘，鞘纸质，宽卵形，干后淡白色，花下淡白色带淡紫色。先端，有香气，开展，纸质。蒴果卵球形。	生于山地疏林树木上。	茎。甘，微寒。益胃，滋阴清热。	林下植被、盆栽植物或大型植物寄生花。
204		高斑叶兰	Goodyera procera (Ker-Gawl.) Hook.	穗花斑叶兰、斑叶兰。	多年生草本。根状茎短而粗，具节，无毛。叶 6~8 片，长圆形或披椭圆形，淡绿色，先端渐尖，基部渐狭，上面绿色，背面淡绿色。茎直立，青面无毛。叶柄基部状扩大成抱茎的鞘。花茎长 5~7 枚鞘状苞片，总状花序具多数密生的小花，似穗状，花序轴被柔毛，花小，白色带淡绿色芳香，花苞片卵状披针形，花小，白色带淡绿色，纸质。花瓣片白色，唇瓣宽卵形，花瓣匙形，先端，唇瓣宽卵形。蒴果纺锤形。	生于林下	全草。辛，苦，温。祛风除湿，行气活血，止咳平喘。	丛植，林下作绿叶植被林边分界植物

(亚) 热带主要景观药用植物名录及景观配置形式

序号	科目名	品种	拉丁学名	别名	认别特征	生长环境	药用部位及功效	园林用途
205		鼓槌石斛	Dendrobium chrysotoxum Lindl.	金弓石斛。	多年生附生草本。茎直立、肉质、纺锤形，具2-5节顶端具多数圆钝的条棱，干后金黄色。叶革质，长圆形，先端急尖而钩转，基部收狭。花序近茎顶端发出，斜出或稍下垂，花质地厚，金黄色，稍带香气。花瓣倒卵形，唇瓣基部两侧可见精显红色条纹，边缘波状，唇盘常呈"八"形，有时具"U"形的栗色斑块。	生于阳光充足的常绿阔叶林中树干上或疏林岩石上。	茎。甘，微寒。养阴生津，润肺止渴。	丛植。盆栽或盆景植物，或作大型植物寄生花。
206		鹤顶兰	Phaius tankervilleae (Banks ex L'Herit.) Bl.	千鹤兰、大白及。	多年生草本。植株稍高大。假鳞茎上部具2-6片叶，互生于假鳞茎上部，茎圆锥形、叶先端渐尖，基部收狭或收窄。两面无毛。圆柱形，直立，花草从假鳞茎大型美丽，背面白色，总状花序具多数枚花大，花瓣长圆形，唇瓣贴生于蕊柱基部，内面暗棕色或棕色，背面白色带白色的前端，内面茄紫色带白色条纹。	生于林缘、沟谷或溪边阴湿处。	假鳞茎。微辛、凉。有小毒。止咳祛痰，活血止血。	丛植或可作盆植，庭院花卉作行道植物，花坛或花坛分界植物。
207		红花隔距兰	Cleisostoma williamsonii (Rchb. f.) Garay	树葱、香港隔距兰。	多年生草本。植株常悬垂，茎细圆柱形，分枝或不分枝。叶肉质，圆柱形，伸直或稍弯曲，先端具叶关节和抱茎的叶鞘。斜出，比叶长，通常具叶鞘。总状花序或圆锥花序密生许多小花，花粉短鞘，红色，花瓣长圆形。蒴果椭圆形。	生于山地林中树干上或山谷林下岩石上。	全草。微甘、酸、平。清热解毒，舒筋活络。	可孤植，庭院做盆栽或栽培观赏花卉，或做林间大型树寄生观赏植物。
208		火焰兰	Renanthera coccinea Lour.	红珊瑚、红火焰兰、山裙带。	多年生草本。茎攀缘，粗壮，斜立水平伸展，常长而坚硬，质地坚硬，圆柱形。叶两列，先端不等侧二圆裂，舌形或圆形，基部具抱茎并粗壮而宿存的鞘。花序与叶对生，常3-4枚短鞘，常数个分枝，圆锥花序或总状花序疏生多数花，花火红色，花苞片小，宽卵状三角形，开展。蒴果椭圆形。	攀缘于沟边林缘、疏林中树干上和岩石上。	全草。苦、辛、平。祛风除湿，活血化瘀。	孤植或丛植。可寄生栽培，可做观赏花卉，故庭院栽植花卉，或林间挂吊植物，生和造型花卉。

序号	科目名	品种	拉丁学名	别名	识别特征	生长环境	药用部位及功效	园林用途
209		杓唇石斛	Dendrobium moschatum (Buch.-Ham.) Sw.	勺唇石斛。	多年生附生草本。茎粗壮，不分枝，具多节，圆柱形，质地较硬，直立，圆柱形的上部、长圆形，两列，生于等侧二裂，基部具卵状披针形的上部，先端渐尖或不叶鞘，出自当年生枝套叠了叶落丁叶的杯状花序，总状花序，下垂，花薄，柄基部具4枚会天叶鞘，花深黄色，质地薄，花瓣斜宽卵形，唇瓣圆形，边缘内卷而形成勺状。白天开放，晚间闭合。	生于疏林树上。	茎。甘、淡，微寒。清热，润肺止咳。	孤植、可或做庭院栽培。盆栽吊挂花观赏物，或林间大树寄生花卉。
210		金钗石斛	Dendrobium nobile Lindl.	石斛、石蓬。	多年生附生草本。茎直立，肉质状肥厚，呈稍扁的圆柱形。叶革质，长圆形，基部具数枚抱茎的筒状鞘，花苞片膜质，卵状披针形，先端渐尖，花大，花序具1-4朵花，总状花序，有时全株淡紫红色或除唇盘上具一个紫色斑块外，其余均为白色。	生于高山岩石中或林中树上。	茎。甘、微寒，滋阴。生津益胃，润肺益肾，明目强腰。	孤植或丛植、可或做庭院栽培。盆栽吊挂花观赏，或林间大树寄生花卉。
211		流苏石斛	Dendrobium fimbriatum Hook.	马鞭石斛。	多年生附生草本。茎粗壮，斜立或下垂，不分枝，具多数节，叶两列，革质，长圆形或长圆状披针形，先端急尖，基部具紧抱于茎的革质，花序鞘，总状花序，疏生6-12朵花，花金黄色，花薄，地薄，开展，花序具，稍具香气。	生于密林树上或山谷阴湿岩石上。	全草。甘、淡、微寒。清热，润肺止咳。	丛植、可作盆栽吊挂花卉，或林间大树寄生花卉。
212		密花石斛	Dendrobium densiflorum Lindl.	铁吊兰、小黄瓜香草、地宝兰。	多年生附生草本。茎粗壮，不分枝，具数个节和4个纵棱，有时棱不明显，干后淡褐色，叶常3-4枚，近顶生，革质，长圆状披针形，先端急尖，基部不下延为抱茎的鞘，总状花序下垂，密生许多花，花开展，花瓣淡黄色，常棒状或纺锤形，具数色目带光泽，叶部下延为抱针状披针形，先端急尖，萼片和花瓣近圆形，唇瓣金黄色，圆状菱形。	生于常绿阔叶林树干上叶端树干上，或山谷各岩石上。	茎。甘、凉。滋阴益胃，生津止渴，清热止咳。	孤植或丛植、可作金盆栽植，庭院或吊挂植物，或林间大树寄生植物及绿造型点缀植物。

53

序号	科目名	品种	拉丁学名	别名	认别特征	生长环境	药用部位及功效	园林用途
213		球花石斛	Dendrobium thyrsiflorum Rchb. f.	粗黄草。	多年生附生草本。茎直立或斜立，圆柱形，基部具收狭为细圆柱状楼，有数条纵棱，叶3-4片互生于茎上端，长圆形或圆状披针形，先端急尖，基部下延为抱茎的鞘，密生状花多花，总状花序侧生有叶的茎上端，下垂，花苞片浅白色，纸质，倒卵形，花后干后不席卷，花梗连同子房长2.5-3cm，中等卵形和花瓣白色，中等片卵形，萼片斜卵状披针形，两者均先端钝，全缘，花瓣近圆形，唇瓣金黄色，半圆状三角形。	生于山地林中树干上。	茎；甘、凉。生津止渴，清热止咳。	丛植，可作庭院栽植物，盆栽植物，或林间大树寄生及点缀
214		铁皮石斛	Dendrobium officinale Kimura et Migo	黑节草。	多年生附生草本。茎直立，圆柱形，纸质，长圆状披针形，基部下延为抱茎的鞘，肋常带淡紫色；叶鞘常具紫斑，老时上缘与茎松离而张开，并与节留下一个环状铁青的间隙。总状花序具2-3朵花，花苞片干膜质，浅白色，卵形，萼片和花瓣黄绿色，唇瓣白色。	生于山地半阴湿的岩石上。	茎；甘、微寒。生津益胃，滋阴清热，润肺益肾，明目强腰。	丛植，可寄生可栽植，故可做庭院或盆栽，吊挂植物，或作为林生性植物
215	棕榈科	槟榔	Areca catechu Linn.	槟榔子、大腹子、橄榄子。	乔木状。茎直立，有明显环状叶痕。叶簇生茎顶，羽片多数，两面无毛，狭长披针形，上部的羽片合生，顶端有不规则齿裂。花序生于叶间，花序多分枝，雌雄同株。雌花花序则苞片，分枝曲折，着生一列或二列雄花，橙黄色，雄花单生于分枝基部。果长圆形或卵球形，橙黄色，中果皮厚，纤维质。种子卵形，基部截平，胚基生。	喜阳，山地等和荒林地均可生长。	种子；苦、辛、温，降气，截疟。杀虫消积，行水。	孤植可植，景；可作行道树；可作丛植为特色景观林
216		椰子	Cocos nucifera Linn.	可可椰子。	乔木状高大植株。茎粗壮，常具枝片叶痕。叶羽状全裂，裂片多数，外向折叠，革质，线状披针形，顶端渐尖。多分枝佛焰苞纺锤形，厚木质，顶端微三棱，卵状披针形。果卵球状或近球形，顶端微3孔，外果皮薄，中果皮厚纤维质，内果皮木质坚硬，基部有3孔，其中1孔与胚相对，萌发时即由此孔穿出，其余2孔坚实。果腔含有胚乳，胚珠含此生于胚乳（椰子水）。	生于热带地区海岸。	果肉汁、果壳及种子；甘，温。利尿，生津。果壳；甘，温，祛风，杀虫，止痒。种子；微甘，辛，平，补脾益肾，催乳。	孤植可植，景；可作行道树；可作丛为特色景观林

序号	科目名	品种	拉丁学名	别名	识别特征	生长环境	药用部位及功效	园林用途
217		鱼尾葵	Caryota ochlandra Hance	长穗鱼尾葵、董棕、青棕或假桄榔。	乔木状。被白色毡状毛，厚革质，羽状全裂，裂片大而粗壮，先端下垂，具环状叶痕。叶二回羽状缺刻，上部有不规则则齿状，酷似鱼尾。花序长达3m，肉穗花序下垂，小花黄色。果球形，成熟后紫红色。	常见于山坡、路旁，沟谷林中。	叶鞘纤维（煅炭）、根。微甘、涩，平。收敛止血，强筋骨。果实有毒，浆液与致皮肤接触导致皮肤瘙痒，误食可致恶心、吸出等反应。	孤植可成景；列植可作行道树；丛植可作特色景观林
218		棕竹	Rhapis excelsa (Thunb.) Henry ex Rehd.	观音竹、筒叶棕。	丛生灌木。茎上部被褐色、网状粗纤维质叶鞘。单叶掌状深裂，裂片4-10片，具2-5条助脉，阔线形或线状披针形。肉穗花序，多分枝，佛焰苞管状。浆果球形。	生于山坡、路旁，林中。	叶和根。甘、涩，平。主咯血、产后出血过多；根收敛止血；祛风除湿，止血；风湿痹痛和跌打损伤	丛植或为大型的室内观叶植物，也可作行道分界植物或绿墙
219		蒲葵	Livistona chinensis (Jacq.) R. Br.	扇葵	乔木状，高5-20米，基部常膨大。叶阔肾状扇形，掌状深裂至中部，裂片线状披针，顶部长渐尖。花序呈圆锥状，粗壮，长约1米，总梗上有6-7个佛焰苞（如鞭状）；约6个分枝花序果实椭圆形。	常见于山坡、路旁	果实或种子。抗癌、止血，可用于食管癌、绒毛膜上皮癌等治病	单生或用于园林景观独景或景观行道树
(三) 被子植物（双子叶植物）								
220	三白草科	三白草	Saururus chinensis (Lour.) Baill.	三点白、塘边藕。	草本。根茎较粗，白色。叶互生，纸质，叶柄基部与托叶为鞘状，全缘，两面无毛，基脉5条。总状花序，白色顶生。	生于沟旁、沼泽或低湿处。	全草。甘、辛，寒。清热利尿、解毒消肿，果小毒	果边景观水系布景；丛植水景、池浅水、塘水系缘

(亚)热带主要景观药用植物名录及景观配置形式

序号	科目名	品种	拉丁学名	别名	识别特征	生长环境	药用部位及功效	园林用途
221		鱼腥草	Houttuynia cordata Thunb.	蕺菜、臭菜、臭根草。	草本。全株具鱼腥臭味。叶互生，叶片心形，先端渐尖，全缘，背面有时为紫色，有细腺点，托叶顶基部与叶柄合生成鞘状抱茎。穗状花序生于茎顶，花小，花序下有白色的花瓣状总苞片4枚，无花被。	生于阴湿地或水边的低湿地。	全株。辛，温。清热解毒，消痈排脓，消炎利尿通淋。	丛植。观赏水系或界界植物，湿润林下植被。
222	金粟兰科	金粟兰	Chloranthus spicatus (Thunb.) Makino	珠兰。	半灌木。叶对生，急尖或钝，厚纸质，椭圆形或倒卵状椭圆形，基部楔形，具圆齿状锯齿，齿端有一腺体，光亮，腹面深绿色，背面淡黄绿色。穗状花序排列成圆锥花序状；苞片三角形，花小，黄绿色，极芳香。	生于山坡、沟谷密林下，现各地多为栽培。	全株。辛、甘，温。祛风湿，活血止痛，杀虫。	丛植或列植。林边和行道分割植物。
223		丝穗金粟兰	Chloranthus fortunei (A. Gray) Solms-Laub.	水晶花、大四块瓦、四子莲、四块瓦、四金刚。	多年生草本。叶对生，纸质，宽椭圆形、长椭圆形或倒卵形，顶端短尖，齿端有一腺体，基部楔形，近基部全缘，嫩叶背面密生细小腺点，鳞状叶卵状三角形。穗状花序单一；苞片倒卵形，有香气。	生于山坡或低山阴湿地和山沟草丛中。	根、全草。温。有毒。祛风除湿，散瘀，止痛。	丛植或列植。林下灌木，观赏性也可作景观带分割。
224		宽叶金粟兰	Chloranthus henryi Hemsl.	四块瓦、四对叶、大叶四块金刚、大叶四天王。	多年生草本。根状茎粗壮，根多数，黑褐色；茎直立，节明显的。叶对生，纸质，宽椭圆形或倒卵形，顶端渐尖，齿端有一腺体，穗状花序顶生，常2歧或总状分枝，花白色，淡黄绿色。果球形，果绿色。	生于山坡、林下阴湿地或路边和山沟草丛中。	全草。辛，温。祛风除湿，散瘀，解毒。	列植。林边和行道分割植物。
225		草珊瑚	Sarcandra glabra (Thunb.) Nakai.	肿节风、九节茶。	常绿亚灌木。茎与枝均有膨大的节。叶对生，叶片革质，边缘有粗锯齿，齿尖具腺体，叶柄基部合成鞘；穗状花序顶生，不分枝，无花被，芳香。果球形，鲜红色。	生于丛林下阴湿处。	全株、根。苦、辛，平。抗菌消炎，祛风通络，活血散瘀，主治流行感冒，风湿关节疼，腰腿痛，食管癌和肝癌等等。	林边或行道植物，丛或列植，植物做金园庭园花卉景和等等。

序号	科目名	品种	拉丁学名	别名	识别特征	生长环境	药用部位及功效	园林用途
226	桑科	无花果	Ficus carica L.	文光果、映日果、奶浆果、蜜果	落叶小乔木。树皮暗褐色，小枝直立，粗壮无毛。叶互生，叶柄较长，叶片厚膜质，掌状3～5深裂，倒卵形或矩圆形，边缘有波状齿，背面有短毛，雌雄异株，花柱侧生。隐头花序，瘦果，梨形。	耐寒、耐盐碱，喜温暖，阳光充足的环境。	果实、根及叶。果实性味甘平，无毒，有润肺止咳、清热润肠等功效。果、叶性味淡、涩、平，治肠炎、腹泻，外用治痈肿	成林、列植，或行道边植，植物带或盆景植物
227		五指毛桃	Ficus simplicissima Lour	土黄芪、五爪龙、五指牛奶、粗叶榕	灌木。高1-2.5米，茎不分枝或少分枝。叶单叶互生，倒卵形至长圆形，常3-5深裂或有时不裂，隐头花序对腋生，成对腋生或簇生。瘦果近球形。	喜阳，生于山坡、路旁灌木丛中或疏林下	根。甘、辛、平，健脾补肺，行气利湿，舒筋活络。主治产后无乳、肺痨咳嗽、肝硬化腹水等	丛植成林，或列植作行道植物
228		面包树	Artocarpus communis J.R.Forst. et G.Forst.	面包果、罗蜜树、面包树	常绿乔木，高10-15米；树皮灰褐色，粗厚。叶大，互生，厚革质，卵形至卵状椭圆形，表面深绿色，有光泽，全缘。托叶大，披针形或宽披针形，花序单生叶腋，雄花序长圆形至长椭圆形或棒状，聚花果倒卵圆形或近球形，绿色至黄色，内面为乳白色圆形瘤状凸起，核果椭圆形至圆锥形，肉质成被组成。	喜阳，生于山坡、路旁	果实、叶、树皮。味甘利胆，清热消肿，止血止泻。	列植作行道植物，植作植物或独木造景
229		葎草	Humulus scandens (Lour.) Merr	大叶五爪龙、割人藤	多年生蔓援草本植物。茎、掌状，叶片纸质，背面有柔毛和腺体，边缘具锯齿，叶具勾状钩刺，背部心脏形，裂片卵形三角形，雌花序球状，瘦果，成熟时露出苞片外。雄花小，圆锥花序，成熟时露出苞片外。	喜阳，生于路旁林边湿地	全草。清热解毒，用于利尿通淋，小便不利，淋病腹泻	丛植，绿墙和造景植物
230		大麻	Cannabis sativa Linn.	山丝苗、线麻、火麻	一年生直立草本。枝具纵沟槽，密生灰白色贴伏毛。叶掌状全裂，裂片披针形或线状披针形，先端渐尖，基部狭楔形，两面被微被健毛，边缘具锯齿，叶面粗糙，中裂片最长，雌花密被灰白色贴伏毛；雄花序长25cm，花黄绿色，花被5片，雌花绿色，花被1片，瘦果为宿存黄褐色苞片所包，果皮坚脆，表面具细网纹。	多为栽培，喜温暖。	成熟果实（火麻仁）。甘、平。用于润肠通便，用于血虚津亏之肠燥便秘	丛植成列，庭园栽种，或庭园栽种边观叶

57

（亚）热带主要景观药用植物名录及景观配置形式

序号	科目名	品种	拉丁学名	别名	识别特征	生长环境	药用部位及功效	园林用途
231		地果	Ficus tikoua Bur.	地石榴。	匍匐木质藤本。茎上生细长不定根，节膨大。叶坚纸质，倒卵状椭圆形，先端急尖，基部圆形至浅心形，边缘具波状浅圆锯齿，背面沿脉有细毛；叶柄长1-2cm；隐头花序，榕果成对或簇生于匍匐茎上，常埋于土中，球形至卵球形，成熟时深红色，表面有瘤体。	生于荒地、草坡或岩石缝中。	隐花果（榕果）。甘，微寒。清热解毒，涩精止遗。	列植或丛栽，可为道边观叶主景。
232		钝梨榕	Ficus pyriformis Hook. et Arn.	水石榴、柳树根、牛奶子。	灌木。小枝被糙毛，叶纸质，倒披针形至倒卵状披针形，全缘或中上部有锯齿，先端渐尖，叶中部最宽，叶柄被短毛，具白色乳腺。单生叶腋，梨形，隐头花序，瘦果。	生于溪边湿地、潮湿地带。	茎、涩。凉，水。止痛。主治尿路感染、水肿腹痛。	孤植或列植，行道树、绿化园植物。
233		垂叶榕	Ficus benjamina Linn.	垂榕、白榕。	大乔木。树冠圆伞形，小枝下垂。叶薄革质，全缘，两面光滑无毛；卵形至卵状椭圆形，先端短渐尖，托叶披针形，基部圆形或楔形，对生单生叶腋，球形或扁球形，光滑，成熟时红色渐黄色，雄花、瘿花、雌花同生于一榕果内。瘦果卵状肾形。	生于湿润的杂木林中。	气生根、树皮、果及枝叶。气、果，祛风解毒，滋阴润肺。根：清热解毒，滋阴润肺。树皮：凉血，发表透疹。枝叶：通经活血。	成列植，列植行道树、绿化造型等。
234		大果榕	Ficus auriculata Lour.	木瓜榕、大无花果、大果、波罗果。	乔木。叶纸质，果大，厚纸质，广卵状心形，叶柄极长，边缘具整齐锯齿，色浓绿靓亮，叶互生，梨形或扁球形，簇生于树干基部，具明显纵楞，幼时被白色短柔毛，红褐色，雄花、瘿花生于同一榕果内；雌花生于另一植株榕果内。	生于低山沟谷潮湿雨林中。	果实。祛风除湿。	孤植，成列植主景，行道树。
235		对叶榕	Ficus hispida Linn. f.	牛奶树、糯米根、馊饭果、冬瓜。	灌木或小乔木，全株含白色乳汁。叶对生，厚纸质，卵状长椭圆形或倒卵状长圆形，表面粗糙，两面被粗糙毛，叶缘或有钝锯齿，果腋生或生于落叶枝上，或老茎发出的下垂枝上，陀螺形，熟时黄色，雄花、瘿花、雌花生于一榕果内。	生于山谷、旷野、水旁、村边及疏林中。	根、叶、皮及果实。淡、凉，消积化痰，祛黄疸，风湿，水肿打肿痛，疼痛。	列植、行道树，或庭园植物。

序号	科目名	品种	拉丁学名	别名	识别特征	生长环境	药用部位及功效	园林用途
236		黄葛榕	Ficus virens Aiton	笔管树，串珠榕，小无花果，石榕。	落叶或半落叶乔木。具板根或支柱根，幼时附生。叶薄革质或坚纸质，全缘；先端渐尖，卵状披针形至椭圆形，托叶披针状卵形单生或成对腋生于已落叶节上。雄花、瘿花、雌花生于同一榕果内。瘦果表面有纵纹。	生于江边道旁。	根、叶。根：能祛风祛湿、清热解毒；用于风湿骨痛、扁桃体治疗；叶：能消肿止痛，跌打损伤。	列植，行道树，庭园植物
237		鸡桑	Morns australis Poir.	小叶桑、桑、集桑。	灌木或小乔木。叶卵形或心形，先端急尖或尾状，表面粗糙，密生细糙毛，边缘具粗锯齿，不分裂或3-5裂；托叶线状披针形，背面疏被粗毛，具短梗。雌雄异株；雄花序球形，密被白色柔毛，花被长圆形，成熟时红色或暗紫色。果短椭圆形，成熟时红色或暗紫色。	生于石灰岩山地或林缘及荒地。	根、根皮。根皮：甘、辛、寒；清肺、凉血、利湿。根：清热解表；种子：清热解毒，宣肺止咳。	列植，行道树，庭园植物
238		见血封喉	Antiaris toxicaria Lesch.	箭毒木、箭毒树、大毒木	高大乔木。大树偶见有板根；小枝被棕色柔毛，叶幼时被浓密粗毛，先端渐尖，边缘具锯齿，老叶长椭圆形，表面粗糙，背面密被长粗毛，雄花序托盘状，围以丹状苞片；雌花单生，藏于梨形花托内。核果梨形，成熟时鲜红至紫红色。	多生于雨林中。	乳汁、种子。苦，温。有大毒。催吐，泻下，麻醉。树汁：强心，外用治淋巴结核。种子：解热。	孤植独景
239		菩提树	Ficus religiosa Linn.	印度菩萝树、印度菩提树。	常绿大乔木。幼时附生于其他树枝扩展，叶革质，三角状卵形或三角状宽卵形，先端长尾状或成尾尖，基部楔形或浅心形，全缘或波状，基生脉三出，叶柄纤细较长，具关节，隐头花序，果球形至扁球形，成熟时红色，光滑。雄花、瘿花和雌花生于同一果内壁。	多栽种于寺院。	根、叶及树皮。微辛、凉。根：祛风除湿。树皮：平，消肿止痛、清热解毒，止痛、清热解毒凉血固齿。	孤植，列景，行道树，也可丛种，成特株林
240		琴叶榕	Ficus pandurata Hance	牛奶汁树、奶子树	落叶小灌木。小枝及叶柄幼时生短柔毛。叶互生，叶片长倒卵形或提琴形，先端急尖，基部宽，卵圆形，成熟时紫红色。单叶互生，叶片纸质，基出脉3条；隐头花序单生于叶腋，成熟时紫红色。	生于山地疏林、灌木丛，或村落路旁。	根、叶。甘、辛、温。行气活血，舒筋活络、通经，乳汁可通乳，跌打损伤。	列植行道树，庭园造景，盆栽植物

（亚）热带主要景观药用植物名录及景观配置形式

序号	科目名	品种	拉丁学名	别名	识别特征	生长环境	药用部位及功效	园林用途
241		桑	Morns alba Linn.	桑白皮、黄桑	小乔木或灌木，叶互生，卵形至阔卵形或近心形，先端尖，边缘有粗齿，上面无毛，有光泽，下面绿色，脉上有疏毛，脉腋间有毛，雌雄异株，穗状花序腋生，雄花序早落，聚花果（桑葚）熟时紫黑色或白色。	生于山坡、路旁，全国有栽培。	根皮、叶、嫩枝及果穗。甘、苦，寒。根皮（桑白皮）：泻肺平喘，疏风清热（桑叶）：疏散风热，清肺润燥；嫩枝（桑枝）：祛风除湿；果穗（桑葚）：滋阴补血。	列植、行道边或庭园植物
242		榕树	Ficus microcarpa Linn. f.	细叶榕、树须	常绿大乔木，具乳汁，大枝上具有多数下垂长的气根，叶单叶互生，基部阔楔形或圆，全缘，两面均无毛，椭圆形或倒卵状椭圆形，顶端急尖，托叶披针形，早落，留下环状托叶痕，成熟时黄色或淡红色；雌雄同株，隐头花序。	生于丛林中或村边、于屋旁或庭园中。	叶、气根。微苦、涩，凉。清热解毒，发汗解表，透疹，祛风除湿。	孤植成景、绿雕或绿植物等
243		石榕树	Ficus abelii Miq.	水榕、水桶树	灌木，小枝、叶柄密生白色粗短毛，叶纸质，椭圆形至倒披针形，全缘，先端短渐尖至急尖，托叶披针形，红色，早落；叶柄短硬毛，雄花、瘿花、雌花生于一榕果内。成熟时紫色；瘦果肾形，外有一层泡状黏膜包着。	生于灌木丛中、山坡及溪边。	根、茎及叶。清热利尿。根、茎：清热止痛解毒，消肿止痛。叶：活血，祛腐生新。	成植、列景、行道树，庭园造景
244		木同木	Ficus fistulosa Reinw. ex Bl.	水桐木、牛乳树、尖刀树、空管榕	常绿小乔木至乔木，叶互生，纸质，基部斜楔形，全缘或微波状，先端短尖，两面无毛，倒卵形至长圆形，背面微被柔毛，榕果黄红色或橘红色，表面具小突体；托叶卵状披针形；隐头花序，雄花和瘿花生于老干上的瘤状枝上，雌花生于同一榕果内壁，瘦果近斜方形，表面具凸体。	生于溪边、岩石上或森林中。	根、叶。清热，活血止痛。根皮利湿。	孤植成景、列植、行道树，庭园造景

序号	科目名	品种	拉丁学名	别名	认识特征	生长环境	药用部位及功效	园林用途
245		树菠萝	Artocarpus heterophyllus Lam.	木菠萝、菠萝蜜、牛肚子果。	常绿乔木。老树具板状根，托叶环状抱茎，遗痕明显，先端钝或渐尖，革质，托叶环椭圆形或倒卵形，全缘之叶（幼树及萌发枝的叶常分裂），光滑无毛；托叶萌发枝的叶，雄花花被苞状，生于老茎或短枝上，雄花花被管状，雌花椭圆形至球形或不规则形，黄绿色，表面具六角形瘤状突起。聚花果表面具	多为栽培。	果实。甘、平。生津除烦，解酒醒脾。	孤植。因成果大型，成片特色，果林造景可
246		藤榕	Ficus hederacea Roxb.		藤状灌木。茎、枝节上生根，小枝幼时被柔毛，叶两列，厚革质，背面粗糙，侧脉明显，全缘，椭圆形至卵状椭圆形，成熟时黄绿色至红色；雄花少数，散生于另一果肉。基部黄绿色具柄；雌花生于另一果肉。	生于山谷密林、溪边下。	根。辛、温。祛风除湿，消肿止痛。	列植。作绿墙或植物造型
247		细叶台湾榕	Ficus formosana Maxim. f. shimadai Hayata	窄叶台湾榕、狭叶榕。	灌木。树皮灰白色，小脉不明显，单生叶下腋，卵状披针形，侧脉多对，平行展出，榕果狭披针形，全缘或具疏钝齿。隐头花序，榕果单生叶腋，成熟时绿带红色，顶部脐状突起，基部收缩为纤细短柄。瘦果生于另一果肉。	生于疏林下，山地灌木丛中。	根、叶。辛、平。活血止血，催乳，祛风利湿，清热解毒。	列植作行道植物，绿植墙，或绿化植物，或金属，或植物雕塑，植物；植做大型成果木成景独
248		印度榕	Ficus elastica Roxb. ex Hornem.	印度橡胶榕、橡皮树、印度胶树。	乔木。树皮灰白色，平滑。叶厚革质，长圆形至椭圆形，先端急尖，基部宽楔形，深红色，脱落后具明显环状疤痕。花序托成对生于已落叶枝腋，卵状长椭圆形，黄绿色，雄花、瘿花，雌花同生于一果肉壁；瘦果卵圆形，表面具小瘤体。	生于灌木丛中，山坡、溪边。	根、茎及叶。根、茎。清热利尿。微，涩。	孤植。独木成景
249		柘树	Cudrania tricuspidata (CaiT.) Bur. ex Lavallee	奴柘、灰桑、黄桑、柘树。	落叶灌木或小乔木，小枝无毛，具棘刺；冬芽赤褐色。叶卵形或菱状卵形，偶为三裂，先端渐尖，基部楔形至圆形，无毛或被疏毛。雌雄异株，雌雄花序均为球形头状花序，单生或成对腋生，具短总花梗。聚花果近球形，肉质，成熟时橘红色。	生于阳光充足的山地或林缘。	木材及损。甘、温。治疗妇女崩中血结，祛瘀止血，主虚损。	孤植。特有观赏花观植物，拒独木成景

序号	科目名	品种	拉丁学名	别名	识别特征	生长环境	药用部位及功效	园林用途
250		竹叶榕	Ficus stenophylla Hemsl.	狭叶榕、竹叶牛奶树。	灌木。小枝常有短柔毛，节间短。叶互生，纸质，线状披针形，形似竹叶，托叶披针形，果近球形，果脐状凸起。	生于旷野、山地灌木丛及丘陵中。	根、茎。苦、温。祛痰止咳，行气活血，祛风除湿。	列植作行道植物，或独木丛景
251		笔管榕	Ficus superba Miq. var. japonica Miq.	雀榕、鸟榕、赤榕。	落叶乔木。树皮黑褐色，小枝淡红色，无毛。叶互生，近纸质，基部圆形，先端短渐尖。叶柄长3-7cm；托叶膜质，隐头花序。隐头花序生于无叶小枝上，扁球形，雌花生于另一榕果内。	生于平原或村庄。	根、叶。甘、微苦、平。清热解毒。	列植作行道植物
252		薜荔	Ficus pumila Linn.	王不留行、凉粉果、木馒头。	攀缘状灌木。有白色乳汁，具托叶环痕。茎二形，营养枝贴生于树上或石壁上，节上长不定根，繁殖枝直立，叶较大，叶柄短，革质，背面网脉明显突起，成熟时淡黄色。	攀于石壁或墙壁、大树或墙壁上。	花托（广东王不留行）及茎。酸、平。花托：通经活血。茎叶：祛风消肿、利湿、活血，解毒。	丛植，攀援植物，成景观点缀
253		高山榕	Ficus altissima Bl.	鸡榕、大叶榕、大青树、万年青。	大乔木。树皮灰色，平滑，幼枝绿色。叶厚革质，广卵形至卵状椭圆形，先端急尖，基部宽，全缘。叶柄粗壮；托叶披针形，外面被绢毛。隐头花序成对腋生，雄花、瘿花及雌花生于同一榕果内壁，雌花花被状凸体。	生于山地或平原。	根。根：清热解毒。枝条：活血止痢。叶：用于跌打损伤。	孤植独木景
254		构棘	Cudrania cochinchinensis (Lour.) Kudo et Masam.	穿破石、葨芝。	直立或攀缘状灌木。具粗壮弯曲形或针刺。叶革质，椭圆状披针形或长圆形，先端钝或短渐尖，全缘，两面无毛，雌雄异株，雌雄均为头状花序。聚合果肉质，成熟时橙红色；核果阴圆形，微被毛，成熟时褐色，光滑。	生于村庄附近或荒野。	枝、刺。苦、平。止咳化痰，祛风利湿，散瘀止痛。	可列植，作景观隔离带

序号	科目名	品种	拉丁学名	别名	识别特征	生长环境	药用部位及功效	园林用途
255		构树	Broussonetia papyrifera (Linn.) L'Herit. et Vent	构泡、纱纸树。	落叶乔木，有乳汁。叶互生，广卵形，通常3-5深裂，上面粗糙，下面密被柔毛，三出脉。花单性异株，雄花序为菜黄花序，雌花序为头状。聚花果球形、肉质，橙红色。	生于山坡、山谷或平地、村舍旁，有栽培。	种子。甘、寒。补肾清肝，明目，利尿。	孤植独木、独景
256		黄毛榕	Ficus esquiroliana Levi.	土黄芪、毛棵。	乔木。小枝中空，密被黄褐色硬毛。叶单叶互生，叶片通常3-5浅裂，基部心形，基出脉5-7条，密被黄色粗毛。隐头花序成对腋生，球形，密被黄褐色粗毛。	生于沟谷阔叶林中。	根皮。甘、平。益气健脾，祛风除湿。	孤植独木、独景
257	**荨麻科**	赤车	Pellionia radicans (Sieb. et Zucc.) Wedd.	拔血红、岩下青、乌梗子。	多年生草本。茎下部卧地，节处生根，上部渐升。叶片草质，斜狭菱状卵形或披针形，长渐尖，顶端短渐尖至尾尖，基部不对称，具细锯齿，边缘近无毛，两面近无毛，可见钟乳体，半离基三出脉。花雌雄异株，雄花序花梗长，雌花序花梗较短，果狭菱状近椭圆球形，具小瘤状突起。	生于阴湿林下、溪边、沟边。	全草。辛、温。祛瘀消肿，解毒止痛。	丛植、作林下、被，可作分界植物
258		大叶苎麻	Boehmeria longispica Steud.	野线麻、山麻、火麻风。	亚灌木或多年生草本。上部常具开展或伏贴的糙毛。叶对生，叶纸质，近圆形或卵形，同一对叶大小稍不等大，顶端骤尖，顶端具细长尾状，边缘具粗大牙齿，基部宽楔形或近圆形，上面粗糙，上面被短糙伏毛，叶柄粗长，之上具牙齿，基出3脉。花雌雄异株，雌雄同株，穗状花序长6-8cm。瘦果倒卵球形，光滑。	生于丘陵或低山山地灌木丛及疏林中、田边、溪边。	全草。微苦、平。消积，解毒。	列植、作边被、叶植物
259		冷水花	Pilea notata C. H. Wright	长柄冷水麻、红叶九节草、团水麻。	多年生草本。茎肉质，中部稍膨大，狭卵形或卵状披针形，先端尾状渐尖，基出脉3条；叶柄长1-7cm；两面具条形钟乳体，边缘具浅锯齿，托叶大，长圆形，雌雄异株，雄花序聚伞总状，雌花序聚伞花序较短而密集。瘦果小，圆卵形，熟时绿褐色。	生于山谷、溪旁或林下阴湿处。	全草。淡、微苦、凉。清热利湿，退黄，消肿散结，健脾和胃。	丛植、林下植物；水系边分界植物

（亚）热带主要景观药用植物名录及景观配置形式

序号	科目名	品种	拉丁学名	别名	识别特征	生长环境	药用部位及功效	园林用途
260		鳞片水麻	Debregeasia squamata King ex Hook. f.	野芒麻、山芒麻、山草麻、山野麻。	落叶矮灌木。分枝具伸展的皮刺和贴生短柔毛，皮刺肉质，弯生，红色。叶薄纸质，卵形或心形，先端短渐尖，基部圆形至心形，边缘具锯齿，上面可见细泡状隆起，两面被皮刺；基出脉3条，叶柄长3-7cm，被肉刺。雌雄同株，由多数雄花和少数雄花组成，团伞花序黄绿色。瘦果浆果状，梨形，橙红色。	生于溪谷两岸阴湿的灌木丛中。	全株。甘、微苦、凉。止血、活血。	丛植、水系边分解植物
261		楼梯草	Elatostema involucratum Franch. et Sav.	石边采、冷水草、冷水麻、上天梯。	多年生草本。无毛。叶无柄有疏柔毛，稀上部有疏柔毛，托叶狭三角形，叶片草质，边缘具锯齿，上面有少数短糙伏毛，下面无毛沿斜脉有短柔毛。雌雄同株或异株，雄花序有极短梗，有少数不明显纵肋。	生于山谷沟边或山坡石上、山地或湿灌木丛中。	全草。微苦、微寒。清热、解毒、利水消肿、活血止痛。	列植，可作观叶植物
262		庐山楼梯草	Elatostema stewardii Merr.	接胃草、坑青、冷坑兰。	多年生草本。常具球形或卵形珠芽或斜椭圆形，下端骤尖。叶无柄或具短柄，斜披针状长椭圆形或斜狭倒卵形，上部具斜锯齿或钻形。雌雄异株，两面钟有孔，托叶侧披针形，雄花序有短柄，单生叶腋。	生于山谷、灌木林下。	全株。辛、温。和胃祛风除湿、化淤。	丛植，作林下、被；可作分界植物
263		糯米团	Gonostegia hirta (Bl.) Miq.	蜂巢草、糯米草、蔓芋麻。	多年生草本。茎蔓生、铺地或渐升。叶对生、草质，宽披针形至狭针形，长圆状披针形，基出脉3-5条。团伞花序腋生，多雌雄异株，偶有单性，雌雄同株，白色或黑色。瘦果卵球状，有光泽。	生于山谷、山坡、沟边草地等处。	全草。淡、平。健脾消食、清热解毒消肿利湿。	丛植，作林下、被；列植可作景观叶植物
264		葡萄叶艾麻	Laportea violacea Gagnep.	麻风草、豆麻。	灌木或半灌木。茎枝生粗硬刺毛。叶宽卵形或近心形，先端渐尖，边缘起锯齿，两面疏生细刺毛，常带紫色，下面常绿毛。叶柄长3-8cm，被刺毛；基出脉3条，托叶三角状卵形，狭圆锥状，雄花生于雌花序下部叶腋。瘦果斜倒卵形，歪斜，两面具疣状突起。	生于山坡疏林中。	根。除湿、温中行气。	列植、行道、边树种

64

序号	科目名	品种	拉丁学名	别名	识别特征	生长环境	药用部位及功效	园林用途
265		吐烟花	Pellionia repens (Lour.) Merr.	吐团花、烟草。	多年生草本。茎肉质，平卧，节处生根，常分枝。叶斜长椭圆形或斜倒卵形，宽侧耳形，狭侧近全缘，两面具明显钟乳体；顶端钝或微尖，边缘具波状浅钝齿，半离基三出脉，雄花序同株或异株，雌花序具长梗，雌花无梗。果瘦果具小瘤状突起。	生于山谷林中或岩石上阴湿处。	全草。甘、微涩、凉。清热利湿，宁心安神。	丛植，作攀援植物或景观点缀。
266		雾水葛	Pouzolzia zeylanica (Linn.) Benn.	拔浓膏、肉药、糯米草。	多年生披散草本。全株被疏毛。叶片对生或互生，顶端的叶全缘，基部三出脉，纸质，瘦果，先端尖，雌雄同株，雄花序，雌花序密集成团。	生于潮湿的沟边、山地或路旁。	全草。甘、淡、寒、凉。清热利湿，解毒排脓。	丛植，作下植被，列植可作分界植物。
267		小叶冷水花	Pilea microphylla (Linn.) Liebm.	透明草。	纤细小草本。叶小，同对小不等大，倒卵形至匙形，有时同序，聚伞花序，熟时褐色，光滑。绿色或微紫，边缘具微齿，全缘，基出脉3条，密集成尽头状。	生于路边石缝或墙上阴湿处。	全草。淡、涩、凉。清热解毒。	丛植，景观观叶植物。
268		长叶苎麻	Boehmeria penduliflora Wedd. ex Long	水细麻、水麻、折听麻。	直立灌木或亚灌木。叶对生，叶片披针形或条状披针形，顶端长渐尖，基部钝，上面具小泡状隆起，穗状花序，瘦果具翅。纸质，边缘具多数小牙齿，上面被短伏毛，下面密生短柔毛；叶柄短，托叶钻形，周围具翅。厚纸质，瘦果椭圆球形或卵状椭圆形。	生于丘陵、山谷林中、灌木丛、林边或溪边。	根、全草。平。解毒杀虫，化瘀消肿。	丛植或列植，作行林，下植被或灌木或观叶植物。
269		苎麻	Boehmeria nivea (Linn.) Gaudich.	家苎麻、白麻、青麻、野麻。	多年生亚灌木。叶单叶互生，阔卵形，先端尾尖，上面粗糙，边缘具粗齿，基出脉3条，花单性同株，花序圆锥形。绿色，有毛，基部楔形或圆形，上面粗糙，下面密生白色绵毛，瘦果小。	生于荒地、山坡或栽培。	根、茎。甘、凉。清热利尿，安胎止血，解毒。	列植，作边界植物。
270		紫麻	Oreocnide frutescens (Thunb.) Miq.	山麻、野麻、大麻条、青叶苎麻、野毛叶。	灌木稀小乔木。小枝褐紫色或褐色。叶多生于枝上部，草质，卵形或狭卵形，先端渐尖，基部圆形，边缘具粗牙齿，下面被白色毛，基出脉3条，花单性，叶柄长1-7cm，托叶条状披针形，两侧稍正扁。上部具粗毛或被稀疏柔毛。瘦果卵形，花序生于叶腋，花序簇生。	生于山谷、林缘半阴湿处或石缝。	全株。甘、凉。清热解毒，行气活血，透疹。	列植，作边界植物。

（亚）热带主要景观药用植物名录及景观配置形式

序号	科目名	品种	拉丁学名	别名	认识特征	生长环境	药用部位及功效	园林用途
271	马兜铃科	细辛	Asarum sieboldii Miq.	玉香丝、盆草细辛、金盆草细辛。	多年生草本。根状茎直立或横走，节间长1-2厘米，直径2-3毫米。叶片心形或卵状圆形，先端渐尖或急尖，基部深心形；叶面疏生短毛，脉上较密，叶背密蔽着生。子房中部，子房半下位或几近上位，柱头近球状。果近球形，棕黄色。	生于林下阴湿腐殖土中。	全株入药。散寒祛风止痛，通窍，温肺化饮。用于风寒感冒、头痛、牙痛、鼻塞流涕、鼻渊、风湿痹痛、痰饮喘咳。	丛植，作林下观叶植被或盆栽或庭院栽培，绿缘植物。可作盆景点景。
272		马兜铃	Aristolochia debilis Sieb. et Zucc.	兜铃根、蛇参、仙藤、天仙藤。	草质藤本。茎无毛，暗紫色或绿色，具腐肉味。叶纸质，卵状三角形、长圆状卵形或戟形，基部心形，两面无毛，顶端下垂或扩展。花单生于叶腋；花被斜向上收缩成一长管，管口扩大呈漏斗状，黄绿色，口部具紫斑，花被管无毛；蒴果近球形；果6-7条，成熟时黄褐色。	生于山谷、沟边、路旁阴湿处及山坡灌木丛中。	果实，苦、微寒。清肺降气，止咳平喘，清肠消痔。	丛植，可作林观赏植物或景观点缀。
273		广西马兜铃	Aristolochia kwangsiensis Chun et How ex C. F. Liang	大叶马兜铃、大百解薯、南蛇藤。	木质大藤本。表面棕褐色；嫩枝无毛，数个相连，具增厚，呈长条状剥落的木栓层；顶端钝，叶厚纸质，边全缘，卵状心形或圆形，密被污黄色或灰黄色长硬毛；两面均密被短硬毛，基部宽心形，叶柄6-15cm，具深槽，密被长硬毛。总状花序腋生，向下弯垂，近圆三角形，上面紫色而有暗红色棘状突起，具网脉，长面长硬毛；花被管盘状，长圆柱形，外面密被长硬毛；蒴果暗黄色，长圆柱形，具6棱。	生于山谷林中。	块根，苦、寒。理气止痛，清热解毒，止血。	丛植，作林木攀援观赏植物。
274		杜衡	As arum forbesii Maxim.	马辛、双龙麻消。	多年生草本。叶阔心形至肾心形，先端钝或圆，基部心形，叶面深绿色，中脉两旁有白色云斑，脉上及其近边具短毛，花暗紫色，花被管钟状或圆筒状，内壁具明显格状网眼。	生于林下沟边阴湿地。	根茎、根，辛，有小毒，温。疏风散寒、消痰利水，活血止痛。	丛植，作林下观叶植被或植物；带作分界植物。

66

序号	科目名	品种	拉丁学名	别名	识别特征	生长环境	药用部位及功效	园林用途
275	胡椒科	荜拔	Piper longum Linn.	荜菝、鼠尾。	攀缘藤本。枝具粗纵棱和沟槽。叶纸质，叶片具密细腺点，卵圆形、肾形或卵状长圆形，顶端短尖，基部阔心形的两耳，两面沿脉上被极细的粉状短柔毛，背面密而显著；叶脉7条，均自基出。花单性，雌雄异株，聚集成与叶对生的穗状花序。浆果近球形。	生于疏阴杂木林中。	果穗，辛、热；温中散寒，下气止痛。	丛植或列植，作林下观叶植被，或行道分界植物。
276		草胡椒	Peperomia pellucida (Linn.) Kunth	软骨草、透明草。	一年生肉质草本。茎下部节上常生不定根，叶互生，膜质，半透明，叶阔卵形或卵状三角形，长和宽近相等，基部心形，基出脉5-7条，两面均无毛。穗状花序顶生与叶对生，苞片近圆形，盾状。浆果近球形。	生于湿地，石缝或墙角下。	全草，辛、凉；散瘀止痛，清热解毒。	丛植，作林下观叶植被或景观点缀。
277		豆瓣绿	Peperomia tetraphylla (Forst, f.) Hook, et Arn.	豆瓣菜、瓣如意。	肉质，丛生草本。茎节间具纵棱，干时变淡黄色，4或3片轮生，带肉质，叶透明腺点，两端钝或圆，无毛；叶脉不明显。穗状花序单生，顶生和腋生，总花梗被疏毛或近无毛，花序轴密被毛。浆果近卵形。	生于潮湿的石上或枯树上。	全草，苦、微寒；祛风除湿，化痰止咳。	附生，生景观点缀。
278		假蒟	Piper sarmentosum Roxb.	臭蒌、山蒌、马蹄蒌、假蒌。	草本，有香气；茎节膨大，常生不定根，互生，叶阔卵形，先端近尖，基部浅心形或近截平，偶有微凹，叶脉7条，叶柄长度约为叶柄的一半，无花被；穗状花序与叶对生。雌雄异株，雄蕊短，雌性，果浆果近球形。	生于山谷密林中或村旁湿润处。	全草，辛、温；散寒，祛风活络，舒筋活血。	丛植或列植，作林下观叶植被，或行道被、分界植物。
279		山蒟	Piper hancei Maxim.	爬岩香、钻骨风、风藤。	攀缘藤本。茎、枝具细纵纹，节上生不定根，单叶互生，叶纸质或近革质，卵状披针形，先端短尖，基部楔形，叶脉5-7条，花单性，雌雄异株，黄色。穗状花序与叶对生。果浆果球形。	生于山地溪涧边，疏林或密林中，攀缘于树上或岩石上。	茎叶，辛、温；祛风湿，硬腰膝，活血消肿，行气止痛，化痰止咳。	丛植，作绿篱、绿墙或盆景观点缀。
280		树胡椒	Piper adimcum Linn.	竹胡椒。	小乔木或灌木。枝干分节明显，节膨大，叶片尖大，互生，全缘，叶柄短，基部落托叶痕，卵状披针形，先端渐尖，花序轴和叶片对生，长而弯曲，揉之有香气。花小而密集。果实穗为一串浆果，每颗浆果具一粒种子。	引种栽培。	叶，提取精油用于抗菌，亦用于腹泻，呕吐等症。	列植，作林带边或作造分界植物。

（亚）热带主要景观药用植物名录及景观配置形式

序号	科目名	品种	拉丁学名	别名	识别特征	生长环境	药用部位及功效	园林用途
281		小叶爬崖香	Piper arboricola C. DC.	风藤、爬岩香、老藤。	藤本。叶薄、腰质，具细腺点，卵形或长卵圆形，顶端短尖或钝，背面脉上尤甚，基部心形，两侧稍不等，两面被粗毛；叶脉5-7条，离基1-2cm从中脉发出，最上一对互生或近对生。余者均近基对生。花单性，雌雄异株，聚集成与叶对生的穗状花序。果浆果倒卵形，离生。	生于疏林或山谷密林中、常攀援于树上或石上。	藤茎。辛、苦，微温。祛风湿，通经络，止瘀痛。	丛植、林下植被或绿篱植物。
282		胡椒	Piper Nigrum L.	白胡椒、黑胡椒、披垒	木质攀援藤本，茎、枝无毛，节显著膨大，常生小根，无毛；花杂性，雌雄同株；浆果球形，无柄。	生长于荫蔽的树林中。栽种以肥沃的砂质壤土为好	全株入药，种子为主。气、温，中、下。消液、积，冶寒痰痰积，反胃并解食物毒。	丛植或可作绿篱，或墙缘、绿墙造型
283	蓼科	红蓼	Polygonum orientale L.	红草、大红蓼、东方蓼	一年生草本植物。茎粗壮直立，高可达2米，叶片宽卵形、宽椭圆形或卵状披针形，顶端渐尖，基部圆形或近心形，两面密生短柔毛，托叶鞘筒状，花紧密，总状花序呈穗状，顶生或腋生，花淡红色或白色，花被斗状，苞片宽漏斗状，瘦果近圆，下垂，	生沟边湿地、村边路旁	果实。辛，性平；小毒。祛风除湿；清热解毒；活血止血。主风湿痹痛；脚气肿；疮肿；蛇虫咬伤；小儿疳积聚气	可作庭院绿植观赏物，列可作根，水系分界植物
284		水蓼	Polygonum hydropiper Linn.	辣蓼草、辣蓼、红辣蓼、水红花。	一年生草本。茎直立或斜升，披针形，先端具黑色腺点，面有短腺毛，上部弯曲。叶单有互生，叶缘具睫毛，托叶鞘膜质，	生于水边、路旁湿地。	地上部分。辛，平。行滞化湿，散瘀止血，祛风止痒，解毒。	丛植，水系景观或果植物
285		何首乌	Fallopia multiflora (Thunb.) Harald.	首乌、夜交藤。	多年生缠绕草本。根细长，末端膨大成块质，茎中空，基部紫色，叶卵状心形，基部心形，心茎生或腋生；托叶鞘膜质叶薄纸质叶互生，花小而多，绿白色。花圆锥花序顶生或腋生，果瘦果椭圆形。	生于荒山坡中、或石缝中，也有栽培。	块根、藤茎。苦、涩、微温。块根：通大便，补肝肾，益气血。藤茎：风湿冶疗失眠，遗精等症。	丛植、林下观叶植被或庭院或盆景栽培。墙点缀绿植物。

序号	科目名	品种	拉丁学名	别名	识别特征	生长环境	药用部位及功效	园林用途
286		丛枝蓼	Polygonum posumbu Buch.-Ham. ex D. Don	长尾叶蓼、丛生蓼、水红花。	一年生草本。茎细弱，外倾，无毛，下部多分枝。叶纸质，卵状披针形或卵形，顶端尾状渐尖，基部宽楔形，边缘具硬伏毛；托叶鞘筒状，薄膜质，具硬伏毛。花总状花序呈穗状，顶生或腋生，花被5深裂，淡红色，黑褐色，有光泽。果瘦果卵形，具3棱，黑褐色，有光泽。	生于山坡林下、山谷水边。	全草。辛，平。健脾清热燥湿，活血调经，解毒消肿。	丛植。林下植被或水系边界植物。
287		头花蓼	Polygonum capita turn Buch.-Ham. ex D. Don	草石椒，石头酸杆，大阳草。	多年生草本。茎匍匐，丛生，基部木质化。叶卵形或椭圆形，两面疏生腺毛，顶端渐尖，基部楔形，全缘，边缘具腺毛，上面具黑褐色新月形斑点。托叶鞘筒状，膜质，具腺毛。花序头状，单生或成对顶生；花序梗具腺毛；花被5深裂，淡红色，花被片椭圆形。果瘦果长卵形，具3棱，黑褐色，密生小点，微有光泽。	生于山坡、山谷湿地，常成片生长。	全草。苦、辛，凉。清热利湿，活血止痛。	丛植。林下植被或水系边界植物。
288		杠板归	Polygonum perfoliatum Linn.	蛇倒退、拦蛇风、贯叶蓼。	蔓生草本。茎具棱，红褐色，具倒生钩刺。叶互生，盾状着生，叶片近三角形，下面沿叶脉疏生钩刺；托叶鞘叶状，疏生倒生钩刺。花序短穗状，顶生或腋生，花被白色或淡红色，花被5深裂，果时增大，呈肉质，深蓝色。果瘦果球形，有光泽，包于宿存花被内。	生于山谷灌木丛或水沟旁。	地上部分。酸，凉。利水消肿，清热解毒，止咳。	丛植。行道边地被植物。
289		火炭母	Polygonum chinense Linn.	乌白饭草、赤地利。	草本。伏地茎节处生根，嫩茎带红色。叶单互生，叶片卵形或卵状长圆形，纸质，全缘，上面有明显紫色“V”形斑块；托叶鞘状，抱茎，膜质。花序头状花序，花被白色或淡红色，果时增大，呈肉质，蓝黑色。果瘦果卵形，有3棱，包于宿存花被内。	生于向阳草坡、林边或路旁湿润土壤。	全草。苦，平。无毒。清热利湿，凉血解毒。	丛植。林下植被或行道地被植物。
290		虎杖	Reynoutria japonica Houtt.	大叶蛇总管、蛇总管、活血。	直立草本。根茎横生，节膨大，散生紫红色斑点。茎丛生，中空。叶单互生，叶片阔卵形或圆形，顶端短骤尖，基部圆形或阔卵形，全缘；叶柄短，紫红色；托叶鞘膜质，早落。花单性，花序腋生，圆锥花序，开多数白色小花。	生于沟边、溪谷两岸处的野草丛中。	根茎、根。苦，平。祛风湿，利尿通淋，活血通经，解毒。	行列植。行道界观叶植物。

(亚) 热带主要景观药用植物名录及景观配置形式

序号	科目名	品种	拉丁学名	别名	识别特征	生长环境	药用部位及功效	园林用途
291		毛蓼	Antenoron filiforme (Thunb.) Rob. et Vaut.	金钱蓼、金线草、大叶辣蓼。	多年生草本。根状茎横走，粗壮，扭曲；茎节膨大。叶互生；基部呈长椭圆形或椭圆形，先端短渐尖或急尖，基部呈倒"V"形，全缘，两面均具糙伏毛，散布棕色斑点，叶膜质；具短柄。花穗状花序顶生或腋生；花小，红色、棕色，有光泽。果瘦果卵形，有光泽。	生于山坡林缘、山谷路旁。	全草，辛，凉。凉血止血，清热利湿，散瘀止痛。	丛植、行道沿边植物，观叶植物。
292		金荞麦	Fagopyrum dibotrys (D. Don) Hara	天荞麦、赤地利、透骨消、苦荞麦。	多年生草本。根状茎木质化，黑褐色。茎无毛。叶三角形，顶端渐尖，基部近戟形，两面具乳头状突起或被柔毛；叶柄可达10cm；托叶鞘筒状、膜质。花伞房状花序，顶生或腋生；花被5深裂，裂片宽卵形；顶端尖，白色。果瘦果宽卵形，具3锐棱，黑褐色。	生于山谷湿地、山坡灌木丛中。	根茎，微辛、涩、寒。清热解毒，排脓祛瘀。	丛植、行道边植物。
293		酸模	Rumex acetosa Linn.	遏蓝菜、山大黄、酸溜溜、野菠菜。	多年和一年生草本。茎具深沟槽，常不分枝。叶下部叶叶箭形，顶端急尖或圆钝，全缘或微波状，基部裂片急尖；茎上部叶较小，披针形；托叶鞘膜质，易破裂。花序狭圆锥形，顶生，分枝稀疏；花单性；花被片异形，黑褐色。果瘦果椭圆形，两端尖，黑褐色，具3锐棱，有光泽。	生于山坡、林缘、沟边路旁。	根，酸、微苦，寒。凉血止血，泄热通便，利尿，解热杀虫。	丛植、沿边、水边或花坛分界观叶植物。
294		酸模叶蓼	Polygonum lapathifolium Linn.	大马蓼、八字蓼、白辣蓼。	一年生草本。茎节部膨大。叶披针形或宽披针形，上面常具黑褐色新月形斑点，先端渐尖或急尖，基部楔形，具粗缘毛；托叶鞘筒状，膜质。花序由数个花穗组成，常为圆锥状；苞片漏斗状，花淡红色或白色。果瘦果宽卵形，双凹，黑褐色，有光泽。	生于田边、水旁、路湿地或沟边湿地。	全草，辛，凉。清热解毒，利湿止痒。	丛植、沿边、水边地被植物。
295		土大黄	Rumex daiwoo Makino	大黄、酸模、红筋大黄、散血七。	多年生草本。根肥厚且大，断面黄色。茎直立，基部叶具长柄，卵形或卵状椭圆形，先端圆钝，基部心形，全缘，互生；茎上部叶渐小，变为苞叶，叶脉红色。花淡绿色，花多数小花，轮生，茎绿色。茎生叶卵状披针形，托叶鞘膜质。排列成大形圆锥花序。果瘦果卵形，具3棱，茶褐色。	生于山脚、路边、田野湿处等。	根，凉，叶，苦，辛。清热解毒，凉血止血，通便，杀虫。	丛植、沿边、行道观叶植物。

序号	科目名	品种	拉丁学名	别名	识别特征	生长环境	药用部位及功效	园林用途
296		竹节蓼	Homalocladium platycladum (F. Muell.) Bailey	百足草、扁茎蓼、飞天蜈蚣、蜈蚣竹。	多年生草本。茎部圆柱形，上部枝扁平，呈带状，深绿色，具明显细线条，节部略收缩。叶单叶互生，叶小，两性，膜质，簇生于节上。瘦果三角形，藏子肉质紫红色花被内。	生于林下、山脚、路边。	全草。甘、酸、微凉寒。凉血解毒，散瘀消肿。清热消肿。	可丛植，作林边庭院或盆景植物。
297	**藜科**	地肤	Kochia scoparia (L.) Schrad.	落帚、扫帚苗、扫帚菜。	一年生草本，高50-100厘米。根略呈纺锤形。茎直立，圆柱形，淡绿色或带紫红色，有多数条毛；分枝稀疏，斜上。叶披针形或条状披针形，先端短渐尖；花两性或雌性；花被近球形，淡绿色，花被裂片近三角形，果皮膜质，与种子离生柄。	喜温，喜光，耐旱，耐寒的坡地等地、山地等。	种子和叶。味苦寒。主治膀胱热，利小便，补中，益精气，久服耳目聪明。	丛植，可作花坛、花境、花丛、花群。
298		小藜	Chenopodium serotinum Linn.	灰菜、小叶藜、野苋菜。	一年生草本。茎具条棱及绿色条纹。叶卵状矩圆形，先端钝或具短尖头，常三浅裂。花两性，数个团集，排列于上部枝上形成较开展的顶生圆锥状花序；花被包在花被内，果皮与种子贴生；种子双凸镜状，黑色，有光泽。	生于荒地或田间。	全草。苦、甘、平。疏风清热，祛湿解毒，杀虫。子：甘、平，杀虫。	林边、水沿或花坛分界植物。
299		莙荙菜	Beta vulgaris Linn. var. cicla Linn.	甜菜、牛皮菜。	茎至开花时抽出。叶互生，基生叶卵形或心形，具长柄，长30-40cm，先端钝，茎生叶菱形、卵形，茎生叶较小，叶片肉质光滑，两性。花小，为一长而柔软的展开的圆锥花序，单生或2-3朵聚生，花序，圆形或肾形，种子横生，光亮。	多为田间栽培。	茎、叶。甘、苦寒。清热解毒，行瘀止血。	丛植可作庭院景观，列植可作观叶植物。
300		土荆芥	Chenopodium ambrosioides Linn.	臭草、臭虫草、杀虫草。	直立草本。具强烈气味。茎多分枝。叶单叶互生，茎表面具棱，下部叶边缘具不规则钝齿，上部叶较小，线形、全缘，绿色，3-5朵簇生于上部腋内。果实胞果扁球形，完全包于花被内。	生于旷野、路旁、河岸和河溪边。	带果穗全草。辛、苦有小毒，微温。祛风除湿，杀虫止痒。	丛植，林下、行道边边植物。

（四）热带主要景观药用植物名录及景观配置形式

序号	科目名	品种	拉丁学名	别名	识别特征	生长环境	药用部位及功效	园林用途
301	苋科	雁来红	Amaranthus tricolor L.	老来少、三色苋、老来变、叶鸡冠	一年生草本，茎直立，高60-100cm，单一或分枝。下部叶对生，上部叶互生，宽卵形、长圆形和披针形。茎直立，少分枝。花极小，穗状花序簇生于叶腋间，种子黑色有光。	耐干旱，喜温暖，不耐寒，喜湿润。喜阳通风，长的山坡地、田间。	全株。有清热祛湿、凉血止血之效。主治湿热蕴于肠间、化腐成脓的下痢赤白、腹痛、吐血。	列植，可作林带边界，或分行道植物；孤植可作盆栽、花坛等
302		鸡冠花	Celosia cristata Linn.	鸡髻花、鸡公花、老来红。	草本。全株无毛。茎直立，粗壮。叶单叶互生，叶片卵状披针形，顶端渐尖，绿色或带红色。花花序扁平，鸡冠状，红色或黄色，有光泽。苞片、小苞片和花被片干膜质，淡红色。种子黑色。盖裂。卵形，有光泽。	生于旷野、河岸、路旁和溪边。	花序、种子。甘、凉。收湿止血，止带，止痢。	列植，可作林带边界或行道植物；孤植可用于庭院、花坛等
303		青葙	Celosia argentea Linn.	野鸡冠花、百日红、天笔。	草本。茎直立，绿色，有纵条纹。叶单叶互生，叶片披针形，全缘。穗状花序顶生，圆锥形。苞片、小苞片和花被片干膜质，淡红色或银白色，黑亮。果胞果卵形，盖裂。种子扁圆形，黑亮。	生于田间、山坡向阳处。	种子。苦，凉。清肝，明目，退翳。	林沿、行道边植物。
304		牛膝	Achyranthes bidentata Blume	对节草、怀牛膝、接骨丹。	多年生草本。根圆柱形土黄色。茎具棱角或四方形，分枝对生。叶对生，叶片椭圆形或椭圆披针形，两面具短柔毛。花期后反折；苞片披针形，黄褐色，光滑。基部楔形或宽腋生，穗状花序顶生及腋生，小苞片刺状，光滑。	生于山坡林下。	根。苦、酸、平。补肝肾，强筋骨，逐瘀通经，引血下行。	丛植，作林下植被，或和沿边草地植物

序号	科目名	品种	拉丁学名	别名	识别特征	生长环境	药用部位及功效	园林用途
305		千日红	Gomphrena globosa Linn.	百日红，万年红，球形鸡冠花。	草本。全株具灰白色长毛。叶片长椭圆形，两面有细毛白柔毛，长紫红色。花头状花序球形顶生，基部有叶状苞片2片，每朵花有白色长小苞片3片，膜质，有光泽，花被片密被白色长柔毛。	生于田间、山坡向阳处。	花序。甘、咸、平。祛痰平喘。	列植，可作林带道物或界行植物；或庭院、花坛栽等。
306		虾钳菜	Alternanthera sessilis (L.) DC	虾钳	一年生草本，高10-45厘米，茎上处有柔毛。叶对生，节处有柔毛。头状花序腋生，无总梗，苞片宿存；雄蕊3，花丝基部合生。胞果倒心形，边缘常具翅。	水田边等潮湿处。	清热凉血、利尿、解毒。用于咯血、吐血，湿热黄疸、痢疾、泄泻、牙龈肿痛、咽喉痛、肠痈、疮痈。	林下或植被系。
307		苋	Amaranthus tricolor Linn.	皱果苋、野苋、绿苋。	草本。茎直立，稍分枝，绿色或带紫色，叶腋无刺，苞片不呈刺状。叶卵形或菱状卵形，全缘或呈波状缘，顶端或凹缺。由穗状花序组成，顶生花序长圆形或近球形，果胞果扁球形，极皱缩。	生于荒野、园地。	全草。甘、淡、微寒。清热利湿、解毒。	丛植，可作林下植被。
308		刺苋	Amaranthus spinosus Linn.	野苋菜、野马齿苋、刺苋菜。	草本。茎直立，或红色，下部光滑。有分枝，无毛或疏生毛，茎基部两侧各有一刺，苞片常呈刺状。花单性，花穗状花序顶生或腋生，单性，淡绿色或绿白色。	生于荒野、园地。	全草。甘、淡、凉。清热利湿、消肿、凉血止血。	丛植，作林下植被。
309		空心莲子草	Alternanthera philoxeroides (Mart.) Griseb.	喜旱莲子草、水花生、空心苋。	宿根草本。茎基匍匐，上部伸展，中空，有分枝。叶单叶对生，倒卵状披针形，先端圆钝，边缘有睫毛。花头状花序单生于叶腋，苞片和小苞片干膜质，宿存，花被5片，白色。	生于池沼或水沟。	地上部分。苦、甘、寒。清热、凉血、解毒。	丛植，界边或系林物或界植物。

序号	科目名	品种	拉丁学名	别名	识别特征	生长环境	药用部位及功效	园林用途
310		锦绣苋	Alternanthera bettzickiana (Regel) Nichols.	五色草、红草、红绿草、红莲子草。	多年生草本。茎直立或基部匍匐，上部圆柱形，下部柔生柔毛，两侧各具一纵沟，基部渐狭，边缘皱波状。叶矩圆形、矩圆倒卵形或匙形，顶端及节部具毛，绿色杂以红色或黄色斑纹，幼叶色更红。花头状或花序顶生及腋生，白色。果实不发育。	多生于田间、路边、水系边及潮湿处。	全草，甘、微酸，凉。清肝明目，凉血止血。	作丛植、林下植被及木系或界界植物
311		杯苋	Cyathula prostrata (Linn.) Blume.	小马鞭草、细叶蛇总管、平卧杯苋。	草本。茎上升或直立，节部带红色，膨大。叶单叶对生，下面苍白色，两面具长柔毛，最后反折。果胞果球形。	生于山坡灌木丛或小河边。	地上部分，苦，凉。清热解毒，散瘀消肿。	作丛植、林下植被及木系或界界植物
312		凤尾鸡冠花	Celosia cristata linn. 'Plumosa'	笔鸡冠、头状鸡冠、花冠鸡冠。	一年生直立草本，高30~80cm。全株无毛。分枝少，近上部带红色，绿色或带红色，有棱纹，有棱凸起。叶柄，叶片长5~13cm，宽2~6cm，全缘。先端渐尖或具长尖，基部渐窄成柄，种子肾形，黑色，光泽。	生于山地或园地	花序，凉血，止血。治痔漏下血，赤白下痢，吐血，血淋，妇女崩中，赤白带花下。	作丛植果花卉，或庭院盆景花卉或景观用于花境，花坛
313		红柳叶牛膝	Achyranthes longifolia (Makino) Makino f. rubra Ho	红牛膝	多年生草本。根淡红色至红色，茎具棱角或四方形，分枝对生。叶对生，披针形或披针形，两面具短柔毛，上面深绿色，下面紫红色，花穗状花序顶生及腋生，苞片反折，苞片披针形，小苞片刺状，质硬。花期后，黄褐色，光滑。	生于旷野、路旁和林沿	根，苦、酸，平。祛湿活血散瘀，清热解毒。	作丛植、林下观叶植被或景观叶植物
314		血苋	Iresine herbstii Hook. f.	红叶苋、洋苋。	多年生草本。茎粗壮，带红色至近圆形，顶端凹缺有2浅裂，基部近截形，两面具贴生毛，紫红色。叶宽卵形至宽卵形，具纵棱及沟，全缘。花成顶生圆锥花序，由多数穗状花序形成。	多为栽培，以雌株居多	全草，微苦，凉。清热解毒，调经止血。	作丛植、林下观叶植被或景观叶或盆景或景观叶植物

74

序号	科目名	品种	拉丁学名	别名	识别特征	生长环境	药用部位及功效	园林用途
315		凹头苋	Amaranthus lividus Linn.	银丁菜、野苋	一年生草本。全体无毛。茎渐生或平卧，基部分枝，绿色或紫红色。叶卵形或菱状卵形，顶端凹缺，有一芒尖，全缘或呈波状，基部宽楔形，不裂。花成腋生花簇，茎端生成直立穗状花序或圆锥花序。胞果扁卵形，微皱缩而近平滑。	生于田野、杂草地上。	全草、种子。甘，凉。清热利湿。	丛植，可作林下植被
316		倒扣草	Achyranthes aspera Linn.	土牛膝、粗毛牛膝。	草本。茎四棱形，节部稍膨大。叶单叶对生，宽卵状倒卵形或椭圆状长圆形，先端圆钝，基部楔形或圆形，两面密生粗毛。花穗状花序顶生，直立，花期后反折，苞片披针形，小苞片刺状，坚硬。果胞果卵形。	生于山坡或村庄附近空旷地。	全草。苦，寒。清热解表、利尿通淋、活血化瘀、孕妇禁服。	丛植，可作林下植被，或沿林边和沿地草地植物。
317		莲子草	Alternanthera sessilis (Linn.) DC.	虾钳草、节节花、白花仔、水牛膝。	草本。茎上升或匍匐，叶单叶对生，基部渐窄，全缘或具不明显锯齿。花簇腋生，球形或长圆形，无总梗，花密生，白色。果胞果倒心形。	生于旷野路边、水边、潮湿田边处。	全草。微甘，淡。清热凉血、利水消肿。	丛植，水系边或果地边分界植物。
318	**紫茉莉科**	紫茉莉	Mirabilis jalapa Linn.	入地老鼠、胭脂花。	草本。茎直立，多分枝，节膨大。叶对生，叶单叶无毛。有块根。叶纸质，卵形或卵状三角形，每花基部一等萼状总苞，花1朵以上，集成聚伞花序，顶生，漏斗状，红色、粉红色、白色或黄色。果瘦果，近球形或黑色，熟时黑色。	生于房前屋后墙角下、庭园中，常栽培。	块根。甘，苦，平。有小毒。清热解毒、利尿、泻下。	丛植，可作庭院花卉、花坛植物；或行道边植物。
319		光叶子花	Bougainvillea glabra Choisy	室中、勒杜鹃、三角梅、三角花。	藤状灌木，茎粗壮，枝下垂，无毛或疏生柔毛；叶片纸质，卵形或卵状披针形，顶端急尖或圆形，基部圆形；花顶生枝端的3个苞片内，花梗与苞片中脉贴生，每个苞片上生一朵花；花被管狭筒形，长约1-2.5cm；花顶生；苞片叶状，椭圆形或卵圆形，瘦果有5棱。种子有胚乳。	不耐寒，喜光照，山坡疏林地或地都可生长。	花入药，调和气血，调经，治白带，花经可作药；捣烂敷患处，散瘀消肿。	孤植可作盆景，庭院植物及绿篱等；可造型造景，丛植布置花坛等。

（亚）热带主要景观药用植物名录及景观配置形式

序号	科目名	品种	拉丁学名	别名	识别特征	生长环境	药用部位及功效	园林用途
320	商陆科	商陆	Phytolacca acinosa Roxb.	见肿消，金七娘，水莲，楮母	多年生草本，高0.5-1.5米，全株无毛，茎直立，圆柱形，有纵沟，肉质，绿色或红紫色，多分枝。叶片薄纸质，椭圆形，长椭圆形或披针状椭圆形，顶端急尖或渐尖，基部楔形，渐狭，总状花序顶生或侧生，花序与叶对生，直立，通常比叶短；生多数花；花被；熟时黑色色；	生于林下、路边	根，苦，寒，有毒。主治祛痰，平喘，镇咳，抗炎，利尿。治水肿，脚气，喉痹；	可丛植，作庭院绿化或行道边植物
321			Phytolacca americana Linn.	垂序商陆，美洲商陆，十蕊商陆。	草本。全株光滑无毛，根粗壮，根圆形，棱角明显。叶柄紫红色，叶互生，叶单叶，卵状椭圆形或椭圆圆形，先端急尖或渐尖，基部稍稍扁楔形，花柄下垂，花序生，花序下垂。花被5片，初白色后初白色变为淡红色，花红色，花被圆形。浆果，熟时扁球状，红色，熟时深红紫色或黑色。	生于荒地、路边及林下	根，苦，寒。有毒。逐水消肿，通利二便，解毒散结；	可丛植，作庭院花卉或行道边植物
322	马齿苋科	土人参	Talinum paniculatum (Jacq.) Gaertn.	栌兰，假人参，参草。	一年生或多年生草本。主根粗壮，圆锥形，断面乳白色；茎肉质，基部近木质。叶互生或近对生，叶倒卵形或倒卵状长椭圆形，顶端急尖，基部狭楔形，全缘，稍具短尖头。圆锥花序顶生或腋生，较大形，常二叉状分枝，花淡紫红色。蒴果近球形，熟时红色。	生于田野、路边、墙边、石旁、山坡沟边等阴湿处。	根。甘、淡、平。补气润肺，止咳，调经。	可丛植，作行道、庭院花坛边植物。
323		马齿苋	Portulaca oleracea Linn.	瓜子菜，长命菜，母猪菜。	肉质草本。肥嫩多汁。茎匍匐或披散，无毛，圆形，多带紫红色，叶互生，亦有对生，叶片扁平，肥厚，顶端圆钝或微凹，基部楔形，全缘，肉质。叶柄短。花较小，黄色，生于叶腋，含许多细小的种子。	生于田野或路旁。	全草。酸，寒，凉血。清热解毒，止血。	可丛植，作林沿、行道、花坛边植物。
324		毛马齿苋	Portulaca pilosa Linn.	多毛马齿苋，禾雀舌，土田七。	一年生或多年生草本。叶互生，叶片披针状线形或圆柱状线形，叶腋内被长疏柔毛，叶膜质，宽倒卵形，具光泽。花瓣红紫色，蜡黄色，花瓣红紫色，花无梗，顶端钝或微凹。蒴果卵形，蜡黄色，盖裂，顶端钝或微凹，盖裂。	生于海边沙地上，喜阳光。性耐寒，耐旱。	全草。甘、微寒，解毒。清热利湿，清热解毒；	可丛植，作林沿、花坛边植物；行道绿化带植被；

序号	科目名	品种	拉丁学名	别名	认识特征	生长环境	药用部位及功效	园林用途
325	石竹科	石竹	Dianthus chinensis Linn.	洛阳花、接骨丹、红蝴蝶花。	多年生草本。全株无毛，茎部稍狭，带粉绿色。叶线状披针形，顶端渐尖，全缘或具细小齿，中脉较显。花三角卵形，花端生枝顶，紫红色、粉红色、鲜红色或白色。果蒴果圆筒形，包于宿存萼内，顶端和种子黑色，扁圆形。	生于草原和山坡草地。	干燥地上部分。苦、寒，破血通淋，利尿通经。	丛植或可列植，林沿，花坛，花，行道通行植被和庭院盆栽植物；
326		雀舌草	Stellaria uliginosa Murr.	天蓬草，雪房子。	二年生草本。全株无毛。叶片披针形至长圆状披针形，顶端渐尖，呈微波状，边缘软骨质。基部楔生茎，半抱茎。顶生或腋生花单生叶腋，基部具疏柔毛。聚伞花序，含多数种子。种子肾脏形，褐色。	生于田间，溪岸或潮湿地。	全株。辛、寒。祛风散寒，活血止痛，接骨解毒。	可丛植，作林沿，花，水系边界植被；
327		荷莲豆草	Drymaria diandra Bl.	穿线蛇、青子、有米菜。	一年生草本。茎匍匐，丛生，纤细，节常生不定根。叶片心卵状，顶端凸尖，托叶数片，小形，白色，倒卵状楔形。聚伞花序顶生；花瓣白色，蒴果卵形。	生于山谷，杂木林缘。	全草。微酸，淡。凉。清热解毒，利尿通便，活血消肿，退翳。	丛植或可列植，林沿，花坛，行植物；
328		瞿麦	Dianthus superbus Linn.	野麦、竹节草、竹节梅。	多年生草本。叶线状披针形，顶端锐尖，中脉特显，基部合生成鞘，有时带绿色，有时带粉绿色晕。花1或2朵生于枝端，花萼圆筒形，常带紫红色晕。花瓣长4-5cm，瓣片宽倒卵形，边缘裂至中部以上，淡红色或带紫色，稀白色，喉部具丝毛状鳞片。蒴果圆筒形，顶端4裂，种子扁卵圆形，黑色，有光泽。	生于丘陵山地疏林下，林缘、草甸、沟谷溪边。	地上部分。苦、寒。破血通淋，利尿通经。	丛植或可列植，林沿，花坛，花，行道边果植被和庭院植物；

（亚）热带主要景观药用植物名录及景观配置形式

序号	科目名	品种	拉丁学名	别名	识别特征	生长环境	药用部位及功效	园林用途
329		繁缕	Stellaria media (Linn.) Cyr.	鹅肠菜、抽筋草。	二年或多年生草本。叶单叶对生，叶宽卵形或卵形，上部叶常无柄或具极短柄，基部近心尖，叶腋疏生柔毛，花顶生二歧聚伞花序；花瓣白色，二深裂至基部，裂片卵形或披针状线形，花柱3枚。蒴果卵圆形。	生于山谷、旷野溪边、野菜地及菜地。	全草。甘、酸，平。散瘀清热解毒，消肿。	丛植、林下植被或作林系沿水边景；植被。
330	睡莲科	芡实	Euryale ferox Salisb. ex Koenig et Sims	鸡头米、鸡头。	一年生大型水生草本。全株具尖刺，根茎粗壮而短。初生叶沉水，叶柄无刺，后生叶浮于水面，直径10~130cm，上面深绿色，多皱褶；下面深紫色，具短柔毛。叶柄及花梗粗壮。花单生，昼开夜合；花瓣多数，长圆状披针形，紫红色，成数轮排列，成凹入的圆盘状。浆果球形，海绵质，暗紫红色，种子球形，黑色。	生于池塘、湖沼及水田中。	成熟种仁。甘、涩，平。益肾固精，补脾止泻，祛湿止带。	丛植或孤植，用于水系景观植物。
331		莲	Nelumbo nucifera Gaertn.	莲花、荷花。	多年生水生草本。根状茎横走，肥厚，节间膨大，节间通气孔道，节部缢缩，上生黑色鳞叶。叶圆形，盾状，全缘稍呈波状，上面深绿色，下面叶脉从中央射出，具1~2次叉状分枝。花梗和叶柄等长或稍长，散生小刺；花大，散生白色、粉红色或白色，芳香；花瓣红色，短圆状椭圆形至倒卵形，坚硬。坚果椭圆形或卵形，果皮革质，熟时黑褐色。	自生或栽培，在池塘或水田内。	根茎（藕节）、种子（莲子）。熟。甘、涩，平。根茎：止血，种子：补脾止泻，益肾涩精，养心安神。	丛植或孤植，用于水系景观植物，挺水池造景，庭院水池造景等。
332		睡莲	Nymphaea tetragona Georgi	水浮莲、子午莲。	多年生浮叶型水生草本植物。根状茎肥厚，直立或匍匐，圆形或卵形，先端钝圆形或心形。叶二型，浮水叶浮生于水面，圆形或马蹄形，叶缘波状或有齿；基部深裂成马蹄形，柔弱，叶柄细长。沉水叶薄膜质，柔弱。花草单生，花有大小与颜色之分，浮水或挺水开花；萼片绿色或深绿色或黑褐色，有假种皮。果实为浆果革质，坚硬果皮质。	自生或栽培，在池塘或水内系中。	花。味甘，性平。有消暑，定惊之功效。治中暑，酒后烦渴，小儿惊风。	丛植或孤植，用于水系景观植物，挺水池造景，庭院水池造景等。

序号	科目名	品种	拉丁学名	别名	识别特征	生长环境	药用部位及功效	园林用途
333		王莲	Victoria Lindl.	帝王莲、王莲、叶王、霸王莲	初生叶呈针状，长到2～3片叶矛状，至4～5片叶圆形，到11片叶时呈叶盘状，叶缘上翘呈盘状，直立，叶缘直立，叶片圆光滑，像圆盘浮于水面，直径可达2米以上，叶面光滑，绿色略带微褐，有皱褶，背面紫红色，叶子背面和叶柄有许多坚硬的刺，叶柄为放射网状；花单生，大型，浆果呈球形，种子黑色。直径25-40厘米；	自生或栽培，在池塘或观湖内。	种子。甘平无毒，能调中开胃。	孤植。用于较大型水系景观挺水景观造景。
334	毛茛科	芍药	Paeonia lactiflora Pall.	没骨花、红药、黑牵夷、红药。	多年生草本植物。根粗壮，分枝黑褐色。茎高40-70厘米，无毛，上部茎生叶为三出复叶，下部茎生叶为二回三出复叶，小叶狭卵形、椭圆形或披针形，花数朵，生茎顶和叶腋；苞片4-5，披针形；萼片宽卵形或近圆形，花瓣倒卵形；蓇葖长2.5-3厘米，顶端具喙。	喜光，耐寒，不耐涝，栽培在山坡等。	根。性微寒，味苦酸，有调肝脾和营血功能。主治血虚腹痛、痢疾、月经不调、崩漏等症。	丛植，可作庭院、景观花卉列；花卉可作坛植花观赏植界景物：孤植，可作盆景植物。
335	小檗科	南天竹	Nandina domestica Thunb.	南天竺、土黄连。	常绿灌木。全株无毛。叶二至三回羽状复叶，叶轴具关节，小叶对生，近无柄，叶片椭圆状披针形，花圆锥花序直立，花白色。浆果球形，花瓣卵状椭圆形，红色。	生于疏林，灌木丛中或栽培。	根、茎、叶，苦、寒，清热除湿，通经活络。果实；有小毒，止咳平喘。	丛植，林分界或带行道边界植物。
336		十大功劳	Mahonia fortunei (Lindl.) Fedde	狭叶十大功劳、土黄柏、木黄柏、刺黄连。	常绿小灌木。叶一回羽状复叶，3～9小叶，小叶无柄或近无柄，狭披针形至狭椭圆形，边缘具刺齿，花总状花序，花顶生，花瓣长圆形，黄色，花瓣长圆形，被红色，浆果长圆形，蓝紫色，被白粉。	生于山坡沟谷林中、灌木丛、路边或河边。	根、茎、叶，苦、寒；根：清热补虚；茎叶：清热燥湿，解毒。根：消肿解毒；茎叶：清热燥湿解毒。	丛植，林分界果或带分界界，行道边界植物，也可作盆栽植物。

（亚）热带主要景观药用植物名录及景观配置形式

序号	科目名	品种	拉丁学名	别名	识别特征	生长环境	药用部位及功效	园林用途
337		阔叶十大功劳	Mahonia bealei (Fort.) Carr.	土黄柏、叶下大功劳、老鼠刺、刺黄柏。	灌木或小乔木。叶一回羽状复叶，具4-10对小叶，基部阔椭圆形或圆形，厚革质，偏斜，每边具2~6个粗锯齿，先端具硬刺。上面暗绿色至绿色，背面被白霜。花总状花序直立，3~9个簇生，花黄色。浆果卵形，深蓝色，被白粉。	生于阔叶林及混交林林缘、林下、草坡、溪边、路旁或灌木丛中。	根、茎、叶。苦，寒。燥湿、解毒。根：清热补虚。燥湿，清热燥湿，清热解毒。	丛植。林下或林带沿路植物
338		庐山小檗	Berberis virgetorum Schneid.	三颗针、土黄檗、刺黄连。	落叶灌木。幼枝紫褐色，老枝三分叉。叶薄纸质，长圆状椭圆形，先端急尖、短渐尖或圆钝，基部楔形，渐狭下延，全缘。浆果长圆状椭圆形，熟时红色，不被白粉。	生于山坡、山地灌木丛、河边、林中或村旁。	根。苦，寒。泻火解毒。清热燥湿，清热解毒。	丛植。林下或林带沿植物；可作行道边界植被。
339	防己科	蝙蝠葛	Menispermum dauricum DC.	山豆根、黄条香、山秧根。	草质，落叶藤本，根状茎细长。茎自位于近顶部的侧芽生出，一年生茎纤细，有条纹。圆锥花序单生或双生，有细长的总梗，花数枚至20余朵，花密集成稍疏散。核果黑色；核	常生长于路边灌丛或疏林中	根茎。味苦，有小毒。性寒。具有祛风止痛的功效。主治急性咽喉炎、扁桃体炎、牙龈肿痛、肺热咳嗽、黄疸等。	丛植或可作绿植、篱垣等造型；或作护坡绿化及林下植被。
340		粪箕笃	Stephania longa Lour.	田鸡草、畚箕草、青藤。	草质藤本，全株无毛。叶三角状卵形，先端钝，有小凸尖，基部近平截或微圆，下面淡绿色。复伞形花序腋生，雌雄异株。核果。	生于林或灌木丛中。	根、根茎及全株。微苦、涩，平。清热解毒，利湿，消肿，祛风活络。	丛植或可作绿植、篱垣等造型；或作护坡绿化；林下植被。
341		毛叶轮环藤	Cyclea barbata Miers	银不换、金锁匙。	草质藤本。嫩枝被褐黄色柔毛。叶薄纸质或近膜质。叶近膜质或近心形，基部近戟形，两面被毛。叶脉掌状，被硬毛，总状，腋生。雌花萼片2枚，近圆形。雄花萼杯形，核果杯形。	生于林中或灌木丛中。	根。苦，寒。小毒。散解毒。有小毒。散热解毒，散瘀止痛。	可作墙、绿篱造型；林下植被；

80

序号	科目名	品种	拉丁学名	别名	识别特征	生长环境	药用部位及功效	园林用途
342		木防己	Cocculus orbiculatus (Linn.) DC.	防己、青木香、青藤。	木质藤本。小枝被绒毛至疏柔毛。叶纸质至近革质，形状变异极大，线状披披针形或披针形至近心形，阔卵圆形至近圆形，椭圆形至近圆形，顶生或有小凸尖，两面被密柔毛，长可达10cm，被柔毛。顶生或掌状5裂，可见微缺或3裂，花聚伞圆锥花序，核果近球形，红色至紫红色。	生于山坡疏林中。	根。苦、辛，寒。祛风除湿，通经活络，解毒消肿。	丛植，可作篱垣、绿景等；或护坡绿化。
343		华千金藤	Stephania sinica Diels	独脚乌柏、金不换。	木质藤本。块根近球形，外皮灰白色，有条纹，无毛。叶互生，盾状着生，阔三角状圆形的浅波状，叶缘有不明显的浅波状，5条向前，4条向后；雄花序近伞形，复伞形花序腋生，雌雄异株，花梗长约4毫米，花瓣3～4，短而阔而阔倒卵形核果倒卵形	常生长于路边灌丛或疏林中	块根。苦，凉。清热解毒，散瘀止痛。用于上呼吸道感染，急性肠胃炎，风湿疼痛，跌打损伤，毒蛇咬伤	丛植或孤植。可作篱垣、绿景等；林下植被及家庭盆栽
344		海南地不容	Stephania hainanensis H. S.lo. et Y. Tsoong	山乌龟	块根球形或不规则球形，露于地面。老茎稍木质化，枝粗，有直沟槽，枝、叶含淡黄色着液。茎中空，全株无毛，叶柄粗，叶片三角状圆形，先端短尖。叶片三角状圆形，基部圆至近截平，掌状脉5条，网状脉具有小乳头，叶缘波浅。花小，单性，雄花脉异株，雄花为复伞形聚伞花序；腋生，常数个生于短枝上；核果红色，果梗稍肉质。	林缘、田边、路旁都可以种植	块根。性味，功能和主治：止痛。用于胃肿解毒，外伤疼痛，疮痈肿	丛植或孤植。可作绿景、篱垣等；家庭盆栽等
345		血散薯	Stephania dielsiana Y. C. Wu	一滴血、长柄地不容。	草质，落叶藤本。块根硕大，根颈肥壮，枝稍肥大，折断时有红色液汁；叶互生，叶片近圆形，三角状宽卵形，常紫红质，顶端具凸尖，基部微圆至近截平，肉质，掌状脉3对，倒卵圆形，贝壳状，紫色或带橙黄。核果红色，倒卵圆形，苕扁；果核背部两侧各有两列钩状小刺。	生于林中，林缘或溪边多石砾的地方。	块根。苦，寒。健胃解毒消肿止痛。	丛植或孤植。可作篱垣、绿景等；或为林下植被

（亚）热带主要景观药用植物名录及景观配置形式

序号	科目名	品种	拉丁学名	别名	识别特征	生长环境	药用部位及功效	园林用途
346		金线吊乌龟	Stephania cepharantha Hayata	金线吊蛤蟆、独脚乌桕、铁秤砣、地不容	草质、落叶，无毛藤本。块根团块状至近圆锥状、褐色，具众多突起皮孔。具乳汁。叶纸质，叶扁圆形至近圆形，三角状扁圆形，全缘或多少浅波状。顶端具小凸尖，基部圆形或近截平，为头状花序，具盘状花托。核果阔倒卵圆形，成熟时红色。	生于村边、旷野等土层深厚处，或石区地区石缝或石砾处。	块根，苦，寒。清热解毒，消肿止痛。	丛植或墙植，可作绿篱等造景；林下植被及家庭盆栽。
347		金果榄	Tinospora sagittata (Oliv.) Gagnep.	青牛胆、秤锤、金银袋、金榄、金狮胆。	草质藤本。黄色，叶纸质至薄革质，叶端渐尖。基部弯缺状，花雌雄同形，花雄伞状花成疏松的圆锥花序，瓣状6片，肉质；花瓣红色。核果近球形，果核近半球形。	生于林下、林缘、竹林及草地上。	块根，苦，寒。清热解毒。	可作垂吊、绿篱等造景；林下植被及家庭盆栽。
348		中华青牛胆	Tinospora sinensis (Lour.) Merr.	宽筋藤、无地生质、舒筋藤。	藤本。枝稍肉质，老枝具褐色，腰质，无毛的表皮。皮孔凸起。叶纸质，阔卵状心形，全缘，基部甚密。花总状花序先于叶抽出，单生或几个簇生。核果红色，近球形，果核半卵球形，背面具棱脊及许多小状状凸起。	生于林中。	茎，苦，寒。舒筋活络，清热利湿。	丛植或墙植，可作绿篱等造景；林下植被及家庭盆栽。
349		秤钩风	Diploclisia affinis (Oliv.) Diels	穿山藤、土防己、过山龙、花防己。	木质藤本，三角状扁圆形或菱状扁圆形，均无毛。顶端短尖，顶端具小凸尖，基部近截平，具波状浅齿，叶革质。花聚伞花花序腋生，花3朵以上；花瓣卵状菱形，基部两侧反折呈耳状。核果红色，倒卵圆形	生于林缘或疏林中。	根、茎，苦，凉。祛风除湿，活血止痛，利尿解毒。	丛植、墙植，作绿篱等造景，或攀大型树体装饰岩被
350		天仙藤	Fibraurea recisa Pierre	伸筋藤、山大王、金锁匙、大黄藤、黄连藤。	木质大藤本，叶无毛，叶柄长无毛或老茎上，具深沟状裂纹。叶革质，顶端近短渐尖，花圆锥花序生于无叶老枝，花丝极圆，状椭圆形，外果皮干时缺缩。雄蕊3个，花丝极圆两端	生于林中。	根茎、叶，苦，寒。清热解毒，利湿。	孤植或作大型树体装饰

序号	科目名	品种	拉丁学名	别名	识别特征	生长环境	药用部位及功效	园林用途
351		假黄藤	Fibraurea tinctoria Lour.	藤黄连、假黄连。	木质大藤本。茎褐色，具深沟状裂纹。叶革质，两面无毛，顶端近骤尖或渐尖，基部钝。长圆状卵形，叶柄长10~25cm。花序圆锥花序生于无叶老枝或老茎上；雄蕊6个，花丝下时皱缩。核果长圆状椭圆圆形，外果皮干时皱缩。	生于林下。	根、茎、叶。苦，寒。清热解毒，利湿。	可丛植，作篱垣、绿篱等；林下植被。
352		细圆藤	Pericampylus glaucus (Lam.) Merr.	广藤、车线藤、黑风散、小青藤。	木质藤本。小枝常被灰黄色绒毛。叶纸质，三角状卵形至三角状近圆形，顶端钝或圆，两面具圆齿，基部近截平，被绒毛，叶藏6片，根形或有时匙形，边缘内卷。核果红色或紫色。花聚伞花序伞房状。	生于林中、林缘和灌木丛中。	藤茎、叶。苦，凉。清热解毒，息风止痉，祛除风湿。	丛植或绿植，可作篱垣、绿篱等造景；林下或庭院植被。
353	**木兰科**	白玉兰	Magnolia denudata Desr.	玉兰、望春玉兰、木花树。	落叶乔木。树皮深灰色。灰褐色。冬芽及芽花梗密生长灰褐色绒毛。叶互生，倒卵形，粗糙开裂，小枝稍粗壮，灰黄色或淡褐色，具白色皮孔。波状，具白色皮孔。	喜阳，生于温暖通风的坡地、疏林地。	花蕾。能和主治：性温，功。味辛。寒。通鼻窍的功能，用于头痛鼻塞、鼻流浊涕。具有散风	造景、列植、孤植景观树。
354		厚朴	Magnolia officinalis Rehd. et Wils.	厚皮、川朴。	落叶乔木。叶大，近革质，7~9片聚生于枝端，长圆状倒卵形，先端具短急尖，基部楔形，全缘，上面无毛，下面被灰色柔毛，具白粉；叶柄粗壮，托叶痕长为叶柄的2/3。花直径10~15cm，盛开时花被片向外反卷；花白色，芳香；花被片9~12，外轮3片淡绿色，内两轮白色，倒卵状匙形。聚合果长圆状卵圆形。	生于山地林间。	干皮、根皮、枝皮（厚朴）及花蕾（厚朴花）。厚朴苦、辛，温。祛湿消痰，下气除满；厚朴花：苦，微温，理气宽中。	列植、作园林、城市镇路旁绿化树种。
355		白兰	Michelia alba DC	白兰花、缅桂花	高大乔木，枝广展，呈阔伞形树冠；树皮灰色；揉枝叶有芳香；嫩枝及芽密被淡黄白色微柔毛，老时毛渐脱落。叶薄革质，长圆形或披针状椭圆形，上面无毛，下面疏生微柔毛，极香。花白色，花被片10片，披针形，花瓣心皮多数，雌蕊心皮形，形成蓇葖疏生的聚合果；通常不结实。	喜阳，生于温暖通风的坡地、平地等。	花。止咳，化浊。用于慢性支气管炎、前列腺炎，妇女白带。	可列植、作园林、城市镇路旁绿化树种；孤植庭院可作庭院树

序号	科目名	品种	拉丁学名	别名	识别特征	生长环境	药用部位及功效	园林用途
356		荷花玉兰	Magnolia grandiflora Linn.	洋玉兰、广玉兰。	常绿乔木。树皮淡薄鳞片状开裂。叶厚革质，椭圆形或倒卵状椭圆形，先端钝，基部楔形，叶面深绿色，有光泽；叶柄无托叶痕，具深沟，花白色，芳香，花直径15-20cm，花被片厚肉质，倒卵形，背面圆，聚合果圆柱状长圆形或卵圆形，蓇葖背裂，顶端外侧具长喙。	生于潮湿温暖的地方。	花、树皮。辛、温，祛风散寒，行气止痛。	可列植，作园林、坡地镇路旁绿化树种；
357		黄兰	Michelia champaca L.	黄玉兰、黄缅桂、大黄桂。	常绿高大乔木，枝斜上展，呈狭伞形树冠的平伏状无毛。芽、嫩枝、嫩叶和叶柄均被淡黄色的平伏柔毛。叶薄革质，披针状卵形或披针状椭圆形，先端长渐尖或近尾状，长10-20(25)厘米，宽4.5-9厘米，雄蕊的药隔伸出成长部阔楔形或楔形，下面疏被微柔毛，花黄色，极香，基部被针形，倒披针毛；雌蕊群具柔毛，聚合果长7-15厘米。花被15-20片，倒披针形。	生于温暖湿润风的坡地、平地等	根（黄缅桂）、果实（黄缅桂果）。苦、凉，祛风除湿，清利咽喉。用于风湿骨痛、肾利卡喉。果实：用于胃脘及消化不良。	可列植，作园林、坡地镇路旁绿化树种；孤植庭院种；也可作庭院树
358		夜合花	Magnolia coco (Lour.) DC.	夜香木兰、合欢花。	灌木。叶单叶互生，革质，起的网脉纹，叶柄生于枝顶，叶绿色顶端，叶片绿白色，倒卵形，心皮多数，雄蕊多数，离生。两面均光亮，且均被叶大，托叶痕，早落，芳香，花梗生于枝顶下弯；花瓣6枚，白色，排成二轮，离生。聚合蓇葖果。	生于常绿阔叶林中，或栽于庭园。	花（广东合欢花）。平、甘。解郁安神，疏肝理气，活血化瘀。	可列植，作园林、坡地镇路旁绿化树种；孤植庭院树
359		紫玉兰	Magnolia liliflora Desr.	辛夷、木笔花、望春花。	落叶灌木。小枝紫褐色，平滑无毛。叶倒卵形或椭圆状倒卵形，具纵裂无毛，顶端渐尖，叶中部以上最宽，花叶同时开放，短瓶卵圆形，被淡黄色绢毛；花被片内两轮肉质，外面紫色或紫红色，先于叶或与叶同时开，内面带白色，花瓣状，椭圆状倒卵形，聚合果深紫褐色，圆柱形。基部楔形，托叶痕达叶柄中部以上。	生于山坡林缘。	辛、温，通窍。花蕾。散风寒，通鼻窍。	可列植，作园林、坡地镇路旁绿化树种；孤植墙边作绿化植物
360		含笑	Michelia figo (Lour.) Spreng.	含笑梅、香蕉花、合笑花。	常绿灌木。树皮灰褐色，芽、嫩枝、叶柄、花梗均密被黄褐色绒毛，先端短尖，基部楔形，叶革质，椭圆形或倒卵状椭圆形，上面无毛，下面中脉具褐色平伏毛，托叶痕达叶柄顶端。花直立，淡黄色而边缘具红色或紫色，具有甜的芳香，花被6片，肉质。蓇葖果卵圆形或球形。	生于阴坡林中，沟谷沿岸尤为茂盛。	花。苦、微涩、平，有毒。凉血解毒，调经。	可列植，作园林、坡地镇路旁绿化树种；孤植庭院树

序号	科目名	品种	拉丁学名	别名	识别特征	生长环境	药用部位及功效	园林用途
361	罂粟科	虞美人	Papaver rhoeas L.	丽春花、赛牡丹、小罂粟花	罂粟科罂粟属一年生草本。茎直立细长，具分枝，全株被疏毛，有乳汁。叶互生，羽状深裂，裂片披针形或条状披针形，光滑，先端急尖。花单生。蒴果近球形，成熟时顶孔开裂。	喜阳，不耐涝。坡地、田间及林带	花或全草。性味、功能和主治：具有苦、性凉。静安神的作用，可用于咳嗽、支气管炎、咽喉炎、百日咳、胃痛等症。	丛植。盆景或庭院植物。季节性花坛和行道花卉植物。
362		博落回	Macleaya cordata (Willd.) R. Br.	落回、喇叭筒、空洞草、野麻叶莲、白筒杆。	直立草本。基部木质化，中空，多白粉。叶宽卵形或近圆形，裂片半圆形，方形或其他，常7或9深裂或浅裂，缺齿或者，边缘波状，粗齿状或波状，背面多白粉，被易脱落的细绒毛。大型圆锥花序多花，顶生和腋生；花淡红色、近白色；花芽棒状，无。花瓣无。果蒴果披针形或倒卵形或倒披针形。	生于丘陵或低山灌丛、草丛或草丛间。	根、全草。苦、有大毒。散瘀、祛风、解毒、止痛、杀虫。	列植。可作为林带或行道树或果植植物
363		小花黄堇	Corydalis edidis Maxim.	黄花地锦苗、鱼子草、断肠草、白断肠草	灰绿色丛生草本。茎具棱，对生，枝条丛蔓状，下面灰白色，叶三角形，一回羽片3-4对，二回羽状全裂，一至具羽片1-2对，小叶卵圆或近具卵圆形，末回裂片圆钝，花总状花序，花短条形，具一列披针形。	生于林缘阴湿地或名石溪边。	全草。微苦、凉。清热利尿、治痢止血。	丛植。林下植被；列植。沿路边种植
364		蓟罂粟	Argemone mexicana Linn.	刺罂粟、老鼠勒	草本。茎疏被黄褐色平展的刺。叶倒卵形或椭圆形，羽状深裂，裂片具波状齿，先端急尖，基部散生刺，齿端具尖刺，沿叶脉两侧无毛，两面具尖刺。花单生于短枝顶，黄色或橙黄色。花瓣6片，宽倒卵形，黄色或橙黄色。蒴果长圆形或宽椭圆形，疏被黄褐色的刺。	生于田坝或江边。	根、全草及种子。全草辛、苦、凉。发汗、清热解毒、止痛止痒、缓泻、催吐、解毒，止痛。根：利小便、杀虫。	绿植。丛植，篱护边种植

(亚)热带主要景观药用植物名录及景观配置形式

序号	科目名	品种	拉丁学名	别名	识别特征	生长环境	药用部位及功效	园林用途
365		血水草	Eomecon chionantha Hance	片莲草、见血草、黄水草、雪花草、花血草、马斗蒴、	多年生无毛草本。具红黄色液汁；茎匍匐，基部鳞片状。叶全部基生，心形或卵状肾形，先端渐尖或急尖，边缘呈波状，基蓝条形，带蓝绿色。花莛灰绿色略带紫红色，白色。蒴果狭椭圆形。排列成聚伞状伞房花序；花瓣倒卵形，	生于林下、灌木丛下或溪边、路旁。	根。辛、凉。清热解毒，散瘀止痛。	丛植，可作林下植被；也可作景观植物带分界观赏。
366	山柑科	白花菜	Cleome gynandra L.	羊角菜、白花菜	一年生草本。全株有恶臭。茎直立，分枝，有纵槽纹，通常带淡紫色，幼枝稍被腺毛，老枝无毛。总状花序。蒴果长角形。	野生于田埂、路旁、沟边等处，庭院栽培	全草。性味辛、甘、苦，性温。有祛风湿散痛的功能，用于风湿疼痛、腰痛、跌打损伤、痔疮等症。	丛植，可作为园林和公路旁绿化；也可盆栽观赏。
367	十字花科	青菜	Brassica chinensis Linn.	小白菜、油菜、小油菜。	一年或二年生草本。无毛，有光泽，带粉霜。叶倒卵形或宽倒卵形，深绿色，基部渐狭成宽叶柄。花浅黄色，总状花序顶生，呈圆锥状。中脉白色，长角果线形，果瓣有明显中脉及网结侧脉，喙顶端细。坚硬，无毛，	生于田埂、路旁、沟边、庭院栽培	种子。甘、平。消食醒酒。	丛植，可作庭院植物，叶观赏
368		芥菜	Brassica juncea (Linn.) Czern. et Coss.	芥、白芥、披、大芥末。叶菜、青菜、	一年生草本。具辣味。叶基生宽卵形至倒卵形，顶端圆钝，不裂或大头羽裂，具2~3对裂片，边缘均有缺刻或牙齿；茎上部叶窄披针形，花瓣倒卵形，黄色，花序具一窄出长角果。果瓣长角果。种子球形，紫褐色。	生于田埂、路旁等	种子。辛、温。化痰平喘，清肺消肿止痛。	丛植，可作庭院植物，叶观赏
369		芥蓝	Brassica alboglabra Linn. H. Bailey	白花甘蓝、芥蓝菜、芥蓝。	一年生草本。具粉霜。叶卵形，叶柄长3~7cm；基部具小裂片，叶微小不整齐齿，边缘波状或有不整齐波状，叶缘具锐齿，顶端长圆形，基部圆钝，上部叶近圆形，花总状花序，白色或淡黄色，花瓣长圆形，有亚蓍脉纹。果长角线形，种子凸球形，红棕色。沿叶柄下延；	生于路旁、田野。	根、茎及叶。甘、辛、凉。解毒利咽，顺气化痰，平喘。	丛植，可作庭院植物，叶观赏

序号	科目名	品种	拉丁学名	别名	识别特征	生长环境	药用部位及功效	园林用途
370		白萝卜	Raphanus sativus Linn	莱菔、地灯笼	草本。直根肉质，长圆形、球形或圆锥形，外皮绿色、白色或红色。叶生叶形，顶裂片卵形，上部叶卵形，疏生具齿，侧裂片4~6对，有锯齿或近全缘。花总状花序顶生及腋生，花白色或粉红色，花瓣倒卵形，具爪。长角果圆柱形，具紫纹。	生于田埂、路旁、沟边、庭院栽培	成熟种子（莱菔子）、鲜根。种子：辛、甘、平；消食除胀，降气化痰。鲜根：辛、甘；凉；消食下气，解渴，利尿。	可丛植，作为庭院植物
371		菘蓝	Isatis indigotica Fortune	板蓝根、大靛、大青。	二年生草本。茎顶部多分枝，光滑无毛，全缘或稍具齿，带白粉霜。基生叶具柄，长椭圆形或长圆状披针形；茎生叶蓝绿色，长圆形或长圆状披针形，基部叶耳不明显或为圆形。花瓣黄白，宽楔形，顶端近平截，具短爪。短角果近长圆形，扁平，边缘有翅，种子长圆形，淡褐色。	生于林边、路旁、田野。	根（板蓝根）、叶。苦、寒。清热解毒，凉血消斑利咽止痛。	丛植。可作为园林和公路旁绿化被；也可盆栽观赏
372		蔊菜	Rorippa indica (Linn.) Hiern	塘葛菜、野油菜。	草本。茎近基部分枝，有时带紫色。叶互生，有时基生叶和茎下部叶有柄，柄基部扩大呈耳状抱茎；叶片羽状分裂，边缘具齿。叶上部叶向上渐小，多不分裂，边缘有不整齐细牙齿。总状花序顶生或腋生，花小，黄色。长角果线状圆柱形，果熟时果瓣隆起。	生于林下、路旁、田野	全草。辛、苦，微温。清热利尿，凉血解毒，祛痰止咳。	丛植。可作林下植被、列植，可作道边和行道植物
373	景天科	玉吊钟	Bryophyllum verticillatum (S.Elliot) A.Berger	洋吊钟、蝴蝶之舞	多年生肉质草本植物，株高20-30厘米，分枝较密，叶交互对生，肉质叶扁平、卵形至长圆形，边缘圆形，叶蓝绿色或灰绿色，上面有不规则的乳白、黄色斑块，新叶更美更艳丽多姿，五彩斑斓；松散的聚伞形花序，小长花红或橙红色。	喜温暖凉爽的环境，生长于山间田野、山坡、疏松土壤景观等地	全草入药。清热解毒；可用于跌打损伤，外伤红肿疖疮红肿。	孤植。作以缓解花点，造热带假山景观植物；作以缓坡山等叶植物；

（亚）热带主要景观药用植物名录及景观配置形式

序号	科目名	品种	拉丁学名	别名	识别特征	生长环境	药用部位及功效	园林用途
374		凹叶景天	Sedum emarginatum Migo	石板菜、九月寒、打不死、石雀还阳。	多年生草本。叶对生，匙状倒卵形至宽卵形，先端微凹，基部渐狭，有短柄。花序有3分枝，萼5片，黄色，线状披针形至披针形，花瓣5片，披针形至线状披针形，略叉开，腹面有浅囊略隆起。	生于山坡阴湿处。	全草。苦、酸、凉。清热解毒，散瘀消肿。	丛植。可作点缀植物或盆景。
375		台湾景天	Sedum formosanum N. E. Br.	台湾佛甲草、石板菜。	多年生肉质草本。全株光滑无毛。叶对生或近对生，倒卵形至卵状披针形，全缘，先端钝或短微尖，基部渐狭。聚伞花序，顶生，花黄色，萼5片，无柄，聚伞花序，花瓣5片，披针形，先端尖。果蓇葖果，种子多数。	多生于石壁之润湿地。	全草。甘、涩、凉。清热凉血，止痛。	孤植。作盆花；丛植，可作点缀植物或盆景；
376		珠芽景天	Sedum bulbiferum Makino	株芽佛甲草、零余子景天、粉皮草。	多年生草本。芽着生于叶腋常有圆球形，肉质，小型珠芽。基部叶常对生，上部叶互生。匙状倒披针形，花序聚伞状，分3枝，常再二歧分枝，萼5片，黄色，披针形，花瓣5片，披针形。	生于低山平地树阴下。	全草。酸、涩、凉。清热解毒，凉血止血，截疟。	丛植。可作点缀植物或盆景。
377		落地生根	Bryophyllum pinnatum (L. f.) Oken	土三七、打不死、叶生根、晒不死、新娘灯。	多年生肉质草本。茎肉质，中空，叶对生，单叶或羽状复叶而有小叶3-5片，小叶长圆形，厚肉质，叶片至椭圆形，边缘具圆齿，圆齿底部易生芽，生芽，花下垂，长大后落地成一新植株，花萼钟形；花冠高脚碟形，淡红色或紫红色。	多为栽培，或为野生。	全草。苦、酸、凉。清热解毒，凉血止血。	丛植。作林下植被；列植，作林边、行道花坛、边界植物；
378		垂盆草	Sedum sarmentosum Bunge	狗牙齿、鼠牙、半枝莲、三叶佛甲草。	多年生肉质草本。不育枝匍匐生根，结实枝直立。叶3片轮生，倒披针形，基部渐狭，全缘，花淡黄色，无梗，萼5片，阔披针形，顶端稍钝，花瓣5片，披针形，卵圆形，种子细小，卵圆形，表面有乳头状突起。	生于山坡岩石上或栽培。	全草。甘、淡、凉。清利湿热，有降低谷丙转氨酶作用。	孤植。作盆花，可作点缀植物，假山植，造景物；

序号	科目名	品种	拉丁学名	别名	识别特征	生长环境	药用部位及功效	园林用途
379		伽蓝菜	Kalanchoe laciniata (Linn.) DC.	鸡爪三七、裂叶落地生根。	肉质草本。粗壮，少分枝，蓝绿色。叶单叶对生，中部叶羽状深裂，边缘有浅锯齿或深裂，叶片条形或条状披针形，边缘具齿。聚伞花序顶生，顶生叶脚碟状，黄色或橙红色。蓇葖果，长圆形。	生于湿热的气候条件下，湿润沙质土上，多为栽培。	全草。甘、苦、寒。散瘀消肿，清热解毒。	丛植。林下植被，作列植，林边、花坛、行道边界植物。
380		匙叶伽蓝菜	Kalanchoe spathulata DC.	倒吊莲。	多年生草本。叶肉质，匙状长圆形，先端饱圆，基部渐狭，几无柄，抱茎，边缘具齐整的浅裂。聚伞花序，花冠高脚碟形，裂4片，长圆形。	生于湿地沙质土上或竹丛边缘。	全草。苦、甘、寒。清凉解毒，活血消肿。	孤植。作盆花；列植，花坛、行道边界植物；
381	**虎耳草科**	虎耳草	Saxifraga stolnifera Curt	石荷叶、金线吊芙蓉、丝棉吊梅、天青地红。	多年生草本。匍匐枝细长，具鳞片状叶；茎被长腺毛。叶基生至茎生叶具长腺柄，近心形、肾形至扁圆形，先端钝，基部近截形至心形，上面被腺毛，被腺睫毛，下面常带紫色，被腺毛，具斑点，茎生叶披针形，花两侧对称，花瓣5，中上部具红色斑点，基部具黄色斑点。	生于林下、灌木丛、草甸和阴湿岩隙。	全草。微苦、辛，有小毒。祛风清热，凉血解毒。	丛植。林下植被或作行道边界、边带植被。
382		常山	Dichroa febrifuga Lour.	黄常山、蜀漆、土常山、大金刀。	灌木。小枝圆柱状稍具四棱，常呈紫红色。叶形多变异形、椭圆形、倒卵形、椭圆状长圆形或披针形，先端渐尖，基部楔形，两面绿色或小有仅叶脉被疏柔毛，具锯齿或粗齿，无毛或叶背被卷短柔毛。伞房状圆锥花序顶生，花蓝色或白色。浆果蓝色，干时黑色。	生于阴湿林中。	根。苦、辛、寒，有毒。除痰，解疟。	丛植。行道边界、林带灌木。

序号	科目名	品种	拉丁学名	别名	识别特征	生长环境	药用部位及功效	园林用途
383	蔷薇科	木瓜	Chaenomeles sinensis (Thouin) Koehne	光皮木瓜、榠楂、梨木瓜、药木瓜	落叶灌木或小乔木。树皮片状剥落，小枝无刺，幼时有绒毛，后脱落。叶互生，托叶小，圆状披针形，卵状披针形，膜质，边缘有腺齿。梨果长椭圆形。	生于山坡和田间	果实。味酸、涩，性温。具有舒筋活络、和胃化湿的功效，有镇咳、清暑利尿、去暑解酒，并能治关节痛等	孤植、庭植，或园林为盆景，对植、列植，或作城市绿化和园林造景功能
384		贴梗海棠	Chaenomeles speciosa (Sweet) Nakai	铁脚梨、贴梗梨、皮贴	落叶灌木，高达2米，枝条直立开展，有刺；小枝圆柱形，微屈曲，无毛；冬芽三角卵形，先端急尖，紫褐色。叶片卵形至椭圆形，稀长椭圆形，长3-9厘米。花先叶开放，花梗短粗，直径4-6厘米或近球形，黄色或黄带绿色，味芳香，萼片脱落。	喜光又稍耐阴，南方山区在生长镇气。	果实。舒筋活络和胃化湿、祛风活络舒筋、消肿、消痛、顺气。	林植。公园、庭院、广场道路等两侧可栽植；丛植、或孤植可作园林的小点级品，或株盆景单株
385		翻白草	Potentilla discolor Bge.	鸡腿根、鸡腿、叶下白	多年生草本。根粗壮，上升或微铺散，茎直立，色绵毛。基生叶有小叶2-4对，疏散，基生叶有小叶近肾形，瘦果近肾形，光滑。	荒地、山谷、沟边、山坡草地、及疏林下。	全草入药。味苦，性平、寒。归胃、大肠经；能止血，清热解毒、消肿	丛植或下植被作为行道边来植物
386		月季	Rosa chinensis Jacq.	月月红、月季花、四季花、刺玫瑰、刺牡丹。	直立灌木。小枝近无毛，具短粗钩状皮刺。小叶3-5，宽卵形至卵状长圆形，先端渐尖，两面无毛；花数朵集生，花瓣重瓣至半重瓣，红色、粉红色至白色，红色。果卵球形或梨形。	生于山坡或路旁。	花、根、叶。味甘，性温。有活血调经、散瘀消肿的功效，治月经不调、痛经、叶可治跌打损伤	丛植，作花坛、花境、草坪等用于花篱、花墙、花屏、花门；孤植可盆栽观赏；

序号	科目名	品种	拉丁学名	别名	识别特征	生长环境	药用部位及功效	园林用途
387		白花悬钩子	Rubus leucanthus Hance	南蛇勒	落叶灌木，茎直立，叶互生，边缘锯齿；托叶与叶柄合生，不分裂，花两性，聚伞状花序；萼片直立或成反折，果时宿存，花瓣稀缺，雄蕊多数，果实为由小核果集生于花托上而成聚合果，种子下垂	在低海拔至中海拔疏林中或旷野常见	根，进泻，赤痢，用于固胃涩精，健脾除湿。	用于花灌果、花墙、花篱、花门；丛植。
388		刺梨	Rosa roxburghii Tratt.	缫丝花、文光果、刺石榴、木梨子。	开展灌木。树皮灰褐色，成片剥落；小枝具基部稍扁的成对皮刺。小叶椭圆形或长圆形，先端急尖，具细锐锯齿；花单生于短枝顶端，粉红色或粉红色，微香。花瓣重瓣至半重瓣，淡红色或粉红色，外面密生针刺。果扁球形。	生于向阳山坡、路旁及灌木丛中。	果实。甘、酸涩。健胃，消食，止泻。	为庭院观赏植物。园林中可孤植观赏；列植，作行道边景观树。丛植。
389		黄刺玫	Rosa xanthina Lindl.	刺玫花、皮刺玫。硬	落叶灌木，茎直立，枝开展，小枝细长褐色，树皮深褐色，具刺，无刺毛；刺直立，仅基部稍扁；花柄常有成对的皮刺。奇数羽状复叶，小叶先端钝圆，宽卵形，叶缘有重锯齿，背面幼时有长柔毛。果近球形。	喜光，稍耐阴，耐寒，耐旱，不耐涝，于坡地，田间。	清热解毒，活血，理气，调经健脾。	孤植或丛植为观赏植物。庭院观植，园林中可孤植观赏
390		火棘	Pyracantha fortuneana (Maxim.)Li	赤阳子、豆金娘、木搓子。红	常绿灌木或小乔木。侧枝短刺状，叶倒卵形或倒卵状长圆形，先端钝圆，微凹，边缘有钝锯齿。卵状长圆形，复伞房花序，梨果近球形，成簇状。	山坡、路边、灌丛、田埂均有生长。	果实，消积止痢，止血，清热凉血。叶、根，活血，清热解毒，外治疮疡肿毒。	小景。盆植。孤植。金栽植。丛植。观边缘植，列植，观叶观赏。
391		粗叶悬钩子	Rubus alceaefolius Poir.	大叶蛇泡筋、九月泡、八月泡。	攀缘灌木。枝密生黄色绒毛，叶柄及花序有小钩刺。叶单叶互生，近革质，近圆形或宽卵形，被粗毛，圆锥花序或总状花序顶生，花白色。聚合果球形，红色。	生于向阳山坡、山谷杂木林内或路旁岩石间。	根、叶、平、淡，活血祛瘀，清热止血。	丛植、于绿墙、绿篱等营造景植物；

（亚）热带主要景观药用植物名录及景观配置形式

序号	科目名	品种	拉丁学名	别名	识别特征	生长环境	药用部位及功效	园林用途
392		地榆	Sanguisorba officinalis Linn.	黄爪香、玉扎、山枣子。	多年生草本。根粗壮，根褐色或紫褐色；茎具棱，无毛。叶羽状复叶，小叶4~6对，卵形，顶端圆钝，基部近心形，具粗大圆齿状锯齿，两面无毛。穗状花序顶端向下开放，萼片4片，紫红色。卵球形或纺锤形或圆柱形，表面棕褐色。从花序顶端向下开放，萼片4片，紫红色。果包藏于宿存萼筒内，外面具棱。	生于草原、草甸、山坡地、灌木或疏林下。	根。苦、酸、涩，微寒。凉血止血、解毒敛疮。	丛植、林下植被或园林中景观边缘植物。
393		广东蔷薇	Rosa kwangtungensis Yu et Tsai	野蔷薇	攀缘小灌木。皮刺基部膨大，稍向下弯曲。小叶5~7片，椭圆形、长椭圆形或椭圆圆状卵形，先端急尖，或渐尖，基部宽楔形，具细锐锯齿。顶生伞房花序，花瓣白色。果球形，紫褐色，有光泽。	生于山坡、路旁、河边、灌木丛中。	根。收敛，止泻。	作花坛、花境、草坪、角隅、墙垣等造花墙、花篱。孤花门可盆栽观赏；
394		金樱子	Rosa laevigata Michx.	糖罐子、野石榴、刺梨子。	攀缘状灌木。枝密生倒钩状皮刺和刺毛。叶互生，小叶先端尖，边缘具有细锐锯齿，沿中脉具刺，花单生于侧枝顶端，花瓣5片，白色。果熟时红色，梨形，外有刺毛，内有多数瘦果。	生于向阳多石山坡灌木丛中。	果实。酸、甘、涩，平。固精缩尿、涩肠止泻。	丛植、绿篱、绿墙等造景植物；
395		李	Primus salicina Lindl.	李子、嘉应子、黄腊李。	落叶乔木。老枝紫褐色或红褐色，无毛。叶长圆倒卵形或长圆形，边缘具重锯齿，有2个腺体或无。花常3朵并生，基部模状，先端啮蚀状，果球形或近圆锥形，黄色或红色、紫色，基部有纵沟，外被蜡粉。	生于灌木丛中或山坡林边或多为栽培。	根。苦，寒。清热解毒。种仁、平。活血祛瘀、滑肠利水；	孤植。作小金园林中盆栽培；观或景植物、列植，作行道边景观树。

92

序号	科目名	品种	拉丁学名	别名	识别特征	生长环境	药用部位及功效	园林用途
396		龙芽草	Agrimonia pilosa Ldb.	毛脚茵、龙芽草、仙黄草、路边黄、地仙草。	多年生草本。根呈块茎状。叶间断奇数羽状复叶,茎30-120cm,被疏柔毛及短柔毛倒卵形或倒卵状宽楔形,顶端急尖至圆钝,小叶3-4对,基部被疏柔毛至宽楔形,边缘具尖至锯齿,两面被短柔毛或短柔毛,后脱落;叶柄被稀疏柔毛或被穗状;被疏柔毛总状顶生;花序具数层钩刺,顶端具倒卵圆锥形,果倒卵黄色;花瓣黄色层钩刺。	生于溪边、山坡草地及疏林中。	全草。苦、辛、平,止血,健胃。	丛植,林下植被或边界分隔;路边采植被带植被
397		毛叶绣线菊	Spiraea mollifolia Rehd.	丝毛叶绣线菊。	灌木。小枝具显棱角,幼时密被褐色短柔毛,后脱落。叶长圆形、椭圆形或椭圆状楔形,急尖或先端钝齿,全缘或先端具锯齿,两面被丝状长柔毛,伞形总花序少数具总花梗,花瓣白色。菁葵果直立开张,被短柔毛。	生于山坡、山谷灌木丛或林缘。	根、叶。平,淡。根:祛风清热。叶:去腐生肌。明目退翳,消肿解毒,	孤植,可作庭院和盆景植物;可作林边、行道边植被
398		茅莓	Rubus parvifolius Linn.	小叶悬钩子、蛇泡勒、毒莓悬钩子。	小灌木。枝有短柔毛及倒皮刺,叶互生,小叶3片,上面疏生柔毛,下面密生白色绒毛,有稀疏急尖,边缘具锯齿,基部楔形,叶奇数羽状复叶,梗和花梗密生柔毛和小皮刺,伞房花有花3-10朵,总状花花萼外被柔毛和疏密不等的针刺,花冠生线毛,花序的花冠粉红色或紫红色。花萼紫红色。聚合果球形,红色。	生于山坡杂木林下、向阳山谷、路旁或荒野。	根、地上部分。苦、涩、凉。清热解毒,散瘀止血,杀虫疗疮。	丛植,景观分被或隔带植被
399		玫瑰	Rosa rugosa Thunb.	笔头花、湖花、刺玫花、刺玫菊。	直立灌木。小枝具针刺和腺毛,老枝具淡黄色至深紫色皮刺。小叶5-9片,椭圆形或椭圆状倒卵形,先端急尖或圆钝,基部宽楔形,边缘有锯齿,叶柄和叶轴疏被绒毛和腺毛,有褶皱,花单生于叶腋,花瓣倒卵形,重瓣至半重瓣,芳香,砖红色至紫红色至白色,果扁球形,肉质,平滑。	生于山坡、山谷灌木丛或林缘。	花蕾。甘、微苦,温。行气解郁,和血,止痛。	丛植,作花坛、花境,墙隅、草坪角或作用于花果、花篱,孤植观赏;可盆栽观赏等。

序号	科目名	品种	拉丁学名	别名	识别特征	生长环境	药用部位及功效	园林用途
400		梅	Armeniaca mume Sieb.	酸梅、乌梅、干枝梅、青梅	小乔木。树皮灰色或带绿色、平滑。小枝绿色，先端尾尖，基部宽楔形至圆形，具小锐锯齿。叶卵形或椭圆形，先端尾尖，基部宽楔形至圆形，具小锐锯齿。花单生于叶腋内开放，花先于叶开放，无毛，花2朵同生。芳香浓。花萼红色或绿褐色；花瓣倒卵形，白色至粉红色，味被酸。近球形，黄色或绿色或带黄色，被柔毛，果	多生于坡地，林间，常见于栽种	花蕾、根及叶。花蕾，微酸、涩、平，开郁和中，化痰。根：微苦，祛风除湿，微寒；清热解毒。叶，酸、平，清热解毒。叶：酸、平，涩肠止泻。	孤植。作中小盆栽培；作园林景观植物。列植、作行道边景观树；
401		枇杷	Eriobotrya japonica (Thunb.) Lindl.	卢橘、枇杷叶	常绿乔木。小枝密被锈色或带绣色绒毛。叶大，倒卵形，表面多皱，深绿色，密生淡黄色绒毛，革质，背面叶脉明显。圆锥形花序顶生，边缘上部具锯齿，芳香，褐色，果球形，橙黄色，被锈色柔毛，种子1-5颗，光亮。	常见于栽种，多生于林间坡地，林间	叶、根及核。叶，微寒，苦，止咳，降逆止呕。根：平，镇咳下气。核：苦，寒，疏肝理气。	作园林景观。作盆栽；作园林景观植物。列植、作行道边景观树；
402		蔷薇莓	Rubus rosifolius Sm. ex Baker	空心泡、空心藨、刺梅	直立或攀缘灌木。小枝常有浅黄色腺点，具皮刺。羽状复叶，小叶5-7片，卵状披针形或披针形，基部圆形，先端渐尖，具稀缺状披针刺状。下面沿中脉有稀疏小皮刺，边缘上部具重锯齿，生或腋生。花梗具小皮刺，花1-2朵顶生。聚合果卵球形，红色，有光泽，无毛。	生于山坡杂木林内阴湿处，草坡或高山腐殖质土壤上。	嫩枝及叶。根，苦、涩，凉，清热，止咳，祛风湿。止血。	丛植，林下植物景观被。作分隔带植被。
403		沙梨	Pyrus pyrifolia (Burm. f.) Nakai	麻安梨、糖梨、野沙梨	乔木。两年生枝紫褐色或暗褐色，具稀疏皮孔。叶卵状椭圆形，先端长尖，基部圆形或近心形，边缘具刺芒锯齿，两面无毛。花序，花6-9朵，两面初时有褐色绵毛，伞形总状花序，花白色，浅褐色，花瓣卵形，具黑点。果近球形，浅褐色，具斑点。	生于温暖而多雨地区。	果实。甘、微酸，凉，清肺化痰，生津止渴。	孤植，园林景观植物。列植、作行道景观树；
404		蛇含委陵菜	Potentilla kleiniana Wight et Arn.	蛇含、五爪龙、五皮风、五皮草。	宿根草本。茎被疏柔毛或开展长柔毛。基生叶掌状5小叶，叶柄被疏柔毛，顶端钝锯齿，上部叶被疏柔毛，两面被疏柔毛。小叶倒卵形或长圆倒卵形，边缘具多数急尖或圆钝锯齿，茎生叶有3小叶。聚伞花序密集枝顶如假伞形，花多，花瓣黄色，倒卵形。瘦果近圆形，具皱纹。	生于田边、水旁、草地及山坡草地。	全草或带根全草，辛、苦，寒，凉，清热，解毒。	丛植，林道、行道水边和隔离带植被

序号	科目名	品种	拉丁学名	别名	识别特征	生长环境	药用部位及功效	园林用途
405		蛇莓	Duchesnea indica (Andr.) Focke	龙吐珠、蛇泡草。	草本。全株具白色柔毛，根茎短而粗壮。三出复叶互生，叶具钝锯齿，倒卵形至长圆形，边缘圆齿，两面被疏柔毛。花单生于叶腋，具长柄，海绵质，花瓣倒卵形，黄色。果成熟时花托膨大，鲜时有光泽。瘦果卵形，红色；	生于山坡、路旁，或阴湿处。	全草。甘、酸，寒。有小毒。清热解毒，散结。	丛植、公园、庭院及各种场合中的地被观赏
406		深裂锈毛莓	Rubus reflexus Ker. var. lanceolobus Mete.	七裂叶悬钩子、蛇包勒、大叶蛇筋。	攀缘灌木。枝被锈色绒毛，具小皮刺。单叶，心状宽卵形或近圆形，边缘5-7深裂，裂片披针形或带状披针形，上面明显皱纹，下面密被锈色绒绒毛。具小皮刺，叶柄2.5-5cm，被绒毛，具齿牙粗锯齿或重锯齿。花数朵团集成顶生短总状花序，花瓣白色，花腋或成球形。果近球状，深红色。	生于山坡、山谷灌木丛或疏林中。	根。苦、涩，平。祛风除湿，活血通络。	丛植，林下植被中景观或园林中景观，边缘植物，墙缘等点缀。
407		石斑木	Rhaphiolepis indica (Linn.) Lindl. ex Ker	车轮梅、春花、公树、铁里木。	常绿灌木。幼枝紫褐色，初被褐色绒毛，后脱落。单叶互生，革质，表面暗绿色，背面淡绿色或苍白色，网脉明显。花小锯齿或淡红色，顶生锥形花序，花瓣白色，球形梨果，熟时蓝黑色。	生于山坡、路旁或溪边灌木丛中。	根、叶。微苦，寒。根：用于跌打损伤。叶：消炎去菌。	丛植、水系边、作林边、行道边植物
408		桃	Amygdalus persica Linn.	毛桃、白桃、野桃。	乔木。树皮暗红褐色，老时粗糙鳞片状，小枝无毛，叶倒卵状披针形，基部宽楔形，具细锯齿，齿端渐尖。花瓣粗圆形，粉红色，偶为白色，花瓣宽椭圆形，淡绿白色至橙黄色。浆果卵球形，向阳面黄色、浅绿白色，红晕，密被短柔毛，多汁且味香，甜或酸甜甜。	多生于山地、林间，常见于栽种。	树脂、种子。树脂：甘，平。和血、通淋，止痢；种子：苦、甘，平。活血祛瘀，润肠通便。	孤植，作中小盆栽培，园林景观；列植，作行道边景观树；
409		小果蔷薇	Rosa cymosa Tratt.	倒钩勒、红荆藤、山木香。	攀缘灌木。小枝无毛，具钩状皮刺。小叶3-5片，卵状披针形或椭圆形，两面无毛，先端渐尖，基部近圆形，具尖锐细锯齿，基部楔形。花数朵成复伞房花序，花瓣白色，倒卵形，先端凹。果球形，红色至黑褐色。	生于向阳山坡、路旁、溪边或丘陵地。	根、叶。根：苦、涩，平。祛风除湿，收敛固脱。叶：苦，平。解毒消肿；	孤植，作中小盆栽培，园林景观；列植，作行道边景观树；

序号	科目名	品种	拉丁学名	别名	识别特征	生长环境	药用部位及功效	园林用途
410		小石积	Osteomeles anthyllidifolia Lindl.	黑果、救兵粮、小黑果、地石榴。	灌木。小枝圆柱形，被柔毛，后脱落。奇数羽状复叶，小叶片对生，7-15对，倒卵形或倒卵状长圆形，全缘，上下两面被柔毛，下面稍密；叶轴具窄翼，椭圆形或长圆形。伞房花序，花多数密集，白色。果椭圆形或长圆形。	生于山坡、灌木丛或田边路旁干燥地。	根、叶。涩、平。收敛清热解毒，祛风除湿。止泻。	可丛植。作行道边界植物，或花景点缀；也可作庭院盆景
411		皱果蛇莓	Duchesnea chrysantha (Zoll. et Mor.) Miq.	地锦。	多年生草本。匍匐茎具柔毛。三出复叶互生，菱形、倒卵形或近卵形，下面疏生长柔毛，边缘具锐锯齿，中间小叶有时具2-3深裂。花瓣倒卵形，黄色，先端微凹或圆钝，果成熟时花托膨大，海绵质，红色，多数。瘦果卵形，多数显明皱纹。	生于草地、路旁。	全草。茎。全草：外敷用于毒蛇咬伤、烫伤，疔疮。止血。茎：用于毒蛇咬伤、烫伤，疔疮。	可作林边、水丛边界，行道边界植物
412	豆科	合欢	Ibizia julibrissin Durazz.	绒花树、绒花、夜合花。	落叶乔木。树皮灰褐色近圆形皮孔，平滑，幼枝带棱角，被毛。二回羽状复叶互生，叶工末有羽片状枝角，小叶偏斜，先端急尖。头状花序，花偏向一侧有毛。荚果条形，扁平，幼时被毛。荚果带状，扁平。	多生于山坡地、林间，常见于栽种。	花和树皮。皮，味甘，性平，有解郁安神、和血止痛的功效。花，用于心神不安，忧郁失眠，神经衰弱等。	用于丛植、绿篱、于绿墙，具孤赏；行道树景观点缀；园林景观点缀。
413		长穗猫尾草	Uraria crinita var. macrostachya	布狗尾、石芝参。	直立亚灌木。叶上面无毛，下面被柔毛。总状花序呈穗状，先端弯曲，形似"狗尾"。荚果略被短毛。	生于山谷、山坡、灌丛、路旁。	全草。止血，杀虫，用于丝虫尿血，吐血，拒疾。	丛植、林下植物造型；花卉植物；也可作分界带植物被

序号	科目名	品种	拉丁学名	别名	识别特征	生长环境	药用部位及功效	园林用途
414		绿豆	Vigna radiata (L.) R. Wilczak	青小豆	一年生草本。被短褐硬毛。三出复叶；荚果圆柱形，被褐色毛。种子绿色，种子绿黄；腋生，花绿黄；荚果圆柱形，长圆形。	多生于林间、荒地、田间等	种子。清热解毒，消暑。用于暑热烦渴，疮毒痈肿	孤植，作庭院植植被；丛植，作道边行植被；
415		野葛	Pueraria lobata (Willd.) Ohwi	葛藤、葛条、粉葛、甘葛	多年生草质藤本。有地下块根，圆柱形。小枝密被棕褐色毛。叶柄长，叶三出羽状复叶，中央小叶菱状卵形，托叶披针形，侧小叶片全缘或浅裂。总状花序，叶基歪斜，卵形，扁平，荚果线形，密被棕色毛。	生于山谷、山坡、灌丛、路旁	根和花。性味。功能和主治：葛根味甘辛，性平，有升阳解肌、透疹止泻、除烦止渴，治项背血压，心绞痛及解酒止渴。	丛植，被下用篱、墙、造型院植物景观造植庭
416		海南黄檀	Dalbergiahai-nanensis Merr. et Chun.	花梨公、花梨木	乔木。单数羽状复叶互生，小叶7-10片，圆锥花序，花冠黄色或乳白色，雄蕊10枚，分2组，每组5枚。	多生于坡地、林间	心材	孤植，作金栽、院植景物、园林景列植物，作道边景观植；景观树
417		含羞草	Mimosa pudica L.	知羞草、感应草、怕丑草。	多年生直立或蔓生半灌木。有刺。叶互生，二回偶数羽状复叶，掌状排列，球形头状花序，荚果扁平。	多生于坡地、林间、田间荒地	全草。性味甘、涩、微寒，有小毒，具清热利尿，化痰止咳，安神、散收等功效。外用治瘀止血，咯血，跌打肿痛，带状疱疹。	丛植，被下植植及园林中景观边缘植物

序号	科目名	品种	拉丁学名	别名	认识特征	生长环境	药用部位及功效	园林用途
418		牛大力	Millettia speciosa Champ.	美丽崖豆藤、山莲藕、美丽鸡血藤	藤本。羽状复叶，小叶6对，硬纸质，长圆状披针形或椭圆披针形，先端短尖，基部钝圆、边缘略反，上面无毛，下后粉绿色，下后披针形。圆锥花序成带叶的大型花序，密被黄褐色绒毛。蝶形花冠白色，米黄色至淡红色。荚果线状，密被褐色绒毛。	生于灌木丛、疏林和旷野中。	根。甘、平。补虚润肺，强筋活络。	丛植。可作道路边界绿植墙或绿篱
419	酢浆草科	阳桃	Averrhoa carambola Linn.	山敛、五敛、杨桃	乔木。奇数羽状复叶，小叶5-11片，小叶卵形至椭圆形，先端渐尖，基部偏斜。圆锥花序生于茎枝或叶腋，花萼5片，红紫色，花冠近钟形白色，淡黄绿色，光滑，具3-5翅状棱。	多栽培于园林或村旁。	果实。甘、酸、凉。生津，止咳，软坚散结，利尿，醒酒。	孤植、庭院及园林景观植物。作列植、行道植景观植物；
420		酢浆草	Oxalis corniculata Linn.	三叶酸草、酸味草。	草本。茎细长，被柔毛，基部宽楔形，上面无毛，叶背疏生平伏毛，脉上毛较密。蒴果单生或数朵组成腋生伞形花序。花瓣倒卵形，蒴果近圆柱形，略具5棱。	生于路边、田野或荒地。	全草。酸、凉。凉血散瘀，解毒消肿，清热利湿。	丛植、花布置花坛，点缀或景观作地被植物
421		紫花酢浆草	Oxalis corymbosa DC.	三夹草、铜锤草、大酸味草	多年生直立无茎草本。地下部分有多数小鳞茎，有3纵枝。指状三出复叶，先端凹缺，被毛，基部楔形，两面有暗紫红色小腺点。叶柄特长。被毛。伞房花序，花瓣片褐色，小叶阔倒勇形，角果短条形，有毛。	生于路边、水溪边、田野或荒林地边	全草。味酸，寒。具有清热解毒散瘀消肿的功能。用于咽炎、牙痛、经不调等；外用治毒蛇咬伤、烧烫伤、跌打损伤和伤等	林下植被；可作庭院栽培，也观赏植物，花坛、花径、疏林地边、行道边和水系边被；

98

序号	科目名	品种	拉丁学名	别名	识别特征	生长环境	药用部位及功效	园林用途
422	芸香科	两面针	Zanthoxylum nitidum (Roxb.) DC.	入地金牛、出山虎。	木质藤本。幼枝有钩状小刺，有小叶5-11片，厚革质，叶轴及小叶的中脉两面均有钩状小刺，花白色，排成腋生的圆锥花序。蓇葖果球形，紫红色。	生于山坡灌木丛或疏林中。	根。苦、辛，平。行气通络，祛湿止痛，消肿解毒。	孤植。作庭院植物及园林景观植物，列植，作绿篱；
423		芸香	Ruta graveolens Linn.	臭草、香草、百应草、小叶香。	草本。各部具浓烈特殊气味。二至三回羽状复叶，末回小羽裂片短匙形或倒卵形，灰绿或带蓝绿色。花金黄色，开裂约2cm；萼片、花瓣均4片。蓇葖果，开裂为4-5个分果瓣；种子及胚弯，肾形，褐黑色。	栽培于田边、路旁、庭院。	全草。辛，微苦，凉。清热解毒，散瘀止痛。	丛植。用来布置花坛、景点，或作边植物
424		金橘	Fortunella margarita (Lour.)	罗浮、长寿金柑、金枣。	灌木或小乔木。叶互生，叶片质厚，浓绿，卵状披针形或长椭圆形，边缘锯齿不明显或全缘，基部宽楔形，上面深绿色，下面青绿色，有油腺点。柑果椭圆形或卵状椭圆形，橙黄至橙红色。	野生分布于秦岭以南，现多盆栽。	果实。味酸甘，性温。具有理气解郁、化痰等功效，可治胸闷郁结，肝胃气不和，伤酒食滞口渴等症。	孤植、盆栽，作庭院植物及园林景观植物。作行道植、植边景观物；
425		代代花	Citrus aurantium L. var. amara Engl.	代代圆、苏橙、枳壳	常绿灌木或小乔木。枝三棱形，有长刺。单身复叶，叶片革质，椭圆形、卵形，先端尖，柑橘扁圆形、不芳香；柑果卵形，果皮粗糙，初期深绿色，秋季变为橙黄色。	栽培于低山地带或丘陵	行气宽中，消食化痰。	孤植、盆栽，作庭院植物及园林景观植物，作行道植、植边景观植物；

序号	科目名	品种	拉丁学名	别名	识别特征	生长环境	药用部位及功效	园林用途
426		佛手	Citrus medica var. sarcodactylis (Noot.) Swingle	佛手柑、指柑、手柑。五	常绿灌木。有短硬刺。单叶互生，叶片革质，长椭圆形或倒卵状长圆形，边缘有锯齿。花单生或数生为总状花序，内面白色，外面紫色。柑果卵形或长圆形，表面橙黄色，先端分裂如拳或张开如指。	栽培于低山地带或丘陵	果实。辛、苦、酸、温。疏肝理气，和胃止痛，化痰。	孤植，盆栽，庭院植物及园林景观植物。作行道边景观植物；列植物、
427		枸橘	Poncirus trigoliata (L.) Raf. (Citrus trifoliate L.)	枳橘、臭橘、铁篱寨、枸甘	落叶灌木或小乔木，无毛，多分枝。茎枝具腋生粗大的棘刺，刺基部扁平。三出复叶互生，小枝呈扁压状，橙黄色，密被短柔毛，宿存于枝上。油腺，芳香，柄粗短，柄存于枝上。	栽培于田野、路旁、庭院	果实。叶，味辛、苦。性温。和胃，理气，止痛，治胸腹胀满，疝气肿痛，睾丸结核，乳房结核，跌打损伤。	做绿篱和分隔带是较好的绿化植物
428		九里香	Murraya exotica Linn.	满山香、过山香、五里香。	常绿灌木。树皮灰白色，分枝甚多，光滑无毛。叶互生，奇数羽状复叶，小叶3-9片，卵形或倒卵形，顶生花序，聚伞花序，花大，白色，极芳香。浆果球形或卵形，成熟时红色。青绿色，中脉凸出。	生于干旱旷地或疏林中，有栽培。	茎叶。辛、微苦、微温。行气止痛，活血散瘀。	孤植，盆栽，庭院植物及园林景观植物。作行道边景观植物；列植物、
429		酸橙	Citrus aurantium L.	皮头橙、枳壳。	灌木或小乔木。枝三棱形。叶互生，枝三角裂片，覆瓦状排列。花萼有5个三角状裂片，白色花，花瓣5片，长圆形，其	栽培于低山地带或丘陵	幼果或近成熟果实。破气行痰，散积消痞，陶胸痞积，胸腹痛食积痰滞，腹胀痞满，腹胀疼痛	孤植，盆栽，庭院植物及园林景观植物。作行道边景观植物；列植物、

序号	科目名	品种	拉丁学名	别名	识别特征	生长环境	药用部位及功效	园林用途
430		柠檬	Citrus limon (Linn.) Burm. F.	西柠檬、香樟	灌木。小枝有针刺。叶柄短、翼叶不明显，椭圆形。柑果黄色有光泽，椭圆形，顶部有乳头状突起，皮不易剥离	栽培于田边、路旁、庭院	果实。生津止渴和胃育安胎。治中暑顶渴，食欲不振	孤植，作盆栽、庭院栽植。作园林景观植物。作行道边景观植物；
431		茶枝柑	Citrus reticulata Blanco 'Chachiensis'	新会柑、陈皮	小乔木。分枝多，刺较少。单身复叶，大小变异大，披针形、椭圆形或阔卵形，叶缘常具细钝裂齿，翼叶顶略窄，叶顶有凹口，花白色。柑果扁圆形，果顶略凹，果蒂部四周具放射状沟，初时深绿色后深橙色，果肉甜味汁多，甜酸适度。	栽培于低山地带或丘陵	果、橘络、果皮（广陈皮/新会陈皮）。果：苦、酸；凉，清热利尿。醒酒津；橘络：苦、甘；平，通络。皮：辛、苦，温；化痰，下气，调中，醒酒。	孤植，作盆栽、庭院栽植。作园林景观植物。作行道边景观植物；
432		飞龙掌血	Toddalia asiatica (Linn.) Lam.	勒钩、鸡爪勒、入山虎、散血飞。	木质攀缘藤本。老茎具木栓层及黄灰色、纵向细裂且凸起的皮孔，枝上皮孔圆形而细小，茎枝细裂具细裂齿的锐刺，密生钩刺。叶互生，指状三出叶，小叶无柄，花单性，花序呈聚伞状圆锥花序，雌花序为房状花序，核果，花淡黄白色，橙红或朱红色。	生于灌木、小乔木的次生林中，生林中、攀缘于树上、石灰岩山地也常见。	根、叶、微苦、辛。根、温，散瘀止血。陈皮：辛，温，祛风除湿，消肿解毒。	丛植。可作绿篱、绿墙等造型：观大型树体或大型景观上攀援点缀。
433		广东酒饼簕	Atalantia kwangtungensis Merr.	粤酒饼簕、无刺东风橘、无刺酒饼簕。	灌木。茎枝无刺或稀疏短刺。披针形、椭圆形或单叶，两端短尖、边缘波浪状，对光透视时油点明显，叶绿色。干后叶背带灰黄色。花数朵生于总状叶腋上，腋生；花瓣白色；浆果，成熟时鲜红色。	生于山地常有荫蔽、湿润的绿阔叶林中。	根、叶，微苦，辛。根，温，祛风解表，行气化痰止咳、止痛。	丛植。可作林下低植，作灌木植被，或为行道边景观物；

(亚)热带主要景观药用植物名录及景观配置形式

序号	科目名	品种	拉丁学名	别名	识别特征	生长环境	药用部位及功效	园林用途
434		广西九里香	Murraya kwangsiensis (Huang) Huang	广西黄皮、假黄皮、山黄皮、小黄皮、柠檬。	灌木。嫩枝、叶轴、小叶柄及小叶背面密被短柔毛，小叶革质，卵状长圆形或斜卵形四边钝，顶端钝，叶缘具细钝裂齿，干后具油质光泽，油点甚多，花蕾椭圆形，萼片及花瓣均为5片，成熟时红色转为暗紫黑色。	生于石灰岩各地灌木丛或疏林中。	枝叶、辛、苦、微温、疏风解表、活血消肿。	孤植、盆栽、庭院植物及园林植物、列植、作行道边景观植物；
435		胡椒木	Zanthoxylum beecheyanum K. Koch	琉球花椒、岩山椒、一摞香。	常绿灌木。奇数羽状复叶，小叶对生，倒卵形、革质，叶面浓绿光泽，密生腺体，叶基具2条短刺，雌雄异株，花细小，雄花黄色，雌花橙红色，绿褐色果椭圆形，绿褐色。	栽培于田边路旁、庭院。	全草。民间用于治疗风湿胃痛、通经活血、外用活血络。	丛植，可作林下植物，植被或作行道边观；
436		花椒	Zanthoxylum bungeanum Maxim.	椒、大椒、秦椒、蜀椒。	落叶小乔木、小枝具刺，刺基部扁。叶小小叶5-13片，叶轴具狭而窄的叶翼，小叶对生，无柄，卵形，稀披针形，叶缘具细裂齿，叶缘顶端较大，叶被具油点。花序顶生或生于侧枝顶，花单性，花被片6-8片，黄绿色、紫红色，散生微凸起油点。	生于平原至山地、坡地。	果皮、种子，辛、温、温中止痒。	列植，行道边景观；
437		黄皮	Clausena lansium (Lour.) Skeels	油皮、鸡皮果、黄弹子、王坛子。	灌木或小乔木。具香气。奇数羽状复叶，叶互生，卵形或椭圆状披针形，边缘波状或具腺齿，两面被毛仅具叶脉有毛，花序顶生或生于侧枝扩展，花枝扩展，密被毛，浆果球形、扁圆形，淡黄色至暗黄色。	栽培于田边路旁、庭院。	根、叶、果及核，辛、苦，行气止痛；叶，辛、平、气化表痰；果，甘、酸、温，化痰消食。	孤植、盆栽、庭院植物及园林植物、列植、作行道边植物；
438		假黄皮	Clausena excavata Burm. f.	过山香、山黄皮、臭黄皮、树、野黄皮。	灌木。小枝及叶轴密被向上弯短柔毛及散生微凸起的油点，小叶不对称，斜卵形，边缘波浪状，四边钝，花序顶生，花蕾圆球形，椭圆形，花瓣白色或成熟时暗黄白色，成熟时暗黄色的转为朱红色。	生于平地、山坡灌木丛或疏林中。	树叶、树皮，苦、辛、温、疏风清热、利湿解毒、截疟。	列植、林边、行道边植物；

序号	科目名	品种	拉丁学名	别名	认识特征	生长环境	药用部位及功效	园林用途
439		酒饼簕	Atalantia buxifolia (Poir.) Oliv.	东风桔、山橘、柑仔、山橘簕。	灌木。分枝多，老枝多长刺，叶香气，倒卵形或椭圆形，顶端圆或微凹口，叶缘具弧形边脉，萼片及花瓣均5片，花瓣白色，有褶凸起油点。平滑，有香气。果圆球形，透熟时蓝黑色。	见于离海岸不远的平地、缓坡及低丘陵的灌木丛中。	根。辛、温。祛痰止痛，顺气化痰，接骨。	孤植，作盆栽，庭院植物；
440		簕欓花椒	Zanthoxylum avicennae (Lam.) DC.	鹰不泊、刺倒树、勒欓、狗花椒。	直立灌木或小乔木。茎上有粗大尖刺，奇数羽状复叶，互生，有时7-15片，小叶有透明的油点，揉之有香气。圆锥花序顶生，花小而多，无柄，黄褐色，果暗紫红色，具微凸起油点。红褐色三角形	生于山坡疏林或村边、路旁灌木丛中。	根。苦、辛，微温。祛风化痰，消肿退黄，活血止痛。	列植，行道边植观赏植物；
441		三叉苦	Evodia lepta (Spreng.) Merr.	三叉虎、丫虎、三、五	落叶灌木或小乔木。味苦。三出复叶对生，有腺点，嫩枝及叶绿色，全株聚伞花序排成伞房花序式，腋生，花单性，黄白色。略芳香。蓇葖果具半透明的腺点。不刺落，	生于林下、山谷等处。	茎、叶及根。苦、寒。清热解毒，燥湿止痛。	孤植，庭院植物及园林景观观赏植物。
442		山小橘	Glycosmis pentaphylla (Retz.) Correa	石苓舅、叶山小橘。	小乔木。新梢略呈两侧压扁状。小叶长圆形，顶端钝尖，基部渐狭，硬纸质，叶缘具细裂齿，花序腋生及顶生，多花，花蕾圆球形。总状花序，花瓣早落，白或淡黄色，油点多，浆果，圆球形，果皮多油点，淡红色。	生于山坡、山沟杂木林中。	根、叶。苦、平。祛风解表，理气化积，止咳，散瘀消肿。	孤植，庭院植物，作列植景观植物，行道边植物；
443		香橼	Citrus medica Linn.	枸橼。	灌木或小乔木。新生嫩枝、芽及花蕾均暗紫红色；茎枝多刺，刺可长达4cm。单叶，偶有单身复叶，叶片椭圆形或卵状椭圆形，顶部圆钝，叶缘具浅钝裂齿，两性，果皮粗糙，内皮白色，松软或成两端圆形锤状，花瓣5片，果椭圆形。果肉无色，味酸，有香气。	多栽培于温湿多湿环境。	成熟果实。辛、苦、酸，温。舒肝理气，宽中，化痰。	孤植，作盆栽，庭院植物及园林景观。列植，行道边植物；

（亚）热带主要景观药用植物名录及景观配置形式

序号	科目名	品种	拉丁学名	别名	识别特征	生长环境	药用部位及功效	园林用途
444		小叶九里香	Murraya microphylla (Merr. et Chun) Swingle	米叶九里香。	灌木或小乔木。小叶阔卵形至长圆形，顶端圆钝，基部狭而钝，两侧稍不对称，边缘偶有明显钝齿。伞房状聚伞花序，顶生，花甚多；花蕾椭圆形，花瓣5片，白色。嫩果长卵形，成熟时长椭圆形，蓝黑色。	生于沙质土中，灌木丛中，亦有栽培。	茎叶。辛、微苦，温。行气活血，散瘀止痛，解毒消肿。	孤植，作庭院栽植，园林植物及景观列植，作行道边植物；
445		柚	Citrus maxima (Burm.) Merr.	柚子、大五爪皮、五爪红、柚叶。	乔木。嫩枝及叶背被柔毛；叶质厚，有时短尖，顶端钝或圆，基部圆形或阔卵形，圆球状，圆球形、扁圆形或阔圆锥状，淡黄或黄绿色，果皮厚，梨形或阔圆球形，杂交种有朱红色、汁胞白色，粉红或鲜红色；种子不规则，常近长方形，具明显纵棱。	栽培于田边、路旁、庭院。	根。辛，温，气止痛。果皮。甘、苦、辛，温，宽中理气，消食，化痰，止呕平喘。	孤植、盆栽，庭院植物及园林植物，景观列植，作行道边植物；
446		山油柑	Acronychiape-dunculata (Linn.) Miq.	降真香，鸡骨草，山柑，山橘。	常绿乔木。单叶对生，叶片长椭圆形，对光有透明腺点。叶柄顶端有一关节，叶缘有透明腺点，白色。核果黄色，平滑，半透明。	生于低湿坡陵地及疏林中。	心材，根。甘，平。祛风止痛，行气活血，健脾，止咳。	孤植，庭院植物及园林景观列植，作行道边植物；
447		竹叶花椒	Zanthoxylum armatum DC.	万花针、野椒、山花椒、山花椒。	落叶小乔木。茎枝多锐刺，刺基部宽而扁，红褐色，小叶对生，叶端中央一片最大，两端最尖，披针形，顶端急尖，基部窄，基部具小且疏两裂齿，花序近腋生或生于侧枝之顶；蓇葖果，紫红色，具微凸起油点。	生于山坡灌木丛林中及路旁。	根、根皮、叶、果实。辛、微苦，温。根、根皮，温中理气，祛风除湿，活血止痛；平喘利水。果实：散寒止痛，驱虫止痒。	孤植，庭院植物，及园林景观列植，作行道边植物；

序号	科目名	品种	拉丁学名	别名	识别特征	生长环境	药用部位及功效	园林用途
448		化州柚	Citrus grandis 'Tomentosa'	化州橘红	乔木。嫩枝及叶背被柔毛，嫩叶暗紫红色。叶质厚，色浓绿，阔卵形或椭圆形，顶端钝或圆，有时短尖，基部微圆；翼叶长2~4cm。花瓣白色；花柱粗长。柑果，果皮厚，果肉淡黄白色，味酸带苦，不宜生食。	栽培于丘陵或低山地带。	花、外层果皮。花：辛、苦、温，行气、化痰；止痛。外层果皮：辛、苦、温，燥湿，利气，消痰。	孤植，作盆栽；庭院植物及园林景观；作行道植，路边景观植物；
449	远志科	齿果草	Salamonia cantoniensis Lour.	莎萝莽、黄瓜药、一碗泡、过山龙。	一年生直立草本。芳香。叶卵状心形或心形，先端短尖，基部心形，全缘或微波状，两面无毛；基出3脉，淡红色。总状花序顶生，多花；花瓣3片，侧三角状尖齿。	生于山坡林下、灌木丛或草地。	全草。微辛、平。解毒消肿，散瘀止痛。	丛植，林下种植或界被植植，系边植被等。
450		黄花倒水莲	Polygala fallax Hemsl.	黄花远志、倒吊黄、黄花吊、白马胎。	灌木或小乔木。根粗壮。长而平展。单叶互生，叶膜质，披针形、圆状披针形，两面均被短柔毛，先端渐尖，基部楔形或圆。总状花序顶生或腋生；花瓣正黄色，3片。蒴果阔倒心形至圆形，具半同心圆状凸起的棱。	生于山谷林下水旁阴湿处。	根、茎及叶。甘、微苦、平。补益健脾，散瘀通络。	列植，作行道系统水体，作庭院植物
451	大戟科	蓖麻	Ricinus communis Linn.	红蓖麻。	常绿灌木状草本。叶互生，盾状圆形，掌状7~9深裂，边缘有不规则锯齿，主脉掌状。圆锥状花序顶生或与叶对生，上部生雌花，下部生雄花。蒴果球状，有刺。	栽培于田边、路旁、庭院。	种子。甘、辛、平。消肿拔毒，泻下通滞。有小毒。	列植，作林边，行道边植物
452		叶下珠	Phyllanthus urinaria Linn.	夜合珍珠、油柑草、珠仔草	草本。茎直立，具翅状纵棱。叶片长椭圆形，顶端有小凸尖，基部偏斜。单叶互生，排成两列，花雌雄同株，雄花2~4朵簇生于叶腋，通常仅1朵开花，雌花单生于小枝中下部叶腋。蒴果无柄，球形单生于叶下。	生于山坡、路旁或田边。	全草。微苦、甘、凉。清肝明目，渗湿利水。	丛植，林下被作或行植，林边道和水系边植被

序号	科目名	品种	拉丁学名	别名	识别特征	生长环境	药用部位及功效	园林用途
453		猩猩草	Euphorbia heterophylla L.	叶象花	茎直立而光滑，单叶互生，卵状椭圆形至阔披针形，花小，有膜膜，排列成密集的伞房花序。总苞形似叶片，基部生出红色半边绿色的苞片，向四周放射而出，苞片上面和叶片相似。雌雄同株异花，雄花多数，均无花被；蒴果扁圆形。	喜阳，不耐寒，阳坡地，生于向阳坡地、田间。	全草。调经止血、接骨消肿。用于月经过多、跌打损伤、骨折。	丛植。用作花境，或空隙地的背景材料，也可作金栽植物边界或边界植物。
454		千根草	Euphorbia thymifolia L.	小飞扬草、细叶飞扬草	一年生草本。根纤细，茎纤细常呈葡萄状，常基部分枝，近基部极多分枝。叶对生，不对称，叶柄极短，呈椭圆形、长圆形或倒卵形，长圆形或近心形，边缘有细锯齿，具短柄。易脱落。总苞单生或数个簇生于叶腋，蒴果三棱状。	生于路旁、石缝或田边。	全草。清热利湿、祛风止痒、止血。用于湿热泄泻热痢、痔疮出血；外用治皮炎。	丛植。作林下或行植、被坡、林边、道边景观、作景观植被。
455		红桑	Acalypha wilkesiana Müll. Arg.	三色铁苋菜、海蚌含珠	一年生草本，高30~60cm，被柔毛。茎直立、多分枝。叶互生，椭圆状披针形，顶端渐尖，叶片长，两面有疏毛或无毛；叶柄长，花序腋生，苞片1~3，不分裂；雄花萼4裂，雄蕊8；雌花苞花序生于叶腋内。	生于山坡林下、灌木丛。	叶。苦、涩、凉。归心、肺经。清热解毒，收敛止痒，消疳疗疮。湿疹皮炎。	丛植。作花坛、花境等背景材料。用于庭景观边界植物。
456		红雀珊瑚	Pedilanthus tithymaloides (L.) Poir.	扭曲草、百足草	直立亚灌木，高40~70厘米；茎、枝粗壮，带肉质，近无柄或具短柄。叶片卵形或长卵形，叶顶端或叶腋常有卷曲；叶片扭曲状"之"字状扭曲。聚伞花序为一鞋状的总苞所包围，内含多数雄花和1朵雌花。	生于林缘、路旁或灌木丛中。	全草。清热解毒、散瘀消肿、止血生肌。用于跌打损伤，外伤出血。	丛植。作花境，用作花坛等背景材料，也可用于庭景观边界植物。

序号	科目名	品种	拉丁学名	别名	识别特征	生长环境	药用部位及功效	园林用途
457		巴豆	Croton tiglium Linn.	泻果、双眼龙。	常绿小乔木。树皮深灰色，平滑，幼枝绿色。单叶互生，长圆状卵形，先端长渐尖，边缘有细齿，近基部有2腺体，两侧基生星状毛，基出3脉。总状花序顶生；蒴果近球形，有3钝棱，密生星状毛。	生于旷野、溪旁或林缘。	根、叶及果实。有大毒。根，辛、寒；果实，热。辛、温；温中散寒，祛风活络；泻下祛积，逐水退肿，蚀疮。	孤植，作庭院植物；列植，作行道边系植物；边植
458		白背算盘子	Glochidion wrightii Benth.	算盘子、白狼。	灌木或乔木。全株无毛。叶纸质，长圆形或长圆状披针形，镰刀状弯斜，顶端渐尖，基部急尖，两侧不相等，上面绿色，下面粉绿色，干后灰白色，红色。雌花或雌雄花同簇生于叶腋。蒴果近球形。	生于山地疏林中或灌木丛中。	根、叶。涩、平。祛风利湿，清热解毒。	列植，作林道边行物；植
459		白背叶	Mallotus apelta (Lour.) MuelL.Arg.	白叶野桐。	灌木或小乔木。叶片阔卵形，先端渐尖，基部略呈心形，具2腺点，上表面绿色，下面灰白色，密被星状柔毛。雌花序穗状顶生或侧生。聚伞花序圆柱形，蒴果近球形，密被软刺和星状绒毛。	生于林缘、路旁或灌木丛中。	叶。微苦，涩，平。清热解毒，止血。	列植，作林道边行物；植
460		白饭树	Flueggea virosa (Roxb. ex Willd.) Voigt	金柑藤、花叶底珠、白倍子。	灌木。具散被灰色短毛，顶端圆至急尖，下面白绿色，淡黄色。蒴果浆果状，白色，不开裂。叶片纸质，椭圆形、倒卵形，小枝粗壮，小枝白色，灰白色，具小尖头，近圆形，全缘，基部钝至楔形，花小，花多簇生于叶腋，近圆球形，成熟时果皮淡	生于山地灌木丛中。	枝叶。苦，微涩，凉。有小毒。清热解毒，消肿止痛。	列植，作林道边行物；植
461		大飞扬	Euphorbia hirta Linn.	大乳汁草、节节花、乳汁草、飞扬草。	一年生草本。具白色乳汁，被粗硬毛。叶对生，长圆状披针形或卵状披针形，上面中部常有紫斑，两面被疏毛，中部以上具细锯齿，花序密集排列成头状花序，总苞片钟状，多数的腋生，无花被，蒴果卵状三棱形，被短柔毛。	生于旷地、路旁或园边。	全草。微苦、微酸、凉。清热解毒，渗湿止痒，通乳。	丛植，作下被，或灌木边、道边和水系边植被

序号	科目名	品种	拉丁学名	别名	识别特征	生长环境	药用部位及功效	园林用途
462		大戟	Euphorbia pekinensis Rupr.	京大戟、湖北大戟。	多年生草本。茎单生或基部多分枝。叶互生，椭圆形，基部渐狭，长椭圆形或椭圆状针状椭圆形，先端渐尖，全缘；主脉明显，叶缘，先端尖，基部平截。分枝顶端。腺体4，半圆形或肾状圆形，淡褐色。蒴果球状，被稀疏的瘤状突起。	生于山坡、灌木丛、路旁、荒地、草丛、林缘和疏林内。	根。苦、辛，寒。有大毒，泻水逐饮，消肿散结。	丛植。作花用。作花境等背景材料，也可作景观边界植物。
463		鼎湖血桐	Macaranga sampsonii Hance	流血桐、血桐。	灌木或小乔木。嫩枝、叶及花序均黄褐色绒毛；茎断面具红棕色树脂。叶卵形或卵圆形状，顶端的粗锯齿，叶缘波状或具腺锯齿，腺体：叶柄长5-13cm。圆锥状花序，具颗粒状腺体。	生于山地或山谷常绿阔叶林中。	茎叶。祛风，散瘀消肿。	孤植，作园林景观植物；列植，作边景观。
464		白桐树	Claoxylon indicum (Reinw. ex Bl.) Hassk.	丢了棒、追风根。	灌木或小乔木。嫩枝被灰色短毛，小枝粗壮，灰白色，具散毛。叶纸质，干后有时淡紫色，两面均被疏毛，被革毛，边缘具锯齿或腺齿。总状花序，腋生，雄花白色，花梗片长圆形，外被短柔毛，雌花萼片三角形，外面密被柔毛，蒴果球状，被柔毛，熟时3裂。	生于山坡、旷野灌木丛中或疏林下。	根、叶。平、微苦、辛。有毒。祛风除湿，消肿止痛。	孤植，庭院及园林景观植物；列植，作道边景观。
465		佛肚树	Jatropha podagrica Hook.	瓶子树、纺锤树、萝卜树。	直立灌木。极少分枝。具散生皮孔，茎基部膨大呈瓶状，肉质。叶顶端明显、盾状着生，叶轮廓近圆形至心形，上面深绿色，下面灰绿色，两面无毛，花序顶生，具长总梗，花瓣红色，花绿色蒴果。	栽培于路旁、庭院。	全株。苦，寒。清热解毒，消肿止痛，利尿。	孤植，作盆栽；庭院景观植物；列植，作花境、花坛，背景和行道边景观植物；

序号	科目名	品种	拉丁学名	别名	识别特征	生长环境	药用部位及功效	园林用途
466		甘遂	Euphorbia kansui T. N. Liou ex S. B. Ho	陵藁、猫儿眼。	多年生草本。根末端呈念珠状膨大；茎自基部多分枝，叶互生，叶片线状披针形或线状椭圆形，基部渐狭，全缘。花序单生于二歧分枝顶端；腺体新月形，暗黄色至浅褐色。蒴果三棱状球形。	生于荒坡、沙地、田边、低山坡、路旁等。	块根，苦、寒。有大毒。泻水逐饮，破积通便。	列植，林边、行道边绿植物；
467		海蚌含珠	Acalypha australis Linn.	铁苋菜、人苋、蚌壳草、含珠草。	一年生草本。叶单互生，叶片卵形或阔卵状椭圆形，先端渐尖，基部楔形。花序腋生，花单性，雌雄同株，雌花序生于叶状苞片内，苞片展开时肾形，合时如蚌。蒴果生于叶状苞片内。	生于旷野或路边较湿润的地方。	全草，苦、涩、凉。清热利湿，收敛止血。	列植，林下被。
468		黑面神	Breynia fruticosa (Linn.) Hook. f.	鬼画符、黑面叶。	灌木。单叶互生，叶面粉绿色，有时可见有虫蚀斑纹。上表面深绿色，有光泽，下表面黑色。枝干后黑，具有花硬。雌雄同株，雄花或数朵簇生于叶腋，单生或数朵簇生于叶腋。蒴果球形。	生于山坡、灌木丛或旷野疏林下。	嫩枝叶，凉、微苦。有小毒。清热解毒，镇痛。止血，收敛。	列植，林边、行道边绿植物；
469		红背桂	Alchornea trewioides (Benth.) Muell. Arg.	叶背红、锁玉、箭木、天青地红。	灌木。小枝具皮孔，光滑无毛。叶对生，叶片圆形或倒披针状长圆形，先端渐尖，边缘疏生浅细锯齿，上面深绿色，红色。花单性，雌雄异株，聚集成腋生总状花序；苞片基部两侧各具一枚腺体，每一苞片仅有一朵花。蒴果球形。	生于山坡、旷野灌木丛中或疏林下。	全株，辛、微苦、平。有小毒。祛风湿，通经络，活血止痛。	列植，花坛、花境和林边绿植；
470		红背山麻杆	Alchornea trewioides (Benth.) Muell Arg.	红背叶、青饭。	灌木。单叶互生，叶片阔心形，先端长渐尖，基部近平截或浅心形，基出脉3条，叶的近基部有2枚线状附属体；叶片呈紫红色，叶柄紫红色。花序腋生，总状，雌花序腋生。蒴果扁球形。	生于路旁灌木丛或林下。	根、叶，甘、凉。清热利湿，止血，祛风除湿。	列植，林边、行道边绿植物；
471		厚叶算盘子	Glochidion hirsutum (Roxb.) Vbigt	毛叶算盘子、大算盘子。	灌木。枝密被长柔毛。叶片革质，圆状卵形，先端急尖，基部心形，叶背密被短柔毛。聚伞花序短小，腋生。蒴果扁球形，具不显著纵沟，被柔毛。	生于水旁或山地林下潮湿处。	根，涩、微甘、平。清热解毒，收敛固脱，祛风消肿，止痛。	孤植，园林景观列植物，作景观遮边景观，作景观遮边景观树；

（亚）热带主要景观药用植物名录及景观配置形式

序号	科目名	品种	拉丁学名	别名	识别特征	生长环境	药用部位及功效	园林用途
472		龙骨	Euphorbia trigona Haw.	三角霸王鞭、霸王鞭。	肉质灌木。具丰富乳汁；微隆起的棱脊，脊上具波状齿，密集于枝顶端，倒披针形至匙形，全缘，基部渐窄，多于枝的顶部，黄色。蒴果，三棱状，平滑无毛。	生于路旁灌木丛或林下。	全株：苦，涩，有毒。祛风解毒，杀虫止痒。	作列植，花坛、境背，和行道边，林行道边植物；
473		龙脷叶	Sauropus spatulifolius Beille	龙舌叶、味叶。	常绿小灌木。叶匙形，时长圆形，倒卵状长圆形，叶脉处呈白色，托叶红色或紫红色，雌雄同枝，2-5朵簇生于落于枝条中部或下部，有时组成短聚伞花序。	生于村边及屋旁，或栽培。	叶：甘，淡，平。润肺化痰，清热通便。	丛植，庭院植林，或果观叶植物。
474		绿玉树	Euphorbia tirucalli Linn.	绿珊瑚、珊瑚、光棍树。	小乔木。老时呈灰色，幼时绿色，具丰富乳汁。叶互生，极小，长圆状线形，先端钝，稍肉质，基部渐狭，全缘，生于当年生嫩枝上，稍疏且早脱落，由茎行使光合功能，故常呈无叶状态。花序密集于枝顶，雌雄同枝，苞片状卵形与雄体近同，蒴果棱状三角形，平滑；腺体5枚，种子卵状。	生于村边及屋旁，或栽培。	全草：微酸，凉。有毒；全草：催乳；由，乳，通便。	孤植，庭院植株或园果景观；点缀，景观边植，或果观叶植物。
475		麻风树	Jatropha curcas Linn.	青桐木、假白榄。	灌木或小乔木。具水状液汁，近圆形至圆形，顶端短尖，叶纸质，基部心形，全缘或3-5浅裂；叶脉5-7，托叶小，基部心形，全缘或掌状；花瓣长圆形，花序腋生，苞片披针；雄花与雌花同，蒴果椭圆状或球状，黄色；花序和腺体分裂成3个2瓣裂。分果爿；种子椭圆状，平滑，黑色。	生于路旁村边疏林边	树皮、叶：涩。有毒，消肿散瘀，止痒。微果：有毒。止血止痒。	作列植，行林景观；微道边，道边植物；
476		毛果巴豆	Croton lachnocarpus Ben th.	小叶双眼龙、猛给仔、巴豆。	灌木。嫩枝、嫩叶、花序及果均被灰黄色星状毛。叶纸质，长圆形或椭圆形，顶端急尖，至顶端近圆，具细齿状；基部近圆形，具2枚杯状腺体；间弯缺处具一个腺点，下面密被星状毛，基出脉3条；总状花序顶生。蒴果稍扁球状，被星状柔毛及长粗毛。	生于山地、谷地或溪畔，常绿林或灌木林中。	叶、根：辛，苦，散寒温，有毒。祛风活血。除湿，祛风活血。	丛植，林下植被；道边植物；

110

序号	科目名	品种	拉丁学名	别名	认识特征	生长环境	药用部位及功效	园林用途
477		毛果算盘子	Glochidion eriocarpum Champ., ex Benth.	漆大姑、漆大伯。	常绿灌木。枝条密被淡黄色扩展的长柔毛。单叶互生，叶片卵形，先端渐尖，基部截形、全缘，两面散生柔毛，花淡黄绿色，单性互生，带单生于小枝上小枝腋内。蒴果扁球形，红色，具6条纵沟，密被长柔毛。	生于山坡向阳处灌木丛中。	根、枝叶。涩、平。祛风利湿、消肿止痛、涩肠止泻。	列植，作林道边植物；
478		棉叶麻风树	Jatropha gossypiifolia Linn.	棉叶珊瑚花。	多年生落叶灌木。树皮光滑，茎白色，具孔汁。叶嫩叶紫红色，渐变绿色，单叶互生，叶背具紫红色；掌状深裂3或4，具锯齿；叶柄具刚毛，雌雄同株，花红色。托叶羽状，花序顶生。聚伞花序长约2cm，球形，近球形。	生于路旁林边疏林边	树皮、叶及果实。苦、寒。有毒。散瘀止痛、止痒。	列植，作林道边道边植物；
479		毛桐	Mallotus barbatus (Wall.) Muell. Arg.	大毛桐子、谷栗麻、盾叶野桐。	小乔木。嫩枝、叶柄及花序均被黄棕色星状长毛。叶互生，纸质，卵形或截形，基部圆形或截形，散生黄色颗粒状腺体，边缘具锯齿，上部有时具2裂片或粗齿，上面除叶脉外无毛，下面密被黄棕色星状绒毛长毛。总状花序顶生，雌雄异株；花黄色和紫红色和紫红色的软刺。	生于林缘或灌木丛中。	根。微苦、涩。清热利湿。	列植，作行道边树种；
480		木薯	Manihot esculenta Crantz	树薯、薯树。	直立灌木。块根圆柱状。叶纸质，裂片3-7片，倒披针形至狭椭圆形，基部渐尖，全缘，托叶三角状披针形，顶端渐尖，全缘或有齿；苞片条状披针形。圆锥花序顶生或腋生，花萼带紫红色且有白色粉霜。蒴果椭圆状，表面粗糙，具6条狭而波状纵翅。	生于村边屋旁，或栽培。	根、叶。苦、寒。有小毒。解毒消肿。	丛植成景或孤植成景行道边
481		木油桐	Vernicia montana Lour.	千年桐、果桐。	落叶乔木。枝条无毛，散生突起皮孔。叶阔卵形，顶端短尖至渐尖，基部心形至截平，全缘，或具3-5裂，顶端具2枚具柄杯状腺体。雌雄异株或同株异序；花瓣白色或基部紫红色且具紫红色脉纹，倒卵形。核果卵球状，具3条纵棱，具种子3颗，扁球状，具疣突。	生于疏林中。	根、叶及花。甘、微寒。有小毒。根：祛风利湿、消积驱虫；叶：解毒、杀虫；花：清热解毒、生肌。	孤植，作园林景观植物，作道边列植，道边列植景观树；

（亚）热带主要景观药用植物名录及景观配置形式

序号	科目名	品种	拉丁学名	别名	识别特征	生长环境	药用部位及功效	园林用途
482		匍匐大戟	Euphorbia prostrata Ait.	铺地草。	一年生草本。根纤细；茎匍匐状，淡红色或红色，少绿色或淡黄绿色，无毛。叶对生，基部偏斜不对称，叶背可见红色或黄红色。总苞陀螺状。蒴果，三棱状。	生于路旁、屋旁和荒地灌木丛中。	全草。苦、凉。清热解毒、凉血消肿。	丛植，林下植被；林边、道路边植物
483		麒麟勒	Euphorbia neriifolia Linn. var. crisgata Hort.	玉麒麟、麒麟角。	肉质灌木。具棱富见汁；具棱肉质茎成鸡冠状或扁平扇形。叶密集于枝顶端，倒披针形至匙形，边急窄，基部渐狭，基部具肉质。先端钝或近平截，黄色。蒴果，三棱状，平滑无毛。	多见于景观金栽培	全株。有毒。祛风，解毒。	孤植，园林景观植物，作行道植边植物
484		山苦茶	Mallotus oblongifolius (Miq.) Muell. Arg.	鹧鸪茶、禾茶。	灌木或小乔木。植物体干后具零陵香味。小枝具颗粒状腺体，顶端近对生。叶互生或偶有近对生，长圆状倒卵形或卵形，顶端尾状渐尖，下部渐狭。基部圆形，全缘。或上部边缘微波状，上面无毛，下面中脉被星状毛或柔毛，基部具褐色斑状腺体4-6个。雌雄异株，总状花序，顶生。蒴果扁球形。	生于山坡、山谷或疏林中或林缘。	枝叶。甘、凉。利小便，清热解毒，去痰热止咳。	列植，作道行植树小种
485		山乌桕	Sapium discolor (Champ. ex Benth.) Muell. Arg.	红乌桕、叶乌桕。	落叶乔木。幼枝紫红色，具乳汁。单叶互生，纸质，椭圆形或卵形，顶端钝或短渐尖，基部近圆形，基部短渐狭。下部近圆形具数个圆形腺体；叶柄顶端具2个腺点。雌花单性，雌雄同株，穗状花序顶生。蒴果黑色。	生于平原、丘陵的疏林或灌木丛中。	根、根皮。苦、寒。泻下逐水，除湿消肿，解蛇虫毒。	列植，作行道树种；
486		石岩枫	Mallotus repandus (Willd.) Muell. Arg.	倒挂金钩、六角枫藤。	攀缘状灌木。嫩枝、叶柄、花序及花梗均密被黄色星状柔毛。老枝具皮孔。叶互生，纸质或膜质，卵形或椭圆状卵形，顶端急尖或渐尖，基部楔形或近圆形，下面中脉被毛，散生颗粒状腺体。雌雄异株，总状花序，蒴果密生黄色粉末状毛和具颗粒状腺体。	生于山地疏林中或林缘。	根、茎及叶。苦、辛、温。祛风活血通络，解毒消肿，驱虫止痒。	丛植，墙、作绿篱、绿墙等；景观植物

序号	科目名	品种	拉丁学名	别名	识别特征	生长环境	药用部位及功效	园林用途
487		算盘子	Glochidion puberum (Linn.) Hutch.	算盘树、馒头果。	灌木。小枝灰褐色，密被黄褐色短柔毛。单叶互生，叶矩圆状披针形，先端急尖，基部楔形，叶背有毛。花单性，2~5朵簇生于叶腋；蒴果扁球形，常具8-10条明显纵沟，密被短柔毛，成熟时带红色。	生于山坡灌木丛中。	根、果实。根：微苦、涩、凉；清热利湿，祛风活络。果实：有小毒；清凉、热除湿，活血。解毒利咽。	列植，作行道边树种；
488		铁海棠	Euphorbia milii Ch. des Moulins	霸王鞭、虎刺梅、万年刺。	多刺小灌木。刺硬而尖，成行排列于茎的纵棱上，叶具乳汁。单叶互生，常集中于嫩枝，先端具小凸尖，基部楔形，倒卵形或长圆状匙形，全缘；基部无毛，具杯状，聚伞花序生于枝顶，总苞状的柄。蒴果扁球形，总苞基部具2苞片，苞片鲜红色。	多见于景观栽培带或盆栽	根、茎及乳汁。苦、涩、凉。有小毒。化瘀消肿，排脓解毒。	丛植或列植；园林景观点缀或花坛等花境隔离植物。
489		通奶草	Euphorbia hypericifolia Linn.	光叶飞扬、奶通草、光叶小飞扬。	一年生草本。具白色乳汁。叶对生，倒卵形、圆形或基部偏斜，先端钝，常偏斜不对称，基部以上具细锯齿。花序数小簇生于叶腋或枝顶，花序基部具纤细的柄。蒴果三棱状，成熟色柔毛。为3个分果爿；种子卵棱形。	生于旷野荒地、路旁、灌木丛及田间。	全草。微酸、涩。清热利湿，收敛止泻。	丛植、林下植被；林边、行道边植物。
490		土蜜树	Bridelia tomentosa Bl.	逼迫子、土膏、密树、夹骨木、千里马。	灌木或小乔木。树皮黑色，枝上部被锈色短柔毛，叶片倒卵状长圆形，先端钝，下面密被锈色柔毛。叶部宽近圆形，全缘，上面粗糙，下面被锈色柔毛。花小，簇生于叶腋；核果卵状球形。	生于山谷、溪旁故地、成林中。	根、茎叶。平。根：淡。微苦、平，调经。宁心安神，清热解毒。茎叶：	丛植、林下植被；水系边、行道边植物。
491		乌桕	Sapium sebiferum (Linn.) Roxb.	乌桕木、红心郎。	落叶乔木。具乳汁。树皮暗灰色，叶互生、纸质，叶片菱状卵形或菱状阔卵形，顶端骤紧缩，基部阔楔形，青绿色，叶柄顶端有2腺体。花单性，雌雄同株，穗状花序顶生；蒴果梨状球形，成熟时褐色	生于平原、山地丘陵的疏林或灌木丛中。	根、树皮。苦、微温，有小毒。攻下逐水，散结消肿，解蛇毒。	列植，作行道边树种；

序号	科目名	品种	拉丁学名	别名	识别特征	生长环境	药用部位及功效	园林用途
492		五月茶	Antidesma bunius (Linn.) Spreng.	污槽树、五味叶、五味菜、酸味树。	乔木。小枝具皮孔。叶纸质，长椭圆形或倒卵形，顶端急尖至圆头，全缘，两面无毛。基部宽楔形或楔形，雄花杯状，雄花序为顶生穗状花序；雌花花萼和花盘与雄花的相同。核果呈近球形或椭圆形，成熟时红色。	生于山地疏林中。	根、叶及果。酸，平。健脾，生津，活血，解毒。	列植，作行道边植种；
493		小果叶下珠	Phyllanthus reticulatus Poir.	龙眼睛、烂头林、通城虎、山丘豆。	灌木。幼枝、叶和硬均被淡黄色短柔毛或微毛。单叶互生，膜质至纸质，卵形，椭圆至圆形，钝至圆，基部钝，褐色。花单性，雌雄同株，偶组成聚伞花序。浆果呈球形或近球形，红色。	生于山地林下或灌木丛中。	根、叶、涩，青，平。用于跌打。	丛植。园林果观背景或缀或花境背景植物，作行道边植植物
494		一品红	Euphorbia pulcherrima Willd. et Kl.	猩猩木、老来娇。	灌木。根圆柱形，极多分枝，植株无毛。叶互生，卵形至椭圆状披针形，绿色，边缘全缘或浅裂或浅波状浅裂；基部苞叶狭椭圆形，常全缘，朱红色。花序数个聚伞排列于枝顶，总苞壶状，淡绿色。蒴果，三棱状圆形，平滑无毛。	生于村边及屋旁，或栽培。	全株苦，涩，凉。调经止血，接骨消肿。	孤植，盆景丛植。园林花卉或成花境隔离植物，作道边植物；
495		余甘子	Phyllanthus emblica Linn.	油甘子、油甘、山瓜木果。	落叶小乔木。树皮灰白色。叶纸质至革质，两列，密生，近似羽状复叶；落叶时整个小枝脱落。顶端截平，具钝尖头，聚伞花序，由多朵雄花和一朵雌花或全为雄花组成。果实圆，圆形，味先酸涩而后回甜。	生于疏林下或向阳山坡向阳处。	果实。甘，酸，涩，凉。清热利咽，润肺化痰，止咳生津。	列植，作行道边树种；
496		越南叶下珠	Phyllanthus cochinchinensis (Lour.) Spreng.		灌木。叶互生或3-5片着生于小枝极短的凸起处，革质，倒卵形，长倒卵形或匙形，顶端渐窄，托叶褐红色，雌雄异株，花着生于叶腋极疏于凸起处。蒴果具多数包片。蒴果圆球形，具3纵沟。	生于旷野，山坡、灌丛、山谷或林下或林缘。	根、枝叶。清热，解毒消积。	列植，作水系边植，行道边种植物；

序号	科目名	品种	拉丁学名	别名	识别特征	生长环境	药用部位及功效	园林用途
497		重阳木	Bischofia polycarpa (LevL) Airy Shaw	秋枫木、千金不倒、鸭脚枫。	落叶高大乔木。全株光滑。掌状复叶，小叶3片，广椭圆形，先端尾状短尖，基部钝圆，边缘具锯齿。花小，雌雄异株，浅绿色，排列成腋生的总状花序。果球形或略扁，蓝紫色。	生于低山、平地、林中或谷沟边。	叶、根及树皮。辛、涩，凉。叶：宽中消积，清热解毒。根、树皮：行气活血，消肿解毒。	孤植，可作盆栽；丛植。庭院景观植物；列植，作行道边界植物
498	**黄杨科**	黄杨	Buxus sinica (Rehd. et Wils.) Cheng	黄杨木、瓜子黄杨。	灌木或小乔木。枝有纵棱，灰白色。叶革质，阔椭圆形或卵状椭圆形，先端钝，常有小凹口，基部圆或楔形，叶背中脉密被白色短线状钟乳体。头状花序腋生，花密集。蒴果近球。	多生于山谷、溪边、林下。	根、叶。根：苦、辛，平；祛风止咳，清热除湿。叶：苦，平；清热解毒，消肿散结。	孤植。可作盆景植物；丛植。庭院景观植物；列植，作行道边界植物
499		雀舌黄杨	Buxus bodinieri Levi.	匙叶黄杨、小黄杨、细叶黄杨。	灌木。小枝四棱形。叶薄革质，匙形或倒卵形，先端钝，具浅凹口或小尖凸头，基部狭长楔形。头状花序腋生，花密集。蒴果卵形，宿存花柱直立。	生于平地或山坡林下。	根、叶。根：苦、辛，平；祛风止咳，清热除湿。叶：苦，平；清热解毒，消肿散结。	丛植。庭院景观植物；列植，作行道边界植物
500	**落葵科**	藤三七	Anredera cordifolia (Tenore) Steenis	落葵薯、九头三七、土三七、中枝莲。	缠绕藤本。根状茎粗壮。叶卵形至近圆形，顶端急尖，基部圆形或心形，两面无毛，稍肉质，腋生小块茎（株芽）。总状花序，花序轴纤细，长7-25cm，下垂；花被片白色，渐变黑，开花时张开，卵形、长圆形至椭圆形，顶端钝圆。	生于路边、田野或荒地	藤上块茎。微苦，温。滋补，壮腰膝，外用消肿散瘀	丛植。可作绿墙、绿篱植物；景观造型等；
501	**桑寄生科**	桑寄生	Taxillus sutchuenensis (Lecomte) Danser	广寄生、寄生茶。	常绿寄生小灌木。老枝无毛，有凸起灰黄色皮孔，小枝稍被暗灰色短毛。单叶互生或近于对生，革质，卵圆形至长椭圆状卵形，全缘。浆果椭圆形，有瘤状突起。	寄生于槐、榆、构、朴和木棉等树上。	带叶茎枝。苦、甘，平。补肝肾，强筋骨，祛风湿，降压，安胎。	孤植，作景观树点缀物种

序号	科目名	品种	拉丁学名	别名	识别特征	生长环境	药用部位及功效	园林用途
502	仙人掌科	蟹爪兰	Zygocactus truncatus K. Schum.	蟹爪莲、锦上添花、蟹兰	附生肉质植物，常呈灌木状，无叶。茎无刺，多分枝，分枝均扁平，老茎木质化，稍圆柱形，幼茎及老茎生于枝顶，花单生于枝顶，基部短筒状，玫瑰红色，花冠数轮，顶端对称，两侧对称；花筒下部长筒形，雄蕊多数；花柱长于雄蕊，红色。浆果梨形，深红色。	温暖湿润的半阴环境，常见于盆栽。	地上部分。味苦。性寒。解毒消肿。用于疮疡肿毒。外用治腮腺炎、肿痛。	可孤植，作盆景和园林；可用于花境绿缘、花点缀。
503		霸王花	Hylocereus undatus (Haw.) Britt. et Rose	量天尺、剑花	攀缘植物。茎不规则分枝，粗壮，肉质，具3棱。茎变态成褐色小刺，单生，花萼花瓣多数，裂片披针形，向外反卷，花瓣纯白色，具鳞片。雄蕊多数；浆果长圆形，红色，肉质。熟时近平滑。	攀缘于树干、岩石、废墙或塔于庭园或村落附近。	肉质茎、花。甘。微凉。茎淡。舒筋活络、解毒。花：清热润肺，止咳化痰，解毒消肿。	可孤植，作庭院，列植物；可作景观，隔离带绿篱。
504		昙花	Epiphyllum oxypetalum (DC.) Haw.	凤花、金钩莲、月下美人、叶下莲	附生肉质灌木，木质化。老茎圆柱状，披针形至长圆状披针形，扁，基部短尖或圆渐狭成柄状，先端长渐尖至急尖，边缘波状或具深凹齿；中肋粗大，干两面突起，小窠排列于齿间凹陷处，无毛，无刺。花单生于枝侧小，漏斗状，夜间开放，夜开朝合，芳香，萼状花被片绿白色，瓣状花被片白色或带红晕，淡绿珀色或带红晕，具纵棱齿，无毛。浆果长球形，紫红色。	多为栽培。	花。甘。平。清肺止咳，凉血。养心安神。	可孤植，作盆景和园林；可用于花境绿缘、花点缀。
505		无刺仙人掌	Opuntia cochinellifera (Linn.) Mill.	胭脂掌、肉掌、仙人掌	肉质灌木或小乔木。圆柱状主干椭圆形，狭椭圆形或倒卵形，先端及基部圆形，边缘全缘，厚而平坦，无刺。叶钻形，绿色，早落，具灰白色的短绵毛，通常无刺无毛。具稀疏小窠，小窠刺座近圆柱状，具短绵毛和倒刺刚毛，花被片直立，红色，花被片红色。无毛，红色。	多为栽培。	鳞茎。解热降温。外敷用于风湿、皮肤病。耳痛，皮肤病。	可孤植，作盆景和园林；丛植，作隔离带植物

序号	科目名	品种	拉丁学名	别名	认别特征	生长环境	药用部位及功效	园林用途
506		仙人掌	Opuntia stricta (Haw.) Haw. var. dillenii (Ker-Gawl.) Benson	观音掌、龙舌。	丛生肉质灌木。茎下部木质化，圆柱形，茎节扁平，倒卵形至椭圆形，小窠上疏生长1-3cm刺，叶钻形，早落。花单生于茎顶端小窠上，萼状花被黄色或其他颜色。浆果倒卵球形，紫红色。	多为栽培。	肉质茎，苦、寒。行气活血，解毒，清热凉血止血，清肺止咳。	孤植，作盆景和园林丛植；作隔离带植物
507	八角科	八角	Illicium verum Hook. f.	八角茴香、大茴香。	乔木。叶不整齐互生。叶革质，倒卵状椭圆形或倒卵状披针形，先端短渐尖，基部渐狭，花粉红色至深红色。聚合果，蓇葖多为8瓣，呈八角形，先端钝尖或钝。	生于气候温暖、潮湿、土壤疏松的山地。	成熟果实，辛、温。温阳散寒，理气止痛。	列植，作行道树种
508	五味子科	南五味子	Kadsura longipedunculata Finet et Gagnep.	红木香、金藤、长梗南五味子、紫荆皮。	藤木，无毛。叶长圆状披针形，倒卵状披针形或椭圆形，先端渐尖或急尖，基部狭楔形或宽楔形，具疏细齿，上面具淡褐色透明腺点。花单生于叶腋，雌雄异株，花被片白色或淡黄色。小浆果倒卵形，外果皮薄革质，干时显出种子。	生于山坡林中。	根、根皮（南五味子根），辛、苦、温。理气止痛，祛瘀通络，活血消肿。	孤植，作盆景和园林丛植；作大型树体点缀
509		五味子	Schisandra chinensis (Turcz.) Baill.	软枣子、花椒。	落叶木质藤本。幼枝红褐色，老枝灰褐色，叶膜质，宽椭圆形，卵形或倒卵形，先端急尖，基部楔形，上部边缘具胼胝质的疏浅锯齿，近基部全缘。花单生或数朵生于叶腋，花梗细长。花被片粉红色或粉红色；种子肾形，种皮红色。小浆果红色。果柄长2-6cm，聚合果柄呈"U"形。	生于沟谷、溪旁、山坡。	干燥成熟果实（北五味子），甘、酸、温、涩。收敛固涩，益气生津，补肾宁心。	孤植，作盆景和园林丛植；作隔离带点缀植物
510		华中五味子	Schisandra sphenanthera Rehd. et Wils.	满山香、岩枇杷、药五味子、南五味子、南蛇藤。	落叶木质藤本。全株无孔。叶纸质，倒卵形，宽倒卵形或阔椭圆形，先端短急尖，基部楔形或阔楔形，边缘具疏离的波状齿，下面具白色点。上部具胼胝质齿尖的波状齿，叶柄红色。花生于近基部叶腋，花被片5-9片，橙黄色。聚合果长3-10cm，小浆果红色；种子长圆体形或肾形，种脐斜"V"字形。	生于湿润山坡边或灌木丛中。	干燥成熟果实（南五味子），甘、酸、温、涩。收敛固涩，益气生津，补肾宁心。	孤植，作盆景和园林丛植；作隔离带点缀植物

(亚)热带主要景观药用植物名录及景观配置形式

序号	科目名	品种	拉丁学名	别名	识别特征	生长环境	药用部位及功效	园林用途
511		异形南五味子	Kadsura heteroclita (Roxb.) Craib	大风沙藤、大吹风散、大钻骨风。	常绿木质大藤本。无毛。小枝具纵条纹、点状皮孔，老茎块状纵裂。叶卵状椭圆形至阔椭圆形，先端渐尖或急尖。花单生于叶腋，雌雄异株；花被片白色或淡浅黄色，花近球形。聚合果，成熟心皮近卵圆形，干时革质而不显出种子。	生于山谷、溪边、密林中。	根、老藤及果、藤。辛，微温。祛风除湿、理气止痛、活血散瘀。果：补肾宁心，止泻祛瘀。	可孤植、作盆景和园林花卉；丛植、大型树体点缀。
512	番荔枝科	番荔枝	Annona squamosa Linn.	番梨、洋波罗。	落叶小乔木。叶薄纸质，排成两列，椭圆状长圆形或长圆形。顶端急尖或钝，基部急尖或阔楔形，叶背苍白绿色。花单生或2-4朵生于枝顶或与叶对生，下垂。外轮花瓣狭长圆形，肉质。果由多数圆形或椭圆形成熟心皮微相连而易于分开的聚合浆果，圆球状或圆锥状，外面被白色粉霜。	生于山坡、荒地，多栽培。	根、叶子及果。根：苦，寒，清热。叶子：微寒；收敛涩肠，清热解毒。果：甘、寒，补脾胃，清热解毒，杀虫。	作丛植；行道树；孤植，作庭院植物。
513		紫玉盘	Uvaria microcarpa Champ, ex Benth.	油椎、牛刀树、酒饼木。	蔓生灌木。全株被黄色星状毛。单叶互生，长圆倒卵形或长椭圆形，先端急尖，基部圆形，侧脉在上面回陷，背面凸起。花1-2朵与叶对生，暗紫红色或淡红褐色。果卵圆形，暗紫褐色，多个集成头状。	生于山地疏林或灌木丛中。	根、叶。甘、微温。祛风除湿、行气健胃，止痛化滞止咳。	作丛植、行道低矮灌木带；孤植，作庭院植物。
514		鹰爪	Artabotrys hexapetalus (Linn, f.) Bhandari	鹰爪、鹰爪花、五爪兰。	攀缘灌木。无毛或近无毛。叶纸质，顶端渐尖或急尖，基部楔形，叶面无毛，叶背沿中脉上被疏柔毛。花瓣长披针形，花淡黄绿色，黄色，芳香；顶端渐尖生，果卵圆状，顶端尖出，聚于果托上。	多见于栽培或野逸为野生。	根、花。根：苦。花：裁苦。花：辛，微苦，微寒，散结。	作丛植、行道低矮灌木带；孤植，作盆景和庭院植物
515		假鹰爪	Desmos chinensis Lour.	串珠酒饼、假酒饼、鸡爪兰	攀缘灌木。植株无毛，枝粗糙，具明显灰白色凸起的皮孔。叶薄纸质或膜质，单叶互生，长椭圆形，上面绿色，有光泽，下面粉绿色，黄绿色。花单生，黄绿色，长圆状披针形，外轮花瓣比内轮花瓣大，长圆状披针状，聚成念珠状，在种子间缢长，长达9cm。果伸长，生于果梗上。	生于山坡、灌木丛、荒野或路边等地。	根、叶。有小毒。苦，平。行气消滞，祛风止痛，杀虫止痒。	作丛植、行道低矮灌木带；孤植，作盆景和庭院植物

序号	科目名	品种	拉丁学名	别名	识别特征	生长环境	药用部位及功效	园林用途
516		大花紫玉盘	Uvaria grandiflora Roxb.	川血乌，山椒子。	攀缘灌木。全株密被黄褐色星状柔毛至绒毛。叶纸质或近革质，长圆状倒卵形，顶端急尖或短渐尖，偶见尾尖，基部浅心形。花单朵，大形，紫红色或深红色。果长圆柱状，顶端有尖头。	生于灌木丛或丘陵山地疏林中。	根。苦，甘，微温。祛风止痛。	丛植，作行道低矮灌木带；孤植，作庭院植物
517		暗罗	Polyalthia suberosa (Roxb.) Thw.	眉尾木，山观音，老人皮，鸡爪树。	小乔木。树皮老时具极明显深纵裂，枝具白色长圆形凸起。叶纸质，顶端略钝，基部稍偏斜，叶面无毛，叶背被疏短柔毛。花淡黄色，1-2朵与叶对生。果近圆球状，成熟时果红色。	生于山地疏林中。	木材，根。辛，苦，温。温中健胃，止痛。	丛植，作行道树种
518	肉豆蔻科	肉豆蔻	Myristica fragrans Houtt.	肉果，玉果。	小乔木。叶近革质，椭圆形或椭圆状披针形，先端短渐尖，基部宽楔形或近圆形，全缘，两面无毛。雌花序较雄花序长，无毛，花被片被短柔毛，单生；具短柄，具短梗，具残存花被片，假种皮红色，至基部撕裂，种子卵圆珠形。	多为引种栽培。	种仁。辛，温。涩肠温中行气，止泻。	丛植，道行树种；孤植，作庭院植物
519	白花菜科	黄花草	Cleome viscosa Linn.	花菜，臭矢菜，向天黄。	一年生直立草本。全株密被黏质腺毛与淡黄色柔毛，具恶臭气味。掌状复叶，中央小叶最大，侧生小叶依次减小，披针形或倒披针状椭圆形。花单生于茎上部叶腋，近无柄，倒卵状椭圆形；总状或伞房状花序次生，淡黄色或橙黄色，花瓣有数条明显的纵纹脉。果直立，圆柱形，密被腺毛。	生于干燥气候条件下的荒地、路旁、田野间。	全草。甘，温。散瘀消肿，祛风止痛，生肌疗疮。	丛植，作园林花卉、可观赏黄花，花坛、花境，可作行道植，列植，可植，孤植为盆栽和庭院观赏

119

序号	科目名	品种	拉丁学名	别名	识别特征	生长环境	药用部位及功效	园林用途
520		醉蝶花	Cleome spinosa Jacq.	醉蝶花、西洋白花菜、紫龙须。	一年生强壮草本。全株被黏质腺毛，具特殊臭味。掌状复叶具5~7小叶，有托叶刺。基部楔形或披针形，两面被毛，中间小叶盛大，最外侧披针质，密被黏质腺毛。花梗小；叶柄具淡紫红色，可见白色皮刺。总状花序。果圆柱形；种子表面近平滑或有小疣状突起。	田间、坡地，多为栽培。	全草。辛、涩、平，有小毒。寒，祛风止痒。寒，杀虫散。	丛植，可作园林观赏花卉。花坛、花境；列植可作为行道；孤植，盆栽植为庭院和庭院观赏。
521	漆树科	滨盐肤木	Rhus chinensis Mill. var. roxburghii (DC.) Rehd.	盐霜柏、罗氏盐肤木、盐霜白。	落叶小乔木或灌木。小枝圆形小皮孔，具圆形翅。奇数羽状复叶叶轴无翅，小叶5~13片，叶面暗绿色，叶背粉绿色，被白粉。圆锥花序，核果。	生于山坡沟谷的疏林或灌木丛中。	根、叶。酸、咸，寒。清热解毒，散瘀止血。	列植可作为行道树；孤植可作庭院观赏植物。
522		杧果	Mangifera indica Linn.	芒果、柱果、蜜望。	常绿大乔木。叶薄革质，常集生于枝顶，变化大，叶披针形或长圆形，先端渐尖、长渐尖，边缘波状，无毛，叶面略具光泽。圆锥花序，多花密集，花小，杂性，黄色，或淡黄色，被灰色微柔毛。核果大，肾形，压扁，成熟时黄色，中果皮肉质，肥厚。鲜黄色，味甜。果核坚硬。	生于山坡、河谷或旷野的林中。	果实。甘、酸，微寒。益胃，津，止咳。	列植可作为行道树；孤植可作庭院观赏植物。
523		人面子	Dracontomelon duperreanum Pierre	银莲果、人面果。	常绿大乔木。小枝具棱，被灰白色细茸毛。奇数羽状复叶，互生，先端长尖，全缘近革质，或背面网脉明显，或背面脉腋具柔毛，花序顶生或腋生，被锈色柔毛。花小，钟形，果肉质，扁球形。	生于丘陵、山谷疏林或村旁等处，也作行道树。	果实。甘、酸，凉。解毒，生津，健胃，醒酒。	列植可作为行道树；孤植可作庭院观赏植物。
524		盐肤木	Rhus chinensis Mill.	盐霜柏、五倍子树。	落叶小乔木或灌木。小枝具翅，常互生，奇数羽状复叶，小叶5~13片，叶轴及叶柄有翅，被锈色柔毛，叶背粉绿色，被白粉。圆锥花序。核果球形，成熟时红色。	生于石灰山疏灌木丛、灌木或林中。	果实。酸、咸，寒。降火化痰，敛汗止痢。生津润肺。	列植可作为行道树；孤植可作庭院观赏植物。

120

序号	科目名	品种	拉丁学名	别名	识别特征	生长环境	药用部位及功效	园林用途
525	无患子科	野漆	Rhus sylvestris Sieb. et Zucc.	漆树、泽漆树、大木漆。	落叶乔木或小乔木。奇数羽状复叶，生于小枝顶端，互生，常集生于枝顶，坚纸质至薄革质，小叶4-7对，叶背常具白粉。圆锥花序，花黄绿色。核果偏斜，压扁。	生于丘陵、山坡、荒地疏林中。	根、叶、树皮及果，苦、涩、平。有小毒，清热解毒，利尿通淋，散瘀消肿，杀虫。	列植可作为行道树。
526		倒地铃	Cardiospermum halicacabum Linn.	天灯笼、假苦瓜、包袱草、三角泡。	藤本。茎有明显槽纹。二回三出复叶，小叶斜披针形，先端渐尖，边缘有疏锯齿。花小，白色，膨大，倒卵状三角形。果蒴质，褐色，被短柔毛。	多生于野，村旁及丘陵地区灌木丛中。	全草，果实。苦，寒。清热利水，凉血解毒。	丛植、林下植被等绿篱缓植物。
527		荔枝	Dimocarpus confinis (How et Ho) H. S. Lo	丹荔、丽枝。	常绿乔木。小枝有白色小斑点和微柔毛。羽状复叶互生，小叶2-4对，长椭圆形至长圆状披针形，绿白色或发黄，叶脉不明显。花小，近球形，果皮干硬较薄，有瘤状突起，熟时暗红色。种子被肉质假种皮包裹。	坡地栽培。	假种皮、核、核。假种皮：甘、酸、温。益气补血，行气散结，止痛。核：微苦、涩、温，祛寒止痛。	列植可作为行道树；孤植可作庭院观赏植物。
528		龙眼	Dimocarpus Longan Lour.	桂圆、龙眼肉、圆眼。	常绿乔木。树皮暗灰色，粗糙，枝条灰褐色，被褐色毛。羽状复叶互生，小叶长椭圆形或椭圆状披针形，有锈色星状柔毛。圆锥花序顶生或腋生，略有黄褐色毛。果球形，外果皮黄褐色，果皮肉质假种皮包裹。	坡地栽培。	假种皮，甘，平，温，补益心脾，养血安神。	列植可作为行道树；孤植可作庭院观赏植物。
529	凤仙花科	凤仙花	Impatiens balsamina L.	指甲花、急性子、灯盏。	一年生草本，高60-100厘米。茎粗壮，肉质，直立，不分枝或有分枝，无毛或幼时被疏柔毛。叶互生，最下部叶有时对生；叶片披针形、狭椭圆形或倒披针形，先端尖或渐尖，基部楔形，边缘有锐锯齿。花单生或2-3朵簇生于叶腋，无总花梗，种子多数，圆球形，黑褐色。	怕湿，耐热，不耐寒，喜向阳的坡地，或田间等。	以根、茎、花及种子入药。性温，味微苦、辛，有小毒。花软坚，用于治噎膈，骨鲠咽喉，腹部肿块、活血行瘀；主治妇女闭经。	作庭院栽植。盆植，园林景观植物，作行道边植，作景观植物；

序号	科目名	品种	拉丁学名	别名	识别特征	生长环境	药用部位及功效	园林用途
530		洋金凤	Caesalpinia pulcherrima (L.) Sw.	黄蝴蝶、金凤、蛱蝶花	大灌木或小乔木；高达3米，枝绿或绿色，有疏刺。二回羽状复叶4对至8对，对生，基部歪斜，小叶柄极短，总叶柄顶端有小叶7-11对，长椭圆形或倒卵形，顶端回缺。总状花序顶生或腋生，花瓣圆形具柄，橙或黄色。荚果黑色。	热带地区山林地或荒地。	种子有活血通经之效。清热利湿、通便解毒，散瘀活血，风湿性关节炎，湿热黄疸。	园植、孤植、列植物、作绿化植物；作行道植物，作景观树附；
531		棒凤仙花	Impatiens claviger Hook. f.	棒尾凤仙花。	一年生草本。全株无毛，茎粗壮，下部常扭曲，叶集于上部，互生，膜质，倒卵形或倒披针形，顶端渐尖，基部楔状，基部的叶柄1-2cm具圆齿状锯齿，齿端具小尖。花多数，排成总状；花小尖（未成熟）棒状，淡黄色。蒴果，顶端喙尖。	生于山谷疏林下潮湿处。	全草。清凉，消肿。	丛植、林下植被；列植，作绿化植物，行道边植物；
532		华凤仙	Impatiens chinensis Linn.	水边指甲花。	一年生草本。茎纤细，节略膨大，具不定根。叶对生，硬纸质，线形或线状披针形，先端尖或稍尖，基部近心形或截形，边缘疏生刺状锯齿，上被微糙毛，下无毛。托叶无腺体，单生或2-3朵簇生于叶腋；紫红色或白色。花较大。蒴果椭圆形，中部膨大，顶端喙尖，无毛。	生于池塘、水沟旁、田边或沼泽地。	全草。苦、辛、平，清热解毒，活血散瘀，消肿拔脓。	孤植、盆栽，庭院植物及园林景观植物；列植，作行道边植物；
533		绿萼凤仙花	Impatiens chlorosepala Hand.-Mazz.	金耳环、凤仙花。	一年生草本。茎肉质，无毛。叶薄膜质，长圆状卵形或披针形，具1-3cm的叶柄，上部叶近无柄，间具绿色萼片，叶顶端渐尖，边缘具圆齿状。花，唇瓣檐部漏斗状，侧生白色被伏毛；花大，淡红色，具粉红色纹条。蒴果披针形，顶端喙尖。	生于山谷水旁阴湿处或疏林溪旁。	地上部分。消肿，外敷用于治疗疥疮。	丛植、林下植被；列植，作行道边植物；水系绿化植物；
534	葡萄科	爬山虎	Parthenocissus tricuspidata (S.Etz.) Planch.	爬墙虎、地锦、飞天蜈蚣、假葡萄糖。	落叶大藤本木。卷须短，多分枝，顶端有吸盘。叶形多变，或3裂，通常3裂，或下部枝上的叶分裂成3小叶，幼枝上的叶较小。花顶生于短枝上的宽卵形，聚伞花序，常不分裂。浆果蓝黑色。	多攀缘于潮湿的岩石、大树或墙壁上。	根和茎。甘、涩、温。祛风通络，活血止痛，用于风湿关节疼痛，外用治跌打损伤，用治疮疖肿毒。	林植、丛植、下植被；绿化或菊墙等，营造造型植物

序号	科目名	品种	拉丁学名	别名	识别特征	生长环境	药用部位及功效	园林用途
535		葡萄	Vitis vinifera L.	草龙珠、葡萄秧	木质藤本。小枝圆柱形，有纵棱纹，无毛或被稀疏柔毛。卷须2叉分枝，每隔2节间断与叶对生。叶常缩缩，中裂片顶端急尖，裂片常靠合，基部常靠合，深心形，基缺近圆形，边缘有锯齿。圆锥花序密集，多侧常密集，与叶对生；种子倒卵椭圆形果球形或椭圆形	生于山谷疏林或山坡灌木丛中。现多为栽培种	根、藤、叶。祛风湿，利尿。用于风湿痹痛、水肿，小便不利；外用治骨折。	丛植，作庭院遮阴植物；或作绿篱、绿墙，可作园林景观造型（架子等）
536		白粉藤	Cissus repens Lamk.	粉藤、白粉藤、菱叶牛蔸藤。	草质藤本。枝被白粉，无毛。卷须二叉分枝。叶心状卵圆形，顶端急尖或渐尖，基部心形，基部宽心形，边缘有锐锯齿；托叶褐色，膜质，卵状三角形，无毛。花序顶生或与叶对生；花瓣4片，种子倒卵椭圆形	生于山谷疏林或山坡灌木丛中。	块根。苦、微辛，凉。活血通络、化痰散结、解毒消痈。	丛植，作林下植被；或作庭院绿篱、绿墙等
537		扁担藤	Tetrastigma planicaule (Hook.) Gagnep.	五叶扁藤、五羊带风、扁骨风。	攀缘木质大藤本，达40cm，分枝不分枝。茎扁圆柱形，花果仅出现在较粗壮的藤茎基部；卷须二叉分枝，复叶互生，小叶5片，着生，紫红色。浆果球形，肉质。	生于森林中，常攀缘于乔木上。	藤茎、根。辛、涩，温。祛风除湿、舒筋活络。	丛植，作大型园林造型景观展示
538		翅茎白粉藤	Cissus hexangularis Thorel ex Planch.	五俭藤、坡瓜藤、散血龙。	木质藤本。小枝近圆柱形，具6翅棱，卷须不分枝。叶卵状三角形，顶端骤尾尖，基部截形或近截形，复二歧聚伞花序，顶生或与叶对生。果近球形，顶端具短喙。	生于溪边林中。	藤茎。苦、微苦，凉。祛风除湿、活血通络。	丛植，作林下植被；或作庭院遮阴、绿篱绿墙
539		地锦	Parthenocissus tricuspidata (S. et Z.) Planch.	爬山虎、红藤、鼓簸葡萄藤。	木质藤本。卷须分枝，相隔两节同断与叶对生。卷须顶端嫩时膨大呈圆球形，后遇附着物扩大成吸盘。单叶，三浅裂，倒卵圆形，两面无毛，边缘具粗锯齿，多歧聚伞花序，顶端裂片急尖；花瓣5片，长椭圆形。果球形；种子倒卵圆形。	生于山坡崖石壁或灌木丛中。	藤茎、根。辛、微涩，温。祛风止痛、活血通络。	丛植，作林下植被或绿化物；或作绿篱、绿墙等造型植物

序号	科目名	品种	拉丁学名	别名	识别特征	生长环境	药用部位及功效	园林用途
540		毛葡萄	Vitis heyneana Roem. et Schult.	绒毛葡萄、五角叶葡萄、野葡萄。	木质藤本。卷须二叉分枝，每隔两节间断与叶对生。叶卵圆形或长卵椭圆形，顶端急尖或渐尖，基部心形，具尖锐锯齿；托叶膜质，褐色，卵披针形，与叶对生。花杂性异株，圆锥花序；花瓣5片，呈帽状粘合脱落。果圆球形，成熟时紫黑色。	生于山坡、沟谷、灌木或林缘或林中。	根皮，酸、微苦，平。活血舒筋。	丛植，林下植被，或作庭院绿化，墙等。
541		三叶崖爬藤	Tetrastigma hemsleyanum Diels et Gilg	三叶青、蛇附子、石猴子。	草质藤本。小枝有具纵棱纹。卷须不分枝，相隔两节间断与叶对生。小叶三出复叶，顶端渐尖，基部楔形，边缘具锯齿；两面均无毛；叶柄腋生。花小，成具小叶柄上。聚伞花序。花瓣顶端外折呈蝶形，花萼碟形，成熟时紫色。	生于山坡灌丛、山谷、林下岩石缝中。	块根，全草。苦，平。清热解毒，祛风化痰，活血止痛。	丛植，林下植被，作园林背景点缀。
542		乌蔹莓	Cayratia japonica (Thunb.) Gagnep.	五叶藤、五爪龙。	蔓生草本。茎紫绿色，有纵棱。掌状复叶，圆状披针形，两侧两侧4枚小叶，小叶小。成对生。花绿色，聚伞花序，成熟时黑色。	生于旷野、山谷、林下或路旁。	全草。苦、酸，寒。清热解毒，散瘀，利尿。	丛植，林下绿化。
543		显齿蛇葡萄	Ampelopsis grossedentata (Hand.-Mazz.) W. T. Wang	粗齿蛇葡萄、大齿牛果藤、藤茶。	木质藤本。分枝，相隔两节间断与叶对生。小叶卵圆形，卵状椭圆形或长椭圆形，顶端渐尖，基部阔楔状多岐聚伞花序与叶对生。花绿色，无毛。果近球形。	生于沟谷林中或山坡灌木丛中。	叶、藤茎。甘、淡，凉。清热解毒，祛风除湿，强筋骨。	丛植，庭院或园林植，作绿篱、花坛、行道绿化植物。
544		锈毛蛇葡萄	Ampelopsis heterophylla (Thunb.) Sieb. et Zucc. var. vestita Rehd.	蛇葡萄、山葡萄、野葡萄。	木质藤本。卷须2-3叉分枝，相隔两节间断与叶对生。小枝、叶柄、叶下面及花轴被锈色柔毛。叶纸质，心形或宽卵形，顶端急尖，具粗锯齿，疏生短柔毛或无毛。花黄绿色，聚伞花序与叶对生。果近球形。	生于山谷疏林或山坡灌木丛中。	茎叶、根、根皮。苦，凉。清热解毒，祛风除湿，散结。	丛植，作庭院或绿篱植物。

124

序号	科目名	品种	拉丁学名	别名	识别特征	生长环境	药用部位及功效	园林用途
545		粤蛇葡萄	Ampelopsis cantoniensis (Hook. cfeArn.) Planch.	广东蛇葡萄、田浦茶、藤茶	木质藤本。枝纤细，有条纹，被白粉，卷须二又分枝。一回羽状复叶互生，小叶下面常被白粉。聚伞花序，花梗与花等长。浆果阔卵状球形，熟时深紫色或紫黑色。	生于山区灌木丛或密林中。	根、全株。辛、苦，凉。祛风化湿，清热解毒。	丛植，作庭院或园林背景点缀
546	木棉科	木棉	Bombax malabaricum DC.	红棉树、英雄树、攀枝花。	落叶大乔木。树干基部生瘤刺，枝近轮生。掌状复叶，小叶5-7片，长圆形至长圆状披针形，先于叶片腋。花生于近枝顶叶腋，红色或橙红色。花瓣肉质，木质。蒴果长圆形。	生于沟谷，低山、村边、路旁及次生林中。	根、树皮及花。苦，凉。根：祛风除湿，清热解毒。散结止痛，利湿。花：清热，止血。	孤植作庭园观花植物；可做行道、河道等行道树种
547	锦葵科	苘麻	Abutilon theophrasti Medic.	磨盘草、白麻、椿麻、青麻	一年生草本，全株被绒毛和星状毛。单叶互生。叶柄较长，叶片圆心形，先端渐尖，基部心形，边缘具粗锯齿，两面密生星状柔毛，似磨盘密生星状毛。掌状脉3-7条。蒴果半球形，每分果顶端有2长芒，内有种成分果。熟后圆形成分果。籽3粒。种子黑色。	生于山坡、路旁、田野，或为栽培。	种子。性平。有清热解毒，退翳功能。用于痈疮、目翳、小便涩痛。	丛种，林下花卉植被，可做叶观
548		木槿	Hibiscus syriacus L.	芙蓉花、白槿花	落叶灌木或小乔木。嫩枝有绒毛。单叶互生。叶片菱状卵形或菱状卵形，不裂或中部以上3裂，边缘有钝齿，幼时两面均疏生星状毛，叶柄短，蒴果长圆形，顶端有尖嘴，密生星状毛。	生于山坡、路旁等。	花、茎皮或根皮。花、果实。清热凉血，利水消肿，止咳，杀虫。清热利湿，止痒。解毒止痛。	列植；作为行道观叶植物
549		扶桑	Hibiscus rosa-sinensis Linn. var. rosa-sinensis	大红花、佛槿、月月红	半常绿灌木，多分枝，树皮富纤维。单叶互生。叶片阔卵形或狭卵形，边缘有粗锯齿或缺刻，除先端外几乎全缘。蒴果卵形，平滑无毛，有喙。	喜温、向阳。生于光照充足的山坡、路边、田地等	根、叶、花。性味甘、平。具有解毒消肿、清热的功效。主治腮腺炎、急性结膜炎、尿路感染等症。	丛植，做园林或庭园观叶植物，可作为行道、庭道景观分界植物

（亚）热带主要景观药用植物名录及景观配置形式

序号	科目名	品种	拉丁学名	别名	识别特征	生长环境	药用部位及功效	园林用途
550		白背黄花稔	Sida rhombifolia Linn.	黄花母、黄花地桃花、菱叶拔毒散	直立亚灌木。枝被星状绵毛。叶菱形或长圆状披针形，先端疏被星短齿，基部宽楔形，边锯齿，上面疏被星状柔毛，下面被灰白色星状毛，黄色、托叶针毛状。花单生于叶腋；萼杯形，黄色，花瓣倒卵形，顶端具二短芒。果半球形。	生于山坡灌木丛旷野间和沟谷两岸。	全草。甘、辛，微寒。消炎解毒，祛风除湿，止痛。	丛植、做园林或庭园植物；列植作为行道植物分界植物
551		肖梵天	Urena lobata Linn.	地桃花、肖梵天花、麻头。	直立亚灌木状草本。小枝被星状绒毛。单叶互生，茎下部叶近圆形，先端浅3裂，基部圆形，具锯齿，基出脉3-5条，脉腋有膜体，中部叶卵形，上部叶长圆形至披针形，花腋被毛。花单生于叶腋，淡红色，单体雄蕊。蒴果扁球形，分果具短柔毛和锚状刺。	生于草坡、旷空地或疏林下。	根、全草。甘、辛。凉。祛风利湿，清热解毒，消肿。	丛植，林下植被；列植作为行道植物
552		狗脚迹	Urena procumbens Linn.	梵天花、小痴头婆。	小灌木。茎直立，分枝多。单叶互生，叶片阔卵圆形，基部成心形，上面叶部叶色斑驳，具3-5深裂，裂片，超过叶片中部，绿色、沿叶缘稍内凹有浅色斑迹，形似猫的足迹。花单生，淡红色。单体雄蕊。蒴果球形，具倒钩刺。	生于路旁、山坡小灌木丛中。	全草。苦，平，解毒。祛风除湿，消肿，化痰止咳。	列植作为行道植物
553		红秋葵	Hibiscus coccineus (Medicus) Walt.	槭葵、槭叶秋葵。	多年生直立草本，茎带白霜，无毛。叶指状5裂，裂片狭披针形，先端锐尖，基部楔齿，具疏齿，两面无毛。单叶于枝端叶腋，微带白霜；花瓣玫瑰红至洋红色，倒卵形。蒴果，近球形，无毛	生于山坡、路旁，田野或栽培。	新鲜嫩果。可助消化，治疗胃炎和胃溃疡。	丛植、做园林或庭园观叶植物；列植作为行道植物
554		黄花稔	Triumfetta rhomboidea Jack.	拔毒散、扫把麻。	直立亚灌木状草本。单叶互生，叶片披针形，先端渐尖，基部钝，具锯齿，花单生或成对生于叶腋，花萼杯形，黄色，花冠黄色近圆球形。蒴果球形。	生于路旁、山坡灌木丛间或荒坡。	根、叶。凉。清湿热，解毒消肿，活血止痛。	可做园林或庭园观叶植物；列植或作为行道边界植物

126

序号	科目名	品种	拉丁学名	别名	识别特征	生长环境	药用部位及功效	园林用途
555		黄葵	Abelmoschus moschatus (Linn.) Medicus	假山稔、麝香秋葵、黄秋葵。	直立草本或小灌木。全株被小状糙毛。叶掌状 3~5 深裂或浅裂，裂片三角形至披针形，托叶线形，花萼佛焰苞状，花单生叶腋，内面基部紫色，花冠鲜黄色，具 5 棱，顶端具短喙，蒴果长圆形，被粗毛。	生于山谷、沟旁、路边、旷野草丛。	全株。微甘，寒。清热解毒，下乳通便。	丛植，林下植被景观或花卉；列植作为行道植物
556	箭叶秋葵		Abelmoschus sagittifolius (Kurz) Men;	五指山参、小红铜皮、榨桐花。	多年生草本。具萝卜状肉质根，小枝被硬长毛。叶形多样，下部叶卵形，中部以上叶戟形，箭形至掌状 3~5 浅裂或深裂，裂片阔卵形至阔披针形，先端钝，基部被长糙毛，上面疏被糙硬毛，花梗密被糙硬毛，花单生于叶腋，花瓣红色或黄色，倒卵状长圆形；花萼佛焰苞状，被刺毛，具短喙。	生于低丘、草坡、旷地，稀疏松林下或干燥的瘠地。	根。甘，淡，平。滋阴润肺，和胃。	丛植，林下植被景观或花卉；列植作为行道植物
557	咖啡黄葵		Abelmoschus esculentus (Linn.) Moench	羊角豆、咖葵。	直立草本。粗壮，具不规则锯齿，具刺。茎卵心形，掌状 5~7 深裂，裂片阔至狭，托叶线形，疏生长硬毛。叶柄粗壮，粗毛，花单生于叶腋，花冠黄色，中央深红色，外面具刺毛，蒴果圆柱状，具喙，疏被糙硬毛，成熟时无毛，果皮嫩时肉质，成熟时木质化。	生于沟旁、路边、旷野草丛，多为栽培。	全株。甘，寒。利咽，通淋，调经。	列植作为行道；丛植作庭院植物
558	玫瑰茄		Hibiscus sabdariffa Linn.	山茄子、洛神葵、洛神花、苏丹红。	一年生直立草本。茎淡紫色，无毛。叶异型，下部叶卵形，不分裂，上部叶掌状 3 深裂，裂片披针形，先端钝，基部宽楔形，边缘具锯齿，背面中肋具腺点。花单生于叶腋，淡紫色，蒴果卵球形，密被粗毛。	生于山坡、路旁、田野或多为栽培。	共萼。酸，凉。敛肺止咳，降血压，解酒。	丛植，林下植被景观或花卉；列植作为行道植物
559	磨盘草		Abutilon indicum (Linn.) Sweet	金花草、耳响草、磨盆草。	亚灌木状草本。分枝多，全株均被灰色短柔毛。叶互生，卵圆形或近圆形，先端短尖或渐尖，边缘具不规则锯齿，基部心形，两面均被星状柔毛。花单生于叶腋，黄色，花瓣 5 片，果似磨盘，顶端截形，具短芒。	生于平原、海边、沙地、旷野、山坡、河谷及路旁。	全草。甘，淡，平。疏风清热，益气通窍，祛痰利尿。	列植作为行道；丛植作庭院植物

（亚）热带主要景观药用植物名录及景观配置形式

序号	科目名	品种	拉丁学名	别名	识别特征	生长环境	药用部位及功效	园林用途
560		木芙蓉	Hibiscus mutabilis Linn.	芙蓉花、大叶芙蓉、山芙蓉	落叶灌木或小乔木。全株密被星状短柔毛。单叶互生，广卵形或圆形，基部心形，掌状3-5深裂，边缘有钝齿，初开时白色或粉红色，后渐变为深红色。花大而美丽。蒴果扁球形，被密毛。	生于山坡、水边、路边，多栽培于庭园中。	花、叶。微辛，平。凉血止血，消肿解毒。	列植作为行道树；丛植作庭院栽培植物；
561		赛葵	Malvastrum coromandelianum (Linn.) Gurcke	黄花稔、山黄麻	亚灌木状。茎直立。疏被单毛及星状粗毛。叶卵状披针形或卵形，先端钝尖，上面疏被长毛，下面疏被长毛和星状长毛，黄色，花瓣5片，花梗生于叶腋，花黄色，疏被星状柔毛。果肾形，倒卵形。	生于干热沟旁、路边或旷野草丛。	全草。微甘，凉。清热利湿，消肿。	列植作为行道树；
562		朱槿	Hibiscus rosa-sinensis Linn.	大红花、扶桑花	常绿灌木。小枝圆柱形，叶互生，阔卵形或狭卵形，先端渐尖，基部圆形或楔形，边缘具粗齿或缺刻；叶柄被长柔毛，常下垂，托叶线形，花梗生于上部叶腋，常下垂。花冠漏斗形，玫瑰红或淡红，淡黄等色，花瓣倒卵形，蒴果卵形，平滑无毛。	生于山坡、路旁或为栽培。	花。甘，平。活血调经，消肿止痛，清肺解毒。	列植作为行道树；丛植作庭院栽培植物或缀花卉作点缀花坛利用花
563	柽柳科	柽柳	Tamarix chinensis Lour.	山川柳、观音柳、红柳条、红筋条	灌木或小乔木。枝条细弱，红褐色。叶互生，无柄，扩展而下垂，叶片细小呈鳞片状，平贴于枝上或鳞片开张，基部或成鞘状抱茎，总状花序，蒴果长圆形或椭圆形，成熟时常3瓣裂。	生于河流冲积平原，海滨、盐碱地、沙荒地。	嫩枝叶。味甘。性平。具有发汗、祛风湿的功能。用于治麻疹不透及关节炎等，外用治瘡湿等症。	列植作为行道树；丛植作庭院栽培植物
564	董菜科	董菜	Viola verecunda A. Gray	罐嘴菜、头草、箭叶草、如意草	多年生草本。地上茎常数条丛生。叶宽心形、卵状心形，或卵形，先端圆或微尖，基部具浅波状的圆齿，两面平滑无毛。花白色或淡紫色，生于茎生叶腋，无毛。蒴果长圆形或椭圆形，先端尖，无毛。	生于湿草地、山坡地、灌木丛、木林缘、杂木田野、宅旁等处。	全草。微苦，辛。凉。清热，解毒消肿。	丛植，林下植被，水系边，行道树边栽培植物

128

序号	科目名	品种	拉丁学名	别名	识别特征	生长环境	药用部位及功效	园林用途
565		三色堇	Viola tricolor L.	蝴蝶梅、鬼脸花、猫儿脸	多年生草本植物，常作一、二年生栽培。全株光滑，茎长而多分枝，常倾卧地面。单叶互生，近心形，基部有长柄，基生叶阔披针形，叶缘疏生锯齿，托叶基部有羽状深裂，基部叶有宿存。蒴果椭圆形，呈3瓣裂。	多维栽培	全草。止咳。具体遵医嘱	丛植，用于花坛、组织图案、镶嵌庭院；列植物，作边界植物；
566		蔓茎堇菜	Viola diffusa Ging.	七星莲、匙黄。	一年生草本。全体被糙毛或白色柔毛。基生叶丛生呈莲座状，或生于匍匐枝上互生。托叶基部合生，叶片卵形或卵状椭圆形，明显下延于叶柄；叶缘具钝齿及缘毛，具长梗。蒴果长圆形，无毛，顶端常具宿存的花柱。	生于山地林缘、林下、草坡、溪谷旁、岩石缝隙中。	全草，苦，微辛，寒。清热解毒，消肿排脓。	丛植，林下植被、水系边、行道边植物
567		长萼堇菜	Viola inconspicua Blume.	紫花地丁、犁头草、剪刀菜	多年生草本。无地上茎。叶基生，三角形或戟形，向上渐狭，基部宽心形，花淡紫色，花瓣长圆状倒卵形，侧方花瓣里面基部有须毛，蒴果长圆形。	生于林缘、山地、草地、田边及溪旁等处。	全草，苦、辛，寒。清热解毒凉血消肿，利湿化浓。	丛植，林下植被、水系边、行道边植物；孤植；可做盆栽
568		紫背堇菜	Viola violacea Makino	清毒草。	多年生草本。具根状茎，叶三角状心形至三角状椭圆形，叶柄长，花小，淡紫色。蒴果长椭圆形或椭圆形，叶均基生，叶背紫色至深紫色。	生于林缘、山坡草地、田边及溪旁等处。	全草，苦，微辛，凉。清热解毒拔毒消肿。	丛植，林下植被、水系边、行道边植；孤植；可做盆栽

序号	科目名	品种	拉丁学名	别名	识别特征	生长环境	药用部位及功效	园林用途
569	瑞香科	瑞香	Daphne odora Thunb.	睡香、露甲、风流树	常绿直立灌木。枝粗壮，二歧分枝，小枝近圆柱形，枝均带紫褐色或深紫色，无毛。单叶互生，上面绿色，下面淡绿色，厚纸质，叶片长椭圆形，边缘全缘，两面无毛；叶柄粗壮；叶柄卵形，头状花序，核果卵形，红色。	生于南方坡地，田间或人工栽培。	茎皮及根皮，似散。祛风活血，止痛，补血。	孤植，可做盆栽和庭园植，列植；做行道植物或花坛边植物；可做隔离带植物
570		丁哥王	Wikstroemia indica (Linn.) C. A. Mey.	岭南荛花、地棉皮。	小灌木。全株光滑无毛，茎红褐色，皮部富纤维质韧，单叶对生，基部楔形或倒卵形，长椭圆形，皮部纤细，侧脉纤细，先端尖，数朵排成顶生的短总状花序。浆果球形，成熟时鲜红色。	生于路旁，山坡灌木丛中。	根、茎、叶及果。有毒解毒。清热解毒，散结逐瘀。叶：消热结，化瘀散结，消肿止痛。	列植，可做行道植物或花坛边隔离带植物
571		白木香	Aquilaria sinensis (Lour.) Spreng.	土沉香、沉香	常绿乔木。幼枝有疏柔毛。单叶互生，叶片卵形，倒卵形或椭圆形，先端短渐尖，基部宽楔形，叶面有光泽，革质，革质木质，伞形花序顶生或腋生，故灰黄色短柔毛，有宿存花萼。蒴果木质，果近黄色。	生于山地，丘陵地，有栽培。	（沉香）含有树脂的木材。辛，苦，微温。行气止痛，温中止呕，纳气平喘。	列植，可做行道植物
572	使君子科	使君子	Quisqualis indica Linn.	留君子、史君子、求子。	攀缘状灌木。小枝被黄色短柔毛。叶对生，膜质，卵形或椭圆形，表面无毛，先端钝圆，具短尖，基部近圆形。叶对生或近对生，基部渐尖，先端短渐尖，穗状花序，花顶生，花序；花瓣5片，初为白色，后转淡红色，果卵形，短尖，无毛，具明显锐棱角5条，成熟时外果皮脆薄，呈青黑色或栗色。	生于平地，山坡，路旁等向阳灌木丛中，亦有栽培。	种子。甘，温。有小毒。杀虫消积，健脾。	丛植，作园林观赏；可做棚架绿化造型等绿植型植物。

序号	科目名	品种	拉丁学名	别名	识别特征	生长环境	药用部位及功效	园林用途
573	**桃金娘科**	丁香	Eugenia caryophyllata Thunb.	公丁香、丁子香、支解香	单叶对生。叶柄明显，两侧常有下延叶基；叶片长圆状卵形或卵状倒卵形，先端渐尖或急尖，全缘，基部渐窄下延至叶柄，稍有光泽；聚伞圆锥花序，浆果红棕色，长方椭圆形，先端有肥厚宿存花萼裂片，有香气。	生于山坡地、路边或人工栽培	花蕾和果实。味辛，性温。有温中、补肾助阳的功能。用于脾胃虚寒，呃逆吐泻，食少泄泻，心腹冷痛，肾虚阳痿等症。	可孤植、做盆栽或庭植，列植，可做行道植物或花坛植物
574		山捻子	Rhodomyrtus tomentosa (Ait.) Hassk.	桃金娘、当梨根、稔子树、豆稔	高1-2米；嫩枝有灰色柔毛。叶对生，革质，叶片椭圆形或倒卵形，先端圆或钝，基部阔楔形，上面初时有毛，以后变无毛，发亮，下面有灰色茸毛，离基三出脉，直达先端且相结合，叶脉有长梗、常单生，紫红色，直径2-4厘米，萼管倒卵形，长6毫米，有灰茸毛，近圆形。浆果卵状壶形，熟时紫黑色。	生于丘陵坡地，为酸性土指示植物。	果实。味甘；性平。主治：涩肠止血。主血虚体弱，吐血，劳伤咳血，便血；崩漏；遗精；带下；痢疾；脱肛；烫伤；外伤出血。	可孤植、做盆栽和庭植，列植，可做行道植物或花坛离离植物
575		白千层	Melaleuca leucadendron L.	玉树	乔木。树皮灰白色，厚而松软，状剥落。叶互生，革质，叶片披针形或狭长圆形，萼筒卵形，被毛，萼齿5，花瓣5。	生于坡地、路边等	树皮。镇静安神；祛风除湿，止痛。用于神经衰弱，失眠头痛，风湿。	列植，可做行道植物
576		番石榴	Psidium guajava Linn.	秋果、鸡矢果、番桃树。	乔木。树皮光滑，灰色，片状剥落。单叶互生，革质，全缘，被短柔毛，揉之有香气，叶小腺体，全缘，叶面嫩时疏生短柔毛，下面密被短柔毛，嫩枝有棱，被毛。花单生或成聚伞状，花瓣白色，卵圆形至长椭圆形，上面有棱。花单生或数朵聚伞状，花瓣白色或略带红色。浆果球形、卵圆形或洋梨形，果肉黄色、白色或胭脂红色。	生于山坡地、路边或人工栽培	叶、果实。涩，平。清热解毒；健脾。果实：收敛止泻。叶：燥湿健脾，消积，涩肠止泻。	盆植、庭院景观植物；列植可做绿化或植边道植系或系边植物

序号	科目名	品种	拉丁学名	别名	识别特征	生长环境	药用部位及功效	园林用途
577		岗松	Baeckea frutescens Linn.	扫把枝、松毛枝。	灌木。嫩枝纤细，多分枝。单叶对生，先端尖，叶片狭线形，上面有沟，下面突起，有透明油腺点，无侧脉，中脉1条，无叶柄，花小，白色，单生于叶腋内，蒴果小，种子扁平。	生于低丘及荒山草坡与灌木丛中，酸性土壤指示植物。	全草、根。苦、辛、涩，凉。去瘀，止痛，利尿，杀虫。	对植或孤植，庭园绿化植物；可做行道树种可做水系边、水种
578		红千层	Callistemon rigidus R. Br.	红瓶刷、试管刷树、金宝树、刷子树。	小乔木。叶坚革质，线形，先端尖锐，干后突起，中脉在两面均突起。穗状花序生于枝顶，花瓣绿色，卵形，有油腺点，鲜红色。蒴果半球形，先端平截，萼管口圆，雄蕊长2.5cm，种子条状。	多为栽培。	枝叶。祛风，化痰，消肿。辛，平。	可作庭园和园区、园种；可列植行道树种；可做行道树
579		柠檬桉	Eucalyptus citriodora Hook. f.	香桉、油桉树、蚊子树。	大乔木。树皮光滑，灰白色，片状脱落。幼嫩叶对生，叶片披针形，有腺毛，基部圆形，叶柄盾状着生；成熟之叶片狭披针形，基部楔形，两面有黑色腺点，揉之有浓厚的柠檬气味。圆锥花序腋生，雄蕊多数。蒴果壶形。	多为栽培。	叶。苦，温，散寒，温中，健胃止痛，祛风除湿，解毒止痒。	列植可做行道树
580		蒲桃	Syzygium jambos (Linn.) Alston	薄桃、蒲桃壳、水蒲桃、水石榴、香果。	乔木。叶革质，披针形或长圆形，先端长渐尖，基部阔楔形，叶面多透明细小腺点，聚伞花序顶生，有油腺点。花白色，果球形，果皮肉质，成熟时黄色。	生于河边及河谷湿地。	根皮、果。甘，涩，平。凉血，收敛。	孤植，可作庭园区、园植物；对植，可种；可做行道树和水系边水植物

序号	科目名	品种	拉丁学名	别名	识别特征	生长环境	药用部位及功效	园林用途
581		洋蒲桃	Syzygium samarangense Merr. et Perry	金山蒲桃、莲雾、紫蒲桃、水石榴。	乔木。叶薄革质，椭圆形至长圆形，先端钝或稍尖，基部变狭，上面干后转变黄褐色，下面多细小腺点。聚伞花序顶生或腋生，有花数朵，花白色。果梨形或圆锥形，肉质，洋红色，发亮。	多为栽培。	根，苦，寒，泻火解毒。叶及树皮，苦，寒，燥湿止痒。	孤植，可作庭园植物；可做行道树或水系边界；对景植物；可做景观树。
582	柳叶菜科	草龙	Ludwigia hyssopifolia (G. Don) Exell	针筒草、线叶丁香蓼。	水生草本。具白色囊状吸根。叶片单叶互生，叶片长倒披针形，全缘，上面绿色，下面绿长，基部渐窄成柄。花淡黄白色，花萼宿存。蒴果细长圆柱形，单生于叶腋。	生于湿地、水沟边、田边、河滩等处。	全草，苦，凉，清热利湿消肿。	水系边或挺水植物点缀。
583		水龙	Ludwigia adscendens (Linn.) Hara	玉钗草、草里银钗、过塘蛇、过江藤。	多年生浮水或上升草本。浮水茎节上枝生倒圆锥形白色海绵状贮气的根状浮器。叶互生，叶片长圆形或倒卵形，先端常钝圆形，托叶卵形至心形。花单生于叶腋，花瓣乳白色，基部淡黄色，倒卵形。蒴果淡褐色，圆柱状。	生于水田、浅水塘。	全草，淡，凉，清热利湿消肿。	水系边或挺水植物点缀。
584		毛草龙	Ludwigia octovalvis (Jacq.) Raven	草龙、水仙桃、针筒草。	亚灌木状草本。茎具纵棱，条状披针形，茎上部中空，单叶互生，单生于叶腋，花两性，花瓣黄色，绿色，被毛，具棱。全株被柔毛，叶片披针形，两面密被柔毛，萼筒线形，萼片4片，宿存。蒴果圆柱形，绿色。	生于田边、荒地、沟边、路旁或潮湿草地。	全草，淡，苦，寒，清热解毒利湿消肿。	丛植，水界植物或花境缀植。
585	五加科	鸭脚木	Schefflera octophylla (Lour.) Harms	鹅掌柴、鸭脚树、鸭母树。	常绿灌木。树皮灰白色，掌状复叶互生，小叶6～9片，长椭圆形，全缘，叶柄细长，伞形花序聚生成大型圆锥花序，花瓣肉质，白色，芳香。浆果球形，成熟时暗紫色。	生于常绿阔叶林中或向阳山坡上。	根皮、茎皮，苦，凉，发汗解表，祛风除湿。	列植，水界植物或花境缀植，可做庭院植物。丛植。

（亚）热带主要景观药用植物名录及景观配置形式

序号	科目名	品种	拉丁学名	别名	识别特征	生长环境	药用部位及功效	园林用途
586		刚毛白簕	Acanthopanax trifoliatus (Linn.) Merr. var. setosus Li	鹅掌勒、白勒、掌簕。	攀缘状灌木。疏生向下的针刺，刺基部扁平，先端钩曲。叶互生，有3或5小叶，椭圆状卵形，先端长渐尖，小叶片通常较长，边缘锯齿具长刺毛，上面被刚毛，伞形花序3-10个，稀多个小组成顶生复伞形花序或圆锥花序，花黄绿色。果扁球形，黑色。	生于林荫下或林缘湿润地。	根、根皮，苦、辛、凉。清热解毒，祛风利湿，活血舒筋。	丛植，林下植被。
587		白簕	Acanthopanax trifoliatus (Linn.) Merr.	三叶五加、三加皮、白筋。	攀缘状灌木。疏生向下的针刺，刺基部扁平，先端钩曲。叶互生，有3小叶，基部楔形，两侧小叶基部歪斜，边缘具细锯齿。伞形花序3-10个，组成顶生或圆锥花序，黄绿色。核果状，扁球形，成熟时黑色。	生于山坡路旁，林缘或灌木丛中。	全株，苦、涩、凉。清热解毒，祛风利湿，活血舒筋。	丛植，林下植被或林间边界。
588		广西鹅掌柴	Schefflera kwangsiensis Merr. ex Li	汉桃叶、西鸭脚木、七叶莲。	灌木，偶见攀缘状。小叶5-7片，革质，长圆状披针形，先端渐尖，基部楔尖，全缘，反卷，两面无毛，中脉仅下面隆起。圆锥花序顶生，卵球状。果卵形，有5棱，黄红色。	生于林下或石山上。	根、茎及叶。微苦。祛风止痛，舒筋活络。	列植，界线植物或缓坡绿化；庭院植物。
589		幌伞枫	Heteropanax fragrans (Roxb.) Seem.	大蛇药、凉伞木、五加通。	常绿乔木。叶大，三至五回羽状复叶，直径达50-100cm，叶柄15-30cm，小叶片对生，椭圆形，先端短尖，基部楔形，纸质，全缘，两面均无毛，花杂性；圆锥花序顶生，主轴及分枝密生锈色星状毛；伞形花序再组成大型顶生圆锥花序，花淡黄白色，芳香。果卵球形，黑色。	生于山坡灌木丛或林缘中，亦见栽培。	根、树皮及叶，苦、凉。凉血解毒，消肿止痛。	列植，做行道边树种，小植株可作盆景。
590		黄毛楤木	Aralia decaisneana Hance	楤木、鹰不泊、大叶龙牙不企。	灌木。具刺和黄褐色绒毛。小叶革质，卵形，先端渐尖，基部圆形，边缘具细锯齿，两面被黄棕色绒毛。下轴和羽片轴密生叶细刺和黄棕色绒毛。伞形花序再组成大型顶生圆锥花序，密被黄色绒毛，花淡绿白色。核果球形，具5棱。	生于杂木林中。	根，苦、辛、平。祛风除湿，活血通经，解毒消肿。	列植，林边隔离树种。

序号	科目名	品种	拉丁学名	别名	识别特征	生长环境	药用部位及功效	园林用途
591		密脉鹅掌柴	Schefflera venulosa (Wight et Arn.) Hanns	七叶莲。	灌木或小乔木。小叶5-7片，草质，中部最宽，先端急尖，基部渐狭，全缘，无毛，中脉在两面隆起，侧脉5-6对，网脉稠密而隆起；叶柄10-12cm，托叶和叶柄基部合生成鞘状，顶生，伞形花序多个组成圆锥花序，棱明显成圆锥花盘隆起，五角形。	生于谷地常绿阔叶林中。	根、茎、叶。辛、微苦、温。祛风止痛、活血消肿。	列植、丛界植物或边界植物，或庭院点缀植物。丛植可做地表植物
592		五加	Acanthopanax gracilistylus W. W. Smith	五叶路刺、白刺尖、细柱五加。	灌木。枝蔓生状，无毛，节上疏生反曲扁刺。小叶5片，长枝上互生，短枝上簇生，膜质至纸质；边缘有细钝齿，两面无毛；叶柄无毛，有细刺，伞形花序腋生或生于短枝顶端，花黄绿色，花瓣5片。果扁球形，黑色。	生于灌木林、林缘、山坡、路旁和村落中。	根皮。辛，温。祛风湿，补肝肾，强筋骨。	丛植，林下植被；列植作为边界植物或地表植被
593	伞形科	藁本	Ligusticum sinense Oliv.	香藁本	多年生草本，高达1米。根茎发达，具膨大的结节，茎直立，圆柱形，中空，具条纹。花期8-9月，果期10月	生于向阳山坡草丛中或润湿的水滩边	根和根茎。性温。祛风散寒。用于风湿痹痛，风湿表证，颠顶痛。	丛植，林下植被；列植作为行道系水边植被
594		积雪草	Centella asiatica (Linn.) Urban	崩大碗、破铜钱、落得打。	匍匐草本。单叶互生，边缘具宽钝齿，两面无毛，叶柄基部扩大略成鞘状。伞形花序，腋生，花柄紫红色。双悬果扁圆形。	生于路旁、田坎和沟边等略阴湿地方。	全草。苦、辛、寒。清热利湿，解毒消肿，通淋。	丛植，林下植被；草坪列植物；作地表植被
595		旱芹	Apium graveolens Linn.	香芹、芹菜	草本，高5-15公分，茎匍匐于地面，节节生根，叶长2-3公分，边缘有浅锯齿。多年生叶片肉质，裂片有锐锯齿，浅裂约等于叶片深度，伞形花序，花瓣梗长于叶柄；果为离果，扁圆形，基部心形	生于阴凉湿润的壤土上，多见于田间栽培	全草。利尿，降血压，用于高血压、水肿、小便热涩不利。	丛植、庭园植，列植作行道边界植物

序号	科目名	品种	拉丁学名	别名	识别特征	生长环境	药用部位及功效	园林用途
596		刺芹	Eryngium foetidum Linn.	假芫荽、香菜、野菜。	二年生或多年生草本。主根纺锤形，不分裂，茎有膜质叶鞘，边缘具骨质叶尖或刺状，对生；茎生叶深锯齿，顶端一叉状分枝基部，顶端常不分裂，叉处及上部枝条的短枝上；总苞片叶状，披针形；花瓣白色，淡黄色或草绿色，有瘤状凸起。	生于丘陵、山地林下、路旁、沟边等湿润处。	带根全草。苦、辛，平，发表止咳、透疹解毒、理气止痛、利尿消肿。	丛植、庭园植物，作作界植物
597		隔山香	Osterium citriodorum (Hance) Yuan et Shan	柠檬香碱草、九步香、野茴香。	多年生草本。全株光滑无毛。叶一至三回羽状分裂，根近纺锤形，棕黄色；有数条支根；末回裂片长披针形，长圆状卵形，具小凸尖头；叶柄长5-30cm，基部膨大成精褐色茎；复伞形花序；花白色或乳白色，急尖；果椭圆形，金黄色，表皮细胞凸出或颗粒状突起。背腹具狭翅。	生于山坡、路旁、灌木林下或成林缘、草丛中。	根、全草。微苦、苦，平，疏风清热，祛痰止咳、消肿止痛。	列植、林下或做丛植水系边绿化带
598		红马蹄草	Hydrocotyle nepalensis Hk.	金钱薄荷、大铜钱草、马蹄草、钱草。	多年生草本。叶膜质至硬膜质，裂片有钝锯齿，叶阔三角形，边缘常5-7浅裂；托叶膜质；叶柄长4-27cm，小伞形花序密集成球形，边状花序；花瓣卵形，偶有紫红色，具斑点。果基部心形，或成背腹扁压，果圆卵形，成熟时黄褐色或紫黑色，具显著棱。	生于山坡、阴湿地、水沟和溪边草丛中。	全草。苦、寒，化痰，清热利湿，止血，解毒。	观叶植物、列植可做林边、水系边灌木绿化带；
599		胡萝卜	Daucus carota Linn. var. sativa HoffFm.	野明萝卜、红萝卜、鹤虱草。	二年生草本。茎全体具白色粗毛。根肉质，长圆形，粗肥，呈红色或黄色。叶薄膜质，长圆形，顶二至三回羽状全裂，末回裂片线形或披针形，复伞形花序；端尖锐，具小尖头，光滑或有糙硬毛，花常白色，果圆卵形，或带淡红色。果长圆形，棱上具白色刺毛。	山坡、溪边或栽培	根。甘、辛，平。健脾和中，滋肝明目，化痰止咳、清热解毒。	丛植、庭园观赏；列植、道边、水系边绿化带
600		茴香	Foeniculum vulgare Mill.	小茴香、怀香、山茴香。	草本。茎光滑，灰绿色或苍白。叶阔三角形，四至五回羽状全裂，末回裂片与侧生叶瓣黄色，倒卵形或近倒卵圆形。果长圆形，尖锐。	山坡、溪边或栽培	成熟果实。辛，温，散寒止痛，理气和胃。	丛植、庭园观赏；列植、道边绿化带

序号	科目名	品种	拉丁学名	别名	识别特征	生长环境	药用部位及功效	园林用途
601		卵叶水芹	Oenanthe rosthornii Diels	水芹、水川芎。	多年生粗壮草本。叶广三角形或菱状卵形或长圆形，末回裂片和近于窄尖。复伞形花序顶生和侧生；花瓣白色。果椭圆形或长圆形、倒卵形。	生于山谷林下水沟旁草丛中。	全草，补气益血，止血、利尿。	丛植，园观叶植物；列植，行道边，水系边绿化带。
602		前胡	Peucedanum praeniptorum Dunn	白花前胡、鸡脚前胡、官前胡。	多年生草本。基生叶具长柄，叶片卵形或三角状卵形，三出式二至三回分裂，柄长3.5-6cm，末回裂片边缘具不整齐羽状粗或圆锯齿。复伞形花序多朵，顶生或侧生；花瓣白色。果卵圆形、棕色。	生于山坡林缘，或路旁半阴性的山坡草丛中。	根，苦、辛、微寒。散风清热，降气化痰。	列植，行道边，水系边绿化。
603		蛇床	Cnidium monnieri (Linn.) Cuss.	假芹菜、双肾子、蛇床子、野茴香。	一年生草本。茎中空，具深条棱，粗糙。叶卵形至三角状卵形，二至三出式三回羽状全裂，末回裂片线形至线状披针形，先端尖。复伞形花序；总苞片线形至近五角形，扩大成翅。	生于田边、路旁、草地及河边湿地。	成熟果实，辛、苦、温，有小毒。温肾壮阳，燥湿祛风，杀虫。	丛植，园观叶植物；列植，行道边，水系边绿化带。
604		肾叶天胡荽	Hydrocotyle wilfordi Maxim.	山灯盏、鱼藤草、透骨草。	多年生草本。叶膜质至薄草质，圆形或肾形，基部心形，两面光滑，掌状不明显7条裂。花序梗单生于枝条上部，与叶对生；花瓣卵形，白色或黄绿色；果基部截形，中棱明显隆起。	生于阴湿的山谷、田野、沟边、溪旁等处。	全草，苦、微寒。清热解毒，利湿。	丛植，林下植被，庭院绿化植物；列植，行道边，水系边绿化带。
605		天胡荽	Hydrocotyle sibthorpioides Lam.	盆上芫荽、满天星、破铜钱、落地金钱。	小草本。茎细长而匍匐，平铺地上成片，节上生根。叶圆形或肾形，不分裂或3～5裂，边缘有钝锯齿，上面绿色，光滑或疏毛，下面通常有柔毛，互生。伞形花序与叶对生，单生于节上；花瓣白色，绿色时有紫红色或黄褐色。果双悬果略呈心形。	生于潮湿草地、路旁、墙脚或溪边。	全草，辛、微苦、凉。清热利尿，化痰止咳。	丛植，林下植被，庭院绿化植物；列植，行道边，水系边绿化带。

序号	科目名	品种	拉丁学名	别名	识别特征	生长环境	药用部位及功效	园林用途
606		异叶茴芹	Pimpinella diversifolia DC.	八月白、鹅脚板、白花菜根。	多年生草本。叶纸质，叶片分裂或羽状分裂，裂片卵圆形或异形，基生叶三出分裂或偏斜，顶端裂片基部心形或楔形，两侧裂片基部具叶柄，小伞形花序；花瓣倒卵形，白色。幼果卵形，有毛，成熟时卵球形，果棱线形。	生于山坡草丛中、沟边、路边林下。	全草。苦、辛、微甘，微温。散风宣肺，理气止痛，消积健脾，活血通经，除湿解毒。	丛植，林下植被；列植，行道；水边绿化系边带
607		芫荽	Corandrun sativum Linn.	香菜、香荽、胡荽。	一年生或二年生草本。具强烈气味。基生叶一或二回羽状全裂，羽片广卵形或扇形半裂，边缘具钝锯齿，缺刻或深裂；上部叶多回羽状分裂，末回裂片狭线形。伞形花序顶生或与叶对生，棱明显。花白色。果圆球形。	生长于山坡路旁、旷野或田间。	全草。辛，温。发表透疹，健胃。	丛植，庭园观赏；列植，行道；水边绿化系边低矮绿化带
608		紫花前胡	Angelica decursiva (Miq.) Franch, et Sav.	麝香菜、鸭脚当归、老虎爪、土当归。	多年生草本。根圆锥状，具强烈气味。茎单一、中空，光滑，常为紫色，有纵沟纹。叶三角形至卵圆形，坚纸质，一回三全裂或一至二回羽状分裂，第一回侧方裂片与顶端裂片基部联合，沿叶轴呈翅状延长，边缘有锯齿，末回裂片边缘具白色软骨质锯齿；表面深绿色，背面绿色，主脉带紫色。复伞形花序顶生和侧生；花深紫色；果长圆形至卵状椭圆形。	生于山坡林缘、溪沟旁或杂木林丛中。	根。苦、辛、微寒。散风清热，降气化痰。	列植，行道；水边绿化系边低绿化带
609	杜鹃花科	杜鹃花	Rhododendron simsii Planch.	杜鹃、映山红	落叶或半常绿灌木。枝条、苞片、花柄及花萼均有棕褐色扁平的糙伏毛。叶片纸质，卵状椭圆形，顶端短尖，基部楔形，两面均有糙伏毛。蒴果卵圆形，有糙伏毛。	生于山地疏灌丛或松林下。	花、根、叶。花：甘、酸，平。花能活血，花能祛风湿，叶清热解毒，止血。根：能活血止血。	丛植，也可植于林下、道旁；孤植、庭栽或庭园观赏；盆栽、庭园片植

138

序号	科目名	品种	拉丁学名	别名	认识特征	生长环境	药用部位及功效	园林用途
610		白花杜鹃	Rhododendron mucronatum (Blume) G. Don	尖叶杜鹃、白杜鹃。	半常绿灌木。幼枝密被灰褐色长柔毛。叶纸质，披针形至卵状披针形，先端钝尖至圆形，基部楔形，两面疏被灰褐色长糙伏毛，混生短腺毛；叶脉上面下凹，下面凸出；叶柄密被灰褐色扁平长糙伏毛和短腺毛。伞形花序顶生，花1~3朵，花冠白色，阔漏斗形。蒴果圆锥状卵球形。	多为栽培。	根、花、酸、辛、温。止咳、固精、止带。	孤植，可做庭栽、盆植、园林片植井；或丛植、作园林景观；列做行道植花井；
611		锦绣杜鹃	Rhododendron pulchrum Sweet	鲜艳杜鹃。	半常绿灌木。枝被淡棕色糙伏毛。叶薄革质，椭圆状长圆形至椭圆状披针形，先端钝尖，基部楔形、边缘反卷，全缘，上面中脉凸出，下面凸出。伞形花序顶生，花1~5朵，花柄密被棕色糙伏毛。蒴果长圆状卵球形，被刚毛状糙伏毛。	多为栽培。	根、叶及花、酸、甘、温。祛风止痛。叶：祛风解毒，止血。花：活血调经，祛风湿。	孤植，可做庭栽、盆植、园林片植井；或丛植、作园林景观；列做行道植花井；
612	**报春花科**	金钱草	Lysimachia christinae Hance	过路黄、铺地莲、铜钱草。	草本。茎柔弱，平卧延伸，叶对生，卵形至近圆形，先端锐尖或圆形，基部截形至浅心形，鲜时稍厚，透光可见密布透明腺条，干时腺条成黑色，质地稍厚，具黑色长腺条。花单生于叶腋；花冠黄色，有稀疏黑色腺条。	生于沟边、路旁阴湿处和山坡林下。	全草、甘、微苦、凉。利水通淋、散瘀消肿、清热解毒。用于胆结石、泌尿系结石、热淋、小便涩痛、湿热黄疸、痈疮、蛇虫咬伤	丛植，作水景、水池等边观叶植物

（亚）热带主要景观药用植物名录及景观配置形式

序号	科目名	品种	拉丁学名	别名	识别特征	生长环境	药用部位及功效	园林用途
613		聚花过路黄	Lysimachia congestiflora Hemsl.	临时救、黄花珠、九莲灯。	草本。茎下部匍匐，节上生根，上部密被近圆形，卷曲柔毛。叶对生，卵形、阔卵形至近圆形，近成端和枝端单生成对叶腋可见单生花；花集状花序，花序下方一对叶腋处的总状状的暗红色或黑色腺点。蒴果球色；花冠黄色。	生于水沟边、田埂上和山坡、林缘等地、草地湿润处。	全草。辛、微苦，微温。祛风散寒，化痰止咳，利湿，消积排石。	公植，园植被，或地被植，林坡或作行道花坛植、花界边等地植物。
614		广西过路黄	Lysimachia alfredii Hance	斗笠花、四叶黄、一枝花。	草本。茎簇生，被褐色多细胞柔毛。叶对生，卵形至披针形，基部均被短伏生，两面均有绿具腺点，密被黑状；花序状花序顶生，缩短成近头状；花冠黄色。序轴、花梗均被短伏生毛。褐色。	生于山谷溪边、沟旁湿地，林下和灌木丛中。	全草。苦、辛，凉。清热利湿，通淋。	丛植，园植被，或地被植物，或作道路、行带、花坛边等地植物。
615		星宿菜	Lysimachia fortunei Maxim.	红根草、大田基黄、红头绳。	多年生草本。根状茎横走，花序轴具腺点，茎基部至茎多呈紫红色；圆状披针形，长圆状披针形，先端渐尖，干后成紫黑色，两面均有黑色腺点；花序状花序顶生，细瘦；花冠白色。果球形。	生于田边、溪边和山坡路旁潮湿处。	以全草入药。苦、辛，凉。有毒。清热解毒，消肿散结。	丛植，园植被，或地被植物，或作行道、花坛边等地植物。
616	木犀科	丹桂	Osmanthus fragrans (Thunb.) Lour.	木犀、桂花。	常绿乔木。树皮灰褐色。单叶对生，叶片椭圆状披针形，全缘或在上半部具细锯齿，叶小水泡肉有成异状突起，每腺内有花朵采，花黄色、淡黄色、黄色或黄色，聚伞花序簇生于叶腋，红色，气芳香。果歪斜，椭圆形，呈紫黑色。	多为栽培。	花、果及根。花，辛、温，散瘀止痛；果，辛、温，暖胃、平肝；根，甘、平，祛风湿，散寒。	孤植，园植或盆景植物，园林观或作行道边等界植物。

序号	科目名	品种	拉丁学名	别名	识别特征	生长环境	药用部位及功效	园林用途
617		桂叶素馨	Jasminum laurifolium Roxb.	岭南茉莉。	常绿缠绕藤本。全株无毛。单叶对生，革质，线形、披针形或狭椭圆形，先端渐尖至尾尖，基部楔形。叶缘反卷，叶脉两面不明显；叶柄近基部具关节。聚伞花序顶生或腋生，花卜8朵，常单生，芳香，花冠白色，高脚碟状。果卵状长圆形，黑色，光亮。	生于山谷、丛林或岩石坡。灌木丛中。	全株。苦，寒。散瘀清热利湿消肿。	丛植，作园林景观点缀篱等。
618		茉莉花	Jasminum sambctc (Linn.) Ait.	茉莉，柰花。	攀援状灌木。单叶对生，椭圆形，顶端短尖，基部阔楔形，全缘，叶背脉腋内常具花3朵，雄蕊2枚，花白色，果球形，紫黑色。	多为栽培。	花。辛、甘，温。理气，开郁，辟秽，和中。	庭植、盆景或园林植物园林。
619		扭肚藤	Jasminum elongatum (Bergius) Willd.	白华茶、扭藤、白银花。	攀援灌木。小枝圆柱形，被短柔毛，单叶对生，卵形或卵状披针形，先端短尖，基部楔形，纸质。果长圆形或卵圆形，黑色。	生于灌木丛中或混交林中。	枝叶。微苦，凉。清热解毒，利湿。	丛植，作园林景观点缀篱等。
620		女贞	Ligustrum lucidum Ait.	蜡树，女贞子、白蜡树。	灌木或乔木。枝多见椭圆形皮孔。叶卵形、长卵形或椭圆形，近圆形，两面无毛。花序轴及分枝平坦，紫色或黄棕色，花冠白色，果肾形，深蓝黑色，成熟时呈红黑色，被白粉。	生于疏林、密林中。	果实。甘、苦，凉。补益肝肾，清虚热，明目。	庭植或园林景观作林带、行道边界植物。
621		素馨花	Jasminum grandiflorum Linn.	大花茉莉，大素馨。	攀援灌木。小枝具棱或四沟。叶对生，羽状深裂或羽状，小叶片卵形或长椭圆形，小叶具柄，基部楔形，顶端急尖至渐尖。聚伞花序顶生或腋生，芳香，花2-9朵，花冠白色，高脚碟状。	生石灰岩、山地。	花蕾。微苦，平，行气疏肝解郁，止痛。	丛植，作园林景观点缀篱等。

141

序号	科目名	品种	拉丁学名	别名	识别特征	生长环境	药用部位及功效	园林用途
622		小蜡	Ligustrum sinense Lour.	山指甲、黄杨树。	落叶灌木或小乔木。单叶对生，先端锐凹，卵形至披针形，先端锐尖、短尖至近圆形，或微凹，基部宽楔形至近圆形，上面深绿色，下面淡绿色，沿中脉被短柔毛。圆锥花序顶生或腋生，塔形，果近球形，熟时紫黑色。	生于山谷疏林、路旁、山坡或密林中，混交林中亦有栽培。	树皮、枝叶。苦，凉。清热利湿，解毒消肿。	丛植，园林或园景观，作林带、行道边等界边植物。
623		樟叶素馨	Jasminum cinnamomifolium Kobuski	樟叶茉莉。	攀缘灌木。全株无毛。单叶对生，椭圆形或狭椭圆形，纸质或薄革质，基部楔形或圆形，有关节，叶缘反卷，扭转，基出脉5条，生叶腋，花单生，或呈伞状聚伞花序，顶生叶腋，有花1-5朵，花冠白色，高脚碟状。果近球形或椭圆形，呈黑色。	生于林中、沙地。	根、叶。苦，凉。清热解毒，接骨疗伤。	丛植，作园林景观点缀篱等。
624	马钱科	密蒙花	Buddleja officinalis Maxim.	黄饭花、鸡骨头花、蒙花耳子。	落叶灌木。小枝略有四棱，叶对生。叶片长椭圆形至披针形，密被黄色绒毛，全缘或有小齿，上面被细星状毛，下面密被灰白色至黄棕色星状毛。聚伞圆锥状花序，蒴果卵形，2瓣裂，花冠筒存。	生于河边灌丛、溪边、林缘、路旁、杂木林中。	花蕾及花序。性微寒，味甘。微热素肝，明目退翳。用于目赤肿痛、多泪羞明、眼生翳膜、肝虚目暗。	丛植，庭院栽培观赏植物。
625		巴东醉鱼草	Buddleja albiflora Hemsl.	白花醉鱼草。	灌木。叶对生，纸质，长圆状披针形或长圆形，顶端渐尖或长渐尖，基部楔形，边缘具重锯齿，上面深绿色，下面被灰白色绒毛。圆锥状聚伞花序顶生；花冠淡紫色，芳香。蒴果长圆状；种子褐色，两端具长翅。	生于山地灌木丛中或林缘。	全草。辛、微苦，温。有毒。祛风除湿，活血，杀虫。	丛植，林植、行道边等界边植物。

序号	科目名	品种	拉丁学名	别名	识别特征	生长环境	药用部位及功效	园林用途
626		马钱子	Strychnos nux-vomica Linn.	番木鳖、苦实、马前。	乔木。叶纸质，近圆形、宽椭圆形至卵形，顶端短渐尖或急尖，基部圆形，有时浅心形，上面无毛，基出脉3-5条，具网状横脉。圆锥状聚伞花序腋生；花冠绿白色，后变白色。浆果圆球状，成熟时橘黄色，密被银色绒毛；种子扁圆盘状，灰黄色，密被银色绒毛。	生于热带。	种子。苦，温。通络止痛，散结消肿。	列植或孤植，作全区观叶树种。
627		白背枫	Buddleja asiatica Lour.	驳骨丹、醉鱼草、七里香。	直立灌木或小乔木。幼枝、叶下面、叶柄和花序均密被灰色或黄色星状绒毛。叶对生，叶片膜质至纸质，狭椭圆形、狭披针形，顶端渐尖，基部楔形，全缘或具小锯齿。总状花序窄而长，单生或数个再排列成圆锥花序；花冠白色，淡绿色，芳香。蒴果椭圆状，两端具短翅。	生于向阳山坡灌木丛中或疏林缘。	全株。辛，苦，温，有小毒。祛风利湿，行气活血。	丛植，作林带，区界植物。
628		断肠草	Gelsemium elegans (Gardn. & Champ.) Benth	胡蔓藤、钩吻、大茶药。	常绿木质藤本。植株无毛。叶膜质，卵形、卵状长圆形或卵状披针形，顶端渐尖，基部阔楔形或近圆形。花密集，组成顶生或腋生的三歧聚伞花序，每分枝基部具苞片2枚；花冠黄色，漏斗状，内面具淡红色斑点。蒴果卵形，未开裂时明显具2条纵槽，成熟时黑色。	生于山地路旁灌木丛中或潮湿肥沃的丘陵山坡疏林下。	根、叶及全草。辛，温，有大毒。攻毒拔毒，杀虫散瘀止痛。	丛植，园区作林带边道等植物。
629		牛眼马钱	Strychnos angustiflora Benth.	牛眼珠、梗木树。	木质藤本。老枝变成枝刺，小枝变态成螺旋状曲钩。叶革质，卵形，有时浅心形，顶端急尖，基部钝，被短柔毛；基出脉3-5条。浆果圆球状，光滑，成熟时红色或橙黄色；种子扁椭圆形。	生于山地疏林下或灌木丛中。	种子。苦，寒，有大毒。通经络，消肿止痛。	丛植，作林带边道等界植物。

（亚）热带主要景观药用植物名录及景观配置形式

序号	科目名	品种	拉丁学名	别名	识别特征	生长环境	药用部位及功效	园林用途
630		醉鱼草	Buddleja lindleyana Fortune	痒见消、鱼鳞子、鱼泡草。	灌木。幼枝、叶下面、叶柄及花均密被星状短绒毛和腺毛。叶对生，叶片膜质，卵形、椭圆形至圆形，顶端渐尖，基部宽楔形至圆形，全缘或具波状齿。穗状聚伞花序顶生；花紫色，芳香。果序穗状，蒴果长圆状，具鳞片，宿存花萼。	生于山地路旁、河边、灌木丛中或林缘。	茎叶。辛、苦，温。有毒。祛风解毒，驱虫，化骨硬哽。	丛植，作林带、行道边等植界植物
631	龙胆科	莕菜（水生）	Nymphoides peltatum (Gmel.) O. Kuntze	莲叶莕菜、大紫背浮萍、水葵	多年生水生草本。茎圆柱形，多分枝，沉没水中，具不定根，近圆形或圆形，先端圆，基部深心形，全缘或微波状，上面光滑，下面带紫色，密被腺点；叶柄粗糙基部变宽抱茎，蒴果长椭圆形先端尖，不开裂	生于池沼或流水缓慢的排水沟中	发汗，透疹，清热，利尿	丛植，漂浮植物
632	夹竹桃科	鸡蛋花	Plumeria rubra Linn. 'Acutifolia'	蛋黄花、大季花。	落叶小乔木。枝条粗壮肥厚肉质，全株具丰富乳汁。单叶互生，叶片常聚集于枝上部，长圆状倒披针形，绿色，花梗淡红色，花冠外面白色，花冠外面白色内面黄色。蓇葖果双生。	栽培	花朵。甘、微苦，凉。清热解毒，清肺止泻，止咳化痰。	列植，作水系边行道树种；丛植，园林景观点缀花卉；孤植，庭园花木。
633		夹竹桃	Nerium indicum Mill.	红花夹竹桃、洋柳叶树、柳叶桃梅。	常绿直立大灌木。窄披针形，顶端急尖，基部楔形，叶缘反卷，叶面深绿，两面近无毛；叶柄具腺体。聚伞花序顶生，数朵，花芳香，花冠深红色或粉红色，漏斗状，花冠裂片5条深裂，离生，平行或并连，蓇葖果2颗，平行或叉开。	低丘陵山地，平原栽培。	叶、枝皮。苦，寒。有大毒。强心利尿，祛痰定喘，镇痛，祛瘀。	列植，作水系边行道树种；丛植，绿墙，绿篱；
634		黄花夹竹桃	Thevetiaper-uviana (Pers.) K. Schum.	黄花状元竹、酒杯花、柳木子。	乔木，革质，叶大，无孔，无毛，叶互生，线形或线状披针形，两端长尖，光亮，全缘，叶面深绿色，具香味，顶生聚伞花序，花萼绿色，5裂，裂片三角形；花冠黄色，冠檐5裂，核果扁三角状球形，生时绿色而亮，干时黑色。	生于干热地区、池边、路旁、山坡疏林下。	果仁。辛，温。有大毒。强心。利尿消肿。	列植，作水系边观赏乔木种；丛植，作绿墙，绿篱；

序号	科目名	品种	拉丁学名	别名	识别特征	生长环境	药用部位及功效	园林用途
635		糖胶树	Alstonia scholaris (Linn.) R. Br.	灯台树、面条树、盆架子	乔木，高达20米，枝轮生，无毛。叶轮生，倒卵状长圆形、倒卵形或匙形，稀椭圆形或长圆形，顶端圆形、钝或微凹，稀急尖或渐尖，基部楔形；花白色，多朵组成稠密的聚伞花序，顶生；雄蕊长圆形，着生在花冠筒膨大处，内藏；花柱丝状，花盘环状。蓇葖果，细长，线形。	低丘陵山地疏林中，路旁或水沟边	叶：清热解毒，祛痰止咳。用于感冒发热，肺热咳喘。有毒	列植，行道或观叶树边水系种
636		催吐萝芙木	Rauvolfia vomitoria Afzel. ex Spreng.	萝芙木。	灌木。具乳汁。叶膜质或薄纸质，3-4叶轮生，广卵形或卵状椭圆形，侧脉弧曲上升，聚伞花序顶生，花淡红色，花冠高脚碟状，花冠喉部膨大，内面被粉红柔毛。核果离生，圆球形。	多为栽培。	根、茎皮：可提取利血平生物碱，治高血压，并可提制物吐、下泻药物。茎皮：治高热，消化不良，疥癣。	列植，行道或观叶树边水系种
637		倒吊笔	Wrightia pubescens R. Br.	常子、九浓木、屎木、枝桐木。	乔木。含乳汁：小枝密生皮孔。叶具叶片3-6对，长圆状披针形或卵圆形，顶端短渐尖，基部急尖，叶面深绿色，叶背浅绿色，密被柔毛。聚伞花序，白色、浅黄色或粉红色。蓇葖2个粘生，线状披针形，灰褐色。	阳性树，常见于山麓疏林中，密林中不常见。	根、茎枝：甘、淡、平。祛风通络，化痰散结，利湿。	孤植，园林景观，区观点种植物
638		狗牙花	Ervatamia divaricata (Linn.) Burk. 'Gouyahua'	白狗牙、豆腐花、狮子花	灌木。全株具乳汁。叶对生，坚纸质，椭圆形或长椭圆形，倒卵圆形，先端长尾状渐尖，侧脉于叶面下陷，聚伞花序腋生，花白色，花冠重瓣，花冠筒裂片向右旋。蓇葖果叉开或弯曲。	生于山坡疏林，路旁灌木丛中。	根、叶：酸、凉。清热降压，解毒消肿。	列植，行道边种，孤植，园林景观点缀；园景花卉。
639		链珠藤	Alyxia sinensis Champ. ex Benth.	满山香、鸡骨香、山红木。	藤状灌木。具乳汁。三叶对生或对生，圆形或倒卵圆形、倒卵形、顶端圆形或微凹，叶革质，边缘反卷，聚伞花序腋生或近顶生，花小；花冠先淡红色后退变白色。核果卵形。	生于矮林或灌木丛中。	根、全株：辛、微苦、温。小毒。祛风除湿，活血止痛。	列植，行道边或林边观树种

145

（亚）热带主要景观药用植物名录及景观配置形式

序号	科目名	品种	拉丁学名	别名	识别特征	生长环境	药用部位及功效	园林用途
640		萝芙木	Rauvolfia verticillata (Lour.) Baill.	萝芙藤、鸡眼子、野辣椒。	灌木。树皮灰白色。叶膜质，干时淡绿色，轮生，稀对生，椭圆形，长圆形或稀披针形，渐尖或急尖，基部楔形。聚伞花序腋间；花小，白色；花冠高脚碟状，由绿色变暗红色，成熟时紫黑色。	生于林边、丘陵地带的林中或溪边较潮湿的灌木丛中。	根。凉、苦、微辛，清热、降压、宁神。	列植，行道边花卉、孤植，景观点缀或庭园观花。
641		络石藤	Trachelospermum jasminoides (Lindl.) Lem.	石龙藤、石鲮、冬青、软筋藤。	常绿木质藤本。具乳汁，茎赤褐色，具皮孔。叶革质或近革质，椭圆形至卵状倒卵形，顶端锐尖，基部渐狭，叶面无毛，叶背被疏短柔毛，后渐无毛。二歧聚伞花序顶生或腋生，多朵组成圆锥状；花白色，芳香。蓇葖双生，叉开，无毛，线状披针形。	生于山野、溪边、路旁、林缘或杂木林中，常缠绕于树上或攀缘于墙壁。	干燥带叶藤茎。苦、微寒，祛风通络、凉血消肿。	列植或丛植，林边树种，观赏点界绿或缀绿篱。
642		四叶萝芙木	Rauvolfia tetraphylla Linn.	异叶萝芙木。	灌木。节及叶柄间具腺体。四叶轮生，大小不等，膜质，卵圆形，圆形或阔椭圆形，急尖或钝头。基部……聚伞花序顶生，从绿色转红色到黑色。	多为栽培。	树汁。催吐、下泻，祛瘀、利尿，消肿。	列植，行道边或林边树种。
643		羊角拗	Strophanthus divaricatus (Lour.) Hook. et Arn.	羊角扭、打破碗花。	直立或攀缘状灌木。有木样乳汁。单叶对生，长椭圆形或椭圆状矩圆形。聚伞花序顶生；花冠黄色，漏斗状。蓇葖果叉生，羊角状。	生于荒野、坡地、疏林下或灌木丛中。	种子。苦、寒，强心、消肿、止痛杀虫。有大毒。	列植，行道边或灌木。
644		长春花	Catharanthus roseus (Linn.) G. Don	雁来红、日日新、四时花。	草本或半灌木。全株无毛。叶对生，倒卵状矩圆形，花粉红色或紫红色，高脚碟状。蓇葖果2个，圆柱形。	多为栽培。	全草。苦、寒，凉血降压、抗癌。有毒。	列植，行道边系边花卉、丛做盆花、庭园景观植被；可观。

序号	科目名	品种	拉丁学名	别名	识别特征	生长环境	药用部位及功效	园林用途
645	萝藦科	白前	Cynanchum glaucescens (Decne.) Hand.-Mazz.	芫花叶白前、水竹消、消结草。	直立矮灌木。茎具两端列柔毛、叶无毛，长圆形或长圆状披针形，顶端急尖，基部楔形或不明显。聚伞花序腋生，着花10余朵；花萼5深裂；花冠黄色，辐状，副花冠浅杯状。蓇葖单生，纺锤形，先端渐尖，基部紧窄。	生于江边河岸及沙石间。	根。根茎。辛、苦。微温。降气，消痰，止咳。	列植，行系边或林边植物，丛植，可做花井隔离带
646		白薇	Cynanchum atratum Bunge	薇草、老瓜飘、山烟根子、白马根子草。	直立多年生草本。根须状，有香气。叶卵形或卵圆形，两面均被白色绒毛，以叶背及脉上为密。伞形状聚伞花序，茎四周着生8-10朵。蓇葖单生，中间膨大。	生于山坡或树林边缘	根、根茎。苦、咸。寒。清热凉血，利尿通淋，解毒疗疮。	行植，道边或林边植被，庭院观叶等；
647		气球果	Gomphocarpus fruticosus (Linn.) R. Br.	钉头果、唐棉	灌木。茎部渐狭，叶线形，叶缘反卷。生干枝顶端叶腋同；花萼裂片披针形，端渐尖而成喙。花冠宽椭圆形或圆形状，花深紫色。蓇葖单生。外果皮具软刺。	多为栽培。	地上部分。甘。平。健脾和胃，益肺。	列植，行道边植被；
648		匙羹藤	Gymnema sylvestre (Retz.) Schult.	金刚藤、枸藤、悲藤。	木质藤本。具乳汁，茎皮孔状长圆形，顶端渐尖。聚伞花序伞形状，基部楔形，腋生，花蕾卵圆形，花冠披针形，端部膨大，外果皮皮疲。	生于山坡林或灌木丛中。	根。全株。苦、平。清热解毒，祛风止痛。	列植，行道边或林边植被；
649		白叶藤	Cryptolepis sinensis (Lour.) Merr.	铁边、蜈蚣草、脱皮藤。	柔弱木质藤本。具乳汁，叶长圆形，两端圆形，叶面深绿色，背面淡绿色。小枝具红褐色，无毛。顶端具小尖头，顶生或腋生；聚伞花顶生，花小，绿白色；花蕾长卵圆状披针形，花冠淡黄色，裂片长圆状披针形或圆柱状。	生于丘陵山地灌木丛中。	全草。甘。凉。有小毒。清热解毒，散瘀止痛，止血。	丛植，做篱墙和棚架的良好材料；

147

序号	科目名	品种	拉丁学名	别名	识别特征	生长环境	药用部位及功效	园林用途
650		古钩藤	Cryptolepis buchananii Roem. et Schult.	大叶白叶藤、牛角藤、奶浆藤、扣过怀。	木质藤本。具乳汁。茎皮具红褐色皮孔，无毛。叶纸质，长圆形或椭圆形，顶端圆形具小尖头，叶背苍白色，无毛；侧脉近水平横出。聚伞花序腋生，长圆形，无毛。花冠黄色具纵条纹，外果皮具直线，又开成直角。蓇葖2个。	生于山地疏林或山谷密林中，攀援在树上。	根。微苦、寒。舒筋活络，消肿解毒，利尿。	可丛植，做篱墙或林边植物树种。
651		柳叶白前	Cynanchum stauntonii (Decne.) Schltr. ex Levi.	江杨柳、水豆粘、西河柳、草白前。	直立半灌木，无毛。须根纤细，叶对生，节上丛生。纸质，狭披针形，两端渐尖，中脉在叶背显著。聚伞花序约6朵，腋生，花冠紫红色，辐状，肉面具长柔毛，副花冠裂片盾状，隆肿。蓇葖单生，中间膨大。	生于山谷湿地，水旁或半浸在水中。	根、根茎。辛、苦，微温。降气，祛痰，止咳。	行、列植，道路边系物；可做庭园景观植被。
652		马利筋	Asclepias curassavica Linn.	莲生桂子草。	灌木状草本。有白色乳汁。单叶对生，叶片披针形。聚伞花序顶生或腋生，有花10-20朵。花冠紫红色，副花冠黄色，着生于合蕊冠上。蓇葖果披针形。	多为栽培。	全草。苦、寒。有毒。清热解毒，活血止血，消肿止痛。	行、列植，道路边系物；可丛植，做花卉景点缀。
653		铁草鞋	Hoyapottsii Traill	三脉球兰、三味夹龙。	附生攀缘灌木，除花冠内面外其余均无毛。叶肉质，卵圆形至卵圆形，叶至近心形，叶端均被毛状，先端急尖，聚伞花序伞形状，腋生，花冠白色，裂片宽卵形，外面无毛，肉面具长柔毛。蓇葖线状长圆形，外果皮具黑色斑点。	生于密林中，附生于大树上。	叶。苦、辛，平。解毒。活血祛瘀，消肿。	丛植或孤植。林下造型型植物。
654		通光散	Marsdenia tenacissima (Roxb.) Wight et Arn.	大苦藤、地甘草、乌骨藤。	坚韧木质藤本。茎密被柔毛。叶宽卵形，长和宽15-18cm，基部深心形，两面均被堆茸，或叶面近无毛。伞形状复聚伞花序腋生；花冠裂片长圆形，密被黄色，密被柔毛，内有腺体；蓇葖长披针形，密被柔毛。	生于疏林中。	藤。微寒、苦。清热解毒，止痛平喘，利湿通乳，抗癌。	丛植，林下植被，绿篱墙缘等造型植物。

序号	科目名	品种	拉丁学名	别名	识别特征	生长环境	药用部位及功效	园林用途
655		娃儿藤	Tylophora ovata (Lindl) Hook, ex Steud.	白龙须、嗽药草、三十六荡、三十六根。	攀缘灌木。根丛生，根部黄色柔毛。叶卵形，侧脉明显，基部浅心形，顶端急尖，植株各部均被锈色毛；茎上部缠绕，具聚伞花序头，每边约4条。聚伞花序伞房状，丛生于叶腋，花多朵，花小，淡黄色或黄绿色。种子卵形，具白色绢质种毛。	生于山地及中灌木丛中或向阳山谷或疏密杂树林中。	根、全株。辛、温，有小毒。祛风湿、散瘀止咳，解蛇毒。化痰止痛，	列植、行道边或林边景被；
656		眼树莲	Dischidia chinensis Champ, ex Benth.	瓜子金、上树鳖、瓜子藤。	藤本。肉质茎，常攀附树上或石上，具孔汁，节上生根。叶短柄、单叶对生，肉质，叶黄针状圆柱形，先端圆形，基部楔形。聚伞花序腋生或近顶生，伞形花序伞房状，花小色白。蒴果矩圆形，具白色种毛。	生于山地杂林中及岩石上。	全草。苦、微辛、平。清热化痰、活血散瘀、解毒止痛。	丛植或孤植，林下景观造型点缀固观植物
657		夜香树	Cestrum nocturnum Linn.	夜来香、洋素馨。	直立或近缘状灌木。全体无毛，枝条细长而下垂。叶矩圆形或矩圆状披针形，全缘，先端渐尖，基部近圆形或宽楔形，两面秃净而发亮、绿至黄绿色。聚伞花序腋生或顶生，花极多，晚间极香，花冠绿黄色，冠简钟状。浆果矩圆状。	多为栽培。	叶、花及果。甘、淡、平。清肝明目，去翳，拨翳生肌。	列植、行道边或花井、孤植，庭园观景或绿墙造型。
658	旋花科	裂叶牵牛	Pharbitis nil (L.) Choisy	大牵牛花、牵牛郎、丑牛子	一年生缠绕性草本。茎左旋，被倒生短毛。单叶互生，有长柄，叶常比总花梗长。叶片广卵形，通常3裂，稀为5裂，黑色或黄白色。蒴果近球形，种子卵状，三棱形，表面平滑。	野生于灌丛、墙角等，山路旁等	种子。味苦，有小毒。泻水、逐水，用于水肿、痰饮、脚气、虫积、大便秘结等。	可丛植，做篱墙和棚架材料的良好攀缘或绿墙，墙及景观造型
659		圆叶牵牛	Pharbitis purpurea (L.) Voigt	毛牵牛、紫牵牛、喇叭花	一年生缠绕性草本。茎左旋，全株密被白色长毛。单叶互生，叶通常阔心形，全缘，叶柄与总花梗近等长。蒴果近球形，为宿存花等所包被。	栽培或野生	种子。味苦，有小毒。泻水、逐水，用于水肿、痰饮、脚气、虫积、大便秘结等。	可丛植，做篱墙和棚架材料及景观，墙或绿墙造型

149

（亚）热带主要景观药用植物名录及景观配置形式

序号	科目名	品种	拉丁学名	别名	识别特征	生长环境	药用部位及功效	园林用途
660		茑萝	Quamoclit pennata (Lam.) Bojer	羽叶茑萝、游龙草、茑萝松	一年生草本。茎蔓光滑柔软，具缠绕性。单叶互生，叶片羽状细裂状如细丝。有叶柄，叶柄无毛。基部常有假托叶。聚伞花序从叶腋间抽出，上着数朵小花，有梗。蒴果卵圆形，4裂。	栽培或腋生，耐干旱和干瘠薄的土壤	全草。有清热消肿功效，治耳疔疮瘘等	丛植，可做篱、墙和棚架栏的良好材料，或景观造型
661		白鹤藤	Argyreia acuta Lour.	白背丝绸、白背藤、银背藤、绸缎叶。	攀缘灌木。小枝被白色绢毛，老枝黄褐色，或褐色，基部圆形。叶椭圆形或卵形，先端锐尖，叶面无毛，背面密被银色绢毛。聚伞花序腋生或顶生，被银色绢毛，具球形，果球形。总花梗被银色绢毛，花冠白色，红色，为增大的萼片外面被银色绢毛包围。	生于疏林中，或路旁、河灌木丛，河边。	根。涩、甘、平。舒筋络。	列植或林下植被，林行道边植被，道边植被等；
662		丁公藤	Erycibe obtusifolia Benth.	麻辣仔藤、斑鱼烈。	高大木质藤本。小枝干后黄褐色，具明显棱。叶革质，椭圆形、楔形，两面无毛。基部渐狭成楔形，叶少至多数，顶生和顶生。腋生花少至多数，顶生排列成总状；花冠白色，花萼近圆形，全缘或波状。萼片近圆形。蒴果卵状椭圆形。	生于山谷湿润密林中或路旁灌木丛中。	藤茎。辛、温。祛风湿，消肿止痛。有小毒。	丛植，林被，地缘援点或攀援植物
663		番薯	Ipomoea batatas (Linn.) Lam.	地瓜、甜薯、红薯。	一年生草本。块根地下部分具圆形、椭圆形或纺锤形，颜色因品种而异，同一植株亦有不同叶形，常为三角状卵形或心形，顶端渐尖，黄绿或紫绿，两面被疏柔毛或近于无毛，叶主要特征：聚伞花序腋生，花冠粉红色、白色、淡紫色或紫色，种状或漏斗状。蒴果卵形或扁圆形。	田间同坡地等，多为栽培。	茎叶、块根。甘、涩，微凉。解毒消痈，通便。止血，止泻。根，甘、平；补中和血，益气生津，宽肠胃，通便秘。	林或丛植，林下植被及水系井景观边系，块根补点景观物；或作庭园植被

序号	科目名	品种	拉丁学名	别名	识别特征	生长环境	药用部位及功效	园林用途
664		光叶丁公藤	Erycibe schmidtii Craib.	包公藤。	木质藤本。嫩枝疏生微柔毛，老枝有细棱。单叶互生，革质，然渐尖，叶片卵状椭圆形至长椭圆形，两面均无毛，侧脉伸至近边缘，侧脉每边5-8条，网脉微见锈色短柔毛；花冠白色，花冠圆形，裂片边缘啮蚀状。浆果卵状椭圆形，黑色。	生于山谷湿润密林或灌木丛中。	根、茎，辛，温，祛风除湿，消肿止痛，发汗解表。	列植或丛植，行道边，或林边树种。
665		篱栏网	Merremia hederacea (Burrm. f.) Hall. f.	犁头网、鱼黄草、篱栏草。	缠绕或匍匐草本。茎细长，具细棱，无毛或疏生长硬毛，偶见散生状突起。叶心状卵形，端渐钝，具小短齿或粗齿或锐裂或浅3裂，叶柄具小叶柄状突起。聚伞花序腋生，花3-5朵；花冠黄色，钟状。蒴果扁球形或宽卵圆锥形。	生于灌木旁湿地或路旁灌木丛中。	全草。甘、淡、凉。清热解毒，利咽喉。	作林下植被。丛植或点缀庭园绿篱、造型及棚架植物；林边、水边绿化植物。
666		马蹄金	Dichondra repens Forst.	金锁匙、黄疸草、金钱草。	多年生匍匐小草本。茎细长，节上生根。叶肾形至圆形，先端宽圆形或微缺，基部阔心形，叶面微被毛，背面贴生短柔毛，全缘，具长叶柄。花单生叶腋，花冠钟状，黄色，深5裂，裂片长圆状披针形，被灰色短柔毛。蒴果近球形，短小。	生于山坡草地、路旁、沟边。	全草。辛，平。清热利湿，解毒消肿。	作林下植被；林边、水系绿化，点缀庭园或金边景观叶植物。
667		菟丝子	Cuscuta chinensis Lam.	黄丝、龙须子、无根草、无根藤。	一年生寄生草本。茎缠绕，黄色，纤细，无叶。花序侧生，少花或多花簇生小团伞花序；花冠白色，壶形，裂片三角状卵形，向外反折。蒴果球形，几乎全为宿存花冠所包围，成熟时整齐开裂；种子淡褐色，表面粗糙。	生于田边、山坡、路边灌木丛中，常寄生于豆科、菊科植物上。	种子。甘，温。滋补肝肾，固精缩尿，安胎，明目，止泻。	林、丛、灌木地等绿植被植物。

（亚）热带主要景观药用植物名录及景观配置形式

序号	科目名	品种	拉丁学名	别名	识别特征	生长环境	药用部位及功效	园林用途
668		蕹菜	Ipomoea aquatica Forsk.	空心菜、藤藤菜、通菜。	一年生草本。蔓生或漂浮于水；茎圆柱形，节上生根或蔓生，节间中空，节部散被针形或心形，栽培形顶端锐尖或渐尖，长卵形、具小短尖头，基部心形或箭形，偶尔截形或戟形，全缘或波状。聚伞花序腋生，淡红色或淡红色；花冠白色，漏斗状，花冠漏斗形至球形。蒴果卵球形至球形，种子密被短柔毛或有时无毛。	多为栽培。	茎叶：甘，寒。清热凉血，止血，利湿。	作被丛植。林下植可做庭或园可作系水木边也，化植物；可作挺叶观植水物。
669		五爪金龙	Ipomoea cairica (Linn.) Sweet	五爪龙、掌叶牵牛、番仔藤、槭叶牵牛。	缠绕藤本。茎细长，有细棱，常有小瘤状突起。叶掌状5深裂或全裂，裂片卵状披针形、卵形或椭圆形，基部一对裂片通常再2裂，裂片较小。聚伞花序1-3朵腋生，萼片稍不等长，花冠紫色或淡红色，偶有白色，花冠漏斗状，漏斗状。蒴果近球形。	生于荒地、草地或路旁等灌木丛中。	根、叶：甘，寒。清热解毒，利水。	作被丛植。林下植或庭园缘墙及篱型植物；林边、景观点缀做景观植物。
670	紫草科	大尾摇	Heliotropium indicum Linn.	象鼻草、鱼鼻草、耳钩草。	一年生草本。茎粗壮，直立，多分枝，被开展的糙伏毛。叶互生或近对生，卵形或椭圆形，先端尖，基部圆形或截形，下延至叶柄呈翅状，叶缘微波状或波状。镰状聚伞花序顶生或腋生一侧，花冠浅蓝色或蓝紫色，具肋棱，呈两列排列，花密集，花冠裂片高脚碟状，每裂瓣又分裂为2。核果无毛或近无毛，深2裂，分裂为2个具单种子的分核。	生于丘陵、路边、河边、沿之荒旷空地及草地。	全草、根：苦。利尿，消肿，解毒。	列植或丛植、林下植被及道边植；林边植被。

152

序号	科目名	品种	拉丁学名	别名	认识特征	生长环境	药用部位及功效	园林用途
671		基及树	Carmona microphylla (Lam.) G. Don	福建茶、猫仔树。	灌木。具褐色树皮，先端圆形或截形，倒卵形或匙形，上面有短硬毛或散点，下面近无毛，或稍带红色，先端有短喙。具粗圆齿，基部渐狭为短柄，叶冠钟状，白色。花序伞形花序开展，内果皮网纹，球形，具网纹。	生于平原、丘陵及空旷灌木丛中。	全株。用于咯血、便血。	列植或林下之一，可做行道边或林边种植，隔离带；花卉边界花卉边界。
672		聚合草	Symphytum officinale Linn.	友谊草。	丛生型多年生草本，全株被向下稍曲的硬毛和短伏毛。基生叶具长柄，卵状披针形至稍圆质，先端渐尖，先端和上部叶较小，无柄，基部下延。茎中部多数花，花冠淡紫色，紫红色至黄白色，裂片三角形，先端歪卵形，喉部附属物披针形，不伸出花冠檐。小坚果卵形，黑色，平滑，有光泽。	生于山林地带。	全草、根、根茎。抗血、祛瘀炎、抗菌、止泻炎、镇痛。	列植、道边或林边植被植被。
673	马鞭草科	紫珠	Callicarpa bodinieri Levl	紫株、止血草树、老鸦糊。	落叶灌木。小枝光滑，有短柄。单叶对生，略带紫红色，有少星的星状毛，顶端渐尖，基部有楔形，叶片倒卵形至椭圆形，边缘有锯齿，背面有红色腺点。聚伞花序纤细，两面花序仅疏，3～4次分歧，花序梗长于叶柄或近等长。浆果状核果，紫色。	生于山坡或谷地溪谷的灌木丛中。	茎、叶及根。味苦、性平。可止血、散瘀、消炎，用于咯血、胃肠出血、扁桃体炎、肺炎、支气管炎及烧伤	列植或林下植被、行道边或林边植被；或作花卉点缀带及绿植株。
674		桢桐	Clerodendrum japonicum (Thunb.) Sweet	状元红、荷包花、红崎映叶	灌木。小枝四棱形，嫩时有绒毛，叶圆心形或宽卵形，边缘具短柔毛，先端短尖，叶面具锈黄色小盾，基部具二歧聚伞圆状球形，叶脉腋体，背面密被短柔毛，绿色或蓝色，宿萼增大，果面疏聚伞花大而开展的顶生圆锥形，初包被球形。果宿萼果实。	生于林下、山谷、溪边或疏林中。	根、叶。微甘、凉。根：祛风利湿；散瘀消肿。叶：解毒排脓。	列植或林下植被、行道边或林边植被；道边或林边植被被或作花卉、花坛等配置植株

153

（亚）热带主要景观药用植物名录及景观配置形式

序号	科目名	品种	拉丁学名	别名	认别特征	生长环境	药用部位及功效	园林用途
675		大青	Clerodendrum cyrtophyllum Turcz.	野靛青、鸡公青、猪胆青。	灌木或小乔木。幼枝被青绿，被短柔毛。单叶对生，长圆状圆形或卵状椭圆形，先端渐尖，全缘，背面常有腺点。花萼粉红色，花冠白色，果球形或倒卵形，绿色，成熟时蓝色。	生于路旁、丘陵、山地、林下或溪谷旁。	全株，苦、寒、凉血。清热解毒，止血。	列植，行道边植或林边植被。
676		大叶紫珠	Callicarpa macrophylla Vahl	假大艾或背木。	大灌木。小枝近方形，密生灰白色粗毛，稍有臭味。单叶对生，长圆状椭圆形或卵状椭圆形，表面有短毛，背面密生灰白色革毛，密生紫红色腺点。聚伞花序腋生，紫红色。果红色。	生于山坡路旁、疏林或灌木丛中。	根、叶，苦、辛、平。散瘀止血，消肿止痛。	行道边植或作庭园花丼点缀植株。
677		单叶蔓荆	Vitex trifolia Linn. var. simplicifolia Cham.	白叶、水稔子。	落叶灌木。茎匍匐，节处常生不定根。单叶对生，倒卵形或近圆形，全缘，花萼钟形，花冠淡紫色或蓝紫色。核果近圆形，成熟时黑色。	生于海滨沙滩地及湖畔，水有栽培。	果实，苦、辛、微寒。疏散风热，清利头目。	丛植，水系边或沙地上地被植物。
678		豆腐柴	Premna microphylla Turcz.	臭黄荆、观音柴、土黄芪、豆腐草。	直立灌木。幼枝有柔毛。卵状披针形至椭圆形，基部渐狭，急尖至长渐尖，边缘则粗状，全缘或有不规则粗锯齿。聚伞花序组成顶生塔形圆锥花序，绿色，有时带紫色。核果紫色至黑色，球形至倒卵形。叶揉之有臭味。叶下延至叶柄两侧，顶端有圆形腺点。	生于山坡林下或林缘。	根、茎及叶，清热解毒，消肿止痛。叶可制豆腐。	列植，行道边植或林边植被。
679		杜虹花	Callicarpa longissima (Hemsl.) Merr.	老蟹眼、止血糖仔、紫珠草。	灌木。小枝、叶柄及花序均被黄褐色星状毛和椭圆形或卵状椭圆形，圆形，边缘有细锯齿，表面有星状毛和腺点；花冠淡紫色至紫色。果近球形，黄色。	生于沟谷、山坡、旷野灌木丛中。	根、叶，苦、涩、凉。收敛止血，散瘀消肿。	列植，行道边植或林边植被。
680		广东紫珠	Callicarpa kwangtungensis Chun	珍珠风、万年青。	灌木。幼枝略被星状毛，常带紫色，老枝黄灰色。叶狭椭圆状披针形至披针形，顶端渐尖，基部楔形，两面无毛，背面密生细小黄色腺点，边缘上半部细齿。聚伞花序3-4次分歧，具稀疏星状毛；花冠白色或带紫红色。	生于山坡林中或灌木丛中。	茎叶，酸、涩、温。止血。	列植，行道边植或林边植被。

154

序号	科目名	品种	拉丁学名	别名	识别特征	生长环境	药用部位及功效	园林用途
681		鬼灯笼	Clerodendrum fortunatum Linn.	白花灯笼、红灯笼、红花路边青。	灌木。芽紫红色。单叶对生，长椭圆形或椭圆状披针形。聚伞花序腋生，花萼紫红色，膨大似灯笼，花5棱，花冠淡白色或紫红色，雄蕊4个，与花柱同伸出花冠外。核果近球形，熟时深绿色，藏于宿萼内。	生于山坡、路边及旷野。	全株。微苦、甘、寒。祛风止咳，清热解毒。	列植，可做行道边或林边离井或界点花缘缀植。
682		假连翘	Duranta repens Linn.	莲荞、番仔刺、洋刺。	灌木。枝条有皮刺，幼枝有柔毛。叶对生，少有轮生，卵状椭圆形或卵状披针形，纸质，顶端短尖或钝，基部楔形，全缘或中部以上有锯齿，有柔毛。总状花序顶生或腋生，常排成圆锥状，花萼管状，有毛；花冠蓝紫色，无毛，有光泽。核果球形，熟时红黄色。	多为栽培，常逸为野生。	果实。甘、微辛、温。有小毒。活血止痛。	列植，行道或林边植被；可作为花坛绿化植物，丛植、庭园或园林绿化带植物。
683		尖尾枫	Selaginella uncinata (Desv.) Spring	粘手风、背枫、雪莫。	灌木或小乔木。小枝紫褐色，四棱形，节上具毛环；叶披针形或椭圆状披针形，顶端尖，基部楔形，干时下陷，侧脉两面隆起，仅网脉于背面深下陷，花小而密集，花萼无毛，具腺点，花冠淡紫色，果扁球形，无毛。具细小腺点	生于荒野、山坡、谷地林中。	全株。辛、微苦、温。止血镇痛，祛风散瘀消肿湿。	列植，行道边或林边植被。
684		兰香草	Caryopteris incana (Thunb.) Miq.	卵叶获、获、山薄荷。	小灌木。嫩枝圆柱形，老枝毛渐脱落。叶厚纸质，披针形、卵形或卵状圆形，边缘具粗齿，两面有黄色腺点，背脉明显。聚伞花序紧密，顶端和叶腋，花冠淡紫色或淡蓝色，二唇形，花萼杯状，被细小腺点；蒴果倒卵状球形，被粗毛，果瓣有翅。	多生长于较干旱的山坡、路旁或林边。	带根全草。辛、温。祛风除湿，散瘀止痛。	列植，行道边或林边植被。

序号	科目名	品种	拉丁学名	别名	识别特征	生长环境	药用部位及功效	园林用途
685		龙吐珠	Clerodendrum thomsonae Balf.	白萼赪桐。	攀缘状灌木。幼枝四棱形，被黄褐色短绒毛，老时无毛，小枝髓部嫩时疏松，老后中空，叶纸质。叶卵形或卵状长圆形，顶端渐尖，背面近无毛，基部近圆形，全缘，表面散生小疣毛，基出三脉；聚伞花序腋生或假顶生，二歧分枝；花萼白色；花冠深红色。核果近球形，外果皮光亮，棕黑色。	多为栽培。	全株、叶。清热解毒，散瘀消肿。	丛植，林边植物或花卉盆栽植物；庭园或林缘墙装饰
686		裸花紫珠	Callicarpa midiflora Hook, et Arn.	老蟹眼、紫珠草、珠仔草。	灌木至小乔木。老枝无毛而皮孔明显，小枝、叶柄与花序密生灰褐色分枝茸毛。叶卵状椭圆形至卵状披针形，顶端渐尖，表面深绿色，干后成黑色，仅主脉具星状毛，背面密生灰褐色茸毛，无毛。聚伞花序，各种分枝毛，红色，干后变黑色。	生于山坡、溪谷地、平林中或成灌木丛中。	带有嫩枝的叶。微苦、涩，微辛、苦，平。散瘀止血，解毒消肿。	行植，道边或林边植被
687		马鞭草	Verbena officinalis Linn.	退血草、龙芽草。	多年生草本。茎近方形，卵形，两面有粗毛，边缘有缺刻，多数叶生，穗状花序顶生或缺刻。茎生叶无柄，整齐锯齿状，成熟果开裂为4枚小坚果。	生于路旁、村边、田野或山坡。	地上部分。苦，微寒。清热解毒，活血散瘀，利水消肿。	列植或丛植，林边植物或花卉点缀植物；庭园或林观叶植物；
688		马缨丹	Lantana camara Linn.	五色梅、五色花。	直立或半藤状灌木。有强烈臭气，茎枝常有下弯钩刺，状卵形，边缘有钝齿，被刚毛，花冠筒长，花序状，有花各种颜色、白至各种颜色，故叫"五色梅"。成熟时紫黑色。	生于村边、路旁或山坡。	根、枝及叶。辛、苦，凉。全株有毒。清热解毒，散结止痛；枝、叶：祛风止痒，解毒消肿。	列植或丛植，可做花卉、花坛边点缀；花坛边点缀植物，可做庭园绿化卉等；

156

序号	科目名	品种	拉丁学名	别名	识别特征	生长环境	药用部位及功效	园林用途
689		蔓荆	Vitex trifolia Linn.	白叶、水稔子、三叶蔓荆。	落叶灌木。有香味。小枝四棱形，密生细柔毛。叶三出复叶或偶有单叶，侧枝偶有单叶，小叶片圆形、倒卵形或近圆形，顶端钝或短尖，基部楔形，全缘；表面无毛，背面密被灰白色绒毛，花序顶生，花序梗密被灰白色绒毛，花萼钟形；花冠淡紫色或蓝紫色，成熟时黑色。核果近圆形，成熟果黑色。	生于平原、河滩、疏林及村寨附近。	果实。辛、苦。微寒。疏散风热，清利头目。	列植或丛植，作行道边、水系边也可做花坛边、可做花坛边、庭园装饰墙边等植物
690		蔓马缨丹	Lantana montevidensis Briq.	铺地臭金凤、小叶马缨丹、铺地臭金凤。	灌木。枝条下垂，全株被绒毛，无刺。单叶对生，卵形或长圆状卵形，基部渐狭，边缘具粗锯齿。全年开花，头状花序，花冠高脚碟状，淡紫红色。	生于空旷地带与草地。	全株、叶。全株：用于清热祛湿，风湿感冒，风湿痹痛；叶：外用于湿疹、皮肤瘙痒。	列植或作行道或林带边植物，可点缀花坛边、花园绿化等。
691		牡荆	Vitex negundo Linn. var. cannabifolia (Sieb. et Zucc.) Hand. Mazz.	五指柑、黄荆柴。	落叶灌木或小乔木。小枝方形，密生灰白色绒毛。掌状五出复叶，叶对生，小叶片边缘有多数锯齿，上面淡绿色，下面淡绿色，无毛。圆锥花序顶生。花冠淡紫色，黑色。	生于向阳的山坡路旁。	根、叶及果实。辛、苦。平。解表化湿，祛风平喘。	列植，作行道边或林带植物；植株成孤植景观
692		枇杷叶紫珠	Callicarpa kochiana Makino	劳来氏紫珠、长叶紫珠、山野枇杷、枇杷。	灌木。小枝、叶柄与花序密生黄褐色分枝茸毛。叶长椭圆形、卵状椭圆形或披针形，顶端渐尖，基部楔形，边缘具锯齿，两面被不明显锯齿，表面疏被毛，背面密被黄褐色星状毛，裂片密被紫红色。聚伞花序3-5次分歧，花冠淡红色或紫红色。果圆球形。	生于山坡、溪旁、灌木丛中和灌木丛中。	根、茎及叶。苦、辛。平。祛风除湿，活血止血。	列植，作行道边或林带边植物；

157

序号	科目名	品种	拉丁学名	别名	识别特征	生长环境	药用部位及功效	园林用途
693		山牡荆	Vitex quinata (Lour.) Wall.	莺歌、五指柑、五指风。	常绿乔木。小枝四棱形，具微柔毛和腺点，老枝渐成圆柱形。掌状复叶，对生，小叶倒卵形至倒卵状椭圆形，全缘，表面具灰白色小窝点，背面具金黄褐色腺点，常基部花对生于主轴，排成顶生圆锥花序。花冠淡黄色，具柔毛。核果球形或倒卵形，幼时绿色，成熟黑色。	生于山坡林中。	根。淡、平。止咳定喘，镇静退热。	列植，作行道、边植带边植物；
694		柚木	Tectona grandis Linn. f.	脂树、紫油木。	大乔木。小枝淡灰褐色或淡褐色，四棱形，具4槽，被灰黄色星状绒毛。叶对生，厚纸质，卵状椭圆形或倒卵形，顶端渐尖，基部楔形下延，背面密被灰褐色星状毛。圆锥花序顶生，具香气，花冠白色。核果球形，外果皮紫褐色，被毡状细毛，内果皮骨质。	生于潮湿疏林中。	茎、叶。苦、微辛，微温。祛风止痒。	丛植成林，或列植成行，作行道边植物；植成行道作孤植或镜植边景。
695		玉龙鞭	Stachytarpheta jamaicensis (Linn.) Vahl.	假马鞭、大种马鞭草、假龙鞭。	多年生粗壮草本。厚纸质，椭圆形，边缘有粗锯齿，基部楔形，两面散生短毛，单叶对生，叶顶端，序顶生，单生于苞腋内，螺旋状着生；花紫色。果内藏于腋质花等内	生于山谷阴湿处草丛中。	全草。甘、微苦，寒。清热利湿，解毒消肿。	丛植为林下植物，或列植边系边植物；或作为花镜边景。
696		重瓣臭茉莉	Clerodendrum philippinum Schauer	臭茉莉、臭牡丹。	灌木。小枝钝四棱形或近圆形，幼枝被柔毛，宽卵形或近心形，顶端渐尖，基部截形，边缘疏具粗齿，表面密被刚伏毛，背面密被柔毛，叶片揉之有臭味。伞房状聚伞花序密，顶生或腋生，脉腋有数个盘状腺，花序梗被绒毛；雄蕊常变成花瓣而使花成重瓣，花冠深蓝，果近球形。	生于溪旁或林下。	根、叶。苦、辛，温。祛风湿，活血消肿。	丛植，作林下植被群，或行道植成行边植物；

序号	科目名	品种	拉丁学名	别名	识别特征	生长环境	药用部位及功效	园林用途
697	唇形科	藿香	Agastache rugosa (Fisch. et Mey.) O. Ktze.	合香、山茴香、大叶薄荷、鱼子苏。	多年生草本。茎直立，四棱形，叶心状卵形至长圆状披针形，向上渐小，先端尾状渐尖，基部心形，边缘具粗齿，纸质，上面近无毛，下面被微柔毛及点状腺体。轮伞花序多花，于主茎或侧枝上组成密集顶生圆简形穗状花序，花冠淡紫蓝色。小坚果卵状长圆形，褐色。	生于山坡或路旁。	全草。辛、微温，祛暑解表、化湿和胃。	丛植，作林下植被或列植，或成行道植边植物；
698		益母草	Leonurus artemisia (Lour.) S. Y. Hu	红花益母草或坤草。	草本。茎方形，叶对生，叶形多种，幼苗时多种，叶片有长柄，茎中部的叶有短柄，掌状三深裂，裂片近披针形，不分裂，近无柄，叶两部的叶片线形，最上部的叶无柄。轮伞花序腋生，花萼钟形，花冠淡红色或紫红色；小坚果呈三角形，平滑，棕色或灰棕色。	生于山野荒地、路旁、田埂、山坡、草地或河边等处。	地上部分。苦、辛、微寒，活血调经、利尿消肿。	丛植，作林下植被，列植，成行道植边植物或花物分界带；
699		薄荷	Mentha haplocalyx Briq.	人丹草。	草本。茎方形，全株有香气。单叶对生，卵形，先端渐尖，基部楔形，边缘锯齿，两面疏生短柔毛及腺鳞。轮伞花序腋生，花萼钟形，淡红色或白色。小坚果卵形。	生于山野湿地、溪边。	地上部分。辛、凉，宣散风热、清头目、利咽透疹。	丛植，作林下植被或盆景，庭院植物；成行道植边植物或花卉缘；
700		留兰香	Mentha spicata Linn.	绿薄荷、香花菜、青薄荷或鱼香菜。	芳香性草本。茎直立，多分枝，无毛，叶对生，披针形或卵状长圆形或卵状披针形，疏不规则的锯齿，边缘具稀齿尖突出向前，轮伞花序密集成顶生的穗状花序，两面具腺鳞，紫色或白色。小坚果卵形。	多为栽培，或逸为野生。	全草。辛、甘、微温，祛风散寒、止咳、消肿解毒。	丛植，作林下植被或盆景，庭院植物；列植成行道植物或花物边缘；

序号	科目名	品种	拉丁学名	别名	识别特征	生长环境	药用部位及功效	园林用途
701		紫苏	Perilla frutescens (Linn.) Britt.	红苏、赤苏、黑苏或香苏。	草本。有特殊香气，茎紫色或绿色，具四棱，圆形，两面紫色或上面绿色下面紫色，密被白色柔毛，先端渐尖，基部近圆形，边缘有粗锯齿，轮伞花序组成偏向一侧的假总状；顶生或腋生；具苞片；花萼钟状，小坚果近球形，黄褐色，花冠红色，有网纹。	多为栽培。	枝、叶及种子。叶、紫苏梗：理气宽中，安胎。紫苏叶：行气解表散寒，行气解毒；紫苏子：降气消痰，平喘止咳。	丛植，作林下植被，或盆景或庭院；列植，成行道边植物或界并分带；
702		活血丹	Glechoma longituba (Nakai) Kupr.	连钱草、大叶金钱草、透骨消、铜钱。	草本。茎方形，叶对生，肾形至圆心形，被细柔毛，下部匍匐，上部直立，边缘有圆锯齿，下面有腺点。轮伞花序腋生，苞片生于花序，深褐色。	生于路边、林间草地或溪边阴湿等的地方	全草。苦、辛、凉。清热解毒，利尿排石，散瘀消肿。	丛植，作林下植被，或盆景或庭院；植成或绿化物，成行道绿化带植被
703		罗勒	Ocimum basilicum Linn.	千层塔，九层塔。	一年生草本。具圆锥形主根，叶卵圆形至长圆形或卵圆状近于全缘，钝四棱形，茎直立，边缘不规则细齿，下面具腺点。枝上，由多数轮伞花序组成，花序顶生，总状生的轮伞花序具6个交互对生的，花冠淡紫色，或上唇生白色下唇紫红色。小坚果卵珠形，黑褐色。	多为栽培。	全草。辛、甘、温。疏风解表，化湿和中，行气活血，解毒消肿。	丛植，作林下植被，或庭院植被，或成行道绿化带植被
704		白花益母草	Leonurus artemisia (Laur.) S. Y. Hu var. albiflorus (Migo) S. Y. Hu	野毛草、油麻松。	草本。茎直立，钝四棱形，微具槽，具倒向糙伏毛。叶对生，叶形变化大，幼苗的叶近圆形，具长柄，叶缘5-9浅裂，茎中部的叶具短柄，掌状深裂，裂片近线形，不分裂。茎最上部的叶针刺状，伞形花序腋生，苞片针刺形，花萼钟形，小坚果呈三角形，平滑，棕色或灰褐色。	生于山野荒地、路旁、田埂、山坡、草地或河边等处。	地上部分。苦、辛、微寒。活血调经，利尿消肿。	丛植，作林下植被，或盆景或庭院；列植，成行道边植物或花边点缀；

160

序号	科目名	品种	拉丁学名	别名	识别特征	生长环境	药用部位及功效	园林用途
705		白毛夏枯草	Ajuga nipponensis Makino	破血丹、筋骨草、紫背金盘	草本。茎直立,四棱形,被柔毛,基部带紫色;基生叶无或少数;茎生叶圆形、阔椭圆形,边缘齐波状圆齿,两面被疏糙伏毛,下部茎叶面常带紫色。轮伞花序多花,生于茎中部以上,向上渐密集成顶生穗状花序;花冠淡蓝色或蓝紫色,简状。小坚果卵状三棱形,背部具网状皱纹。	生于田边、矮草地湿润处、林下阴地,向阳坡地。适应性很强。	全草、根。苦、辛、寒。清热解毒、凉血散瘀、消肿止痛。	丛植,作林下植被或盆景、庭院植物;列道边植物成行或花边点缀。
706		白苏	Perilla frutescens (Limn.) Britt. frutescens	白苏子、玉苏子。	草本。有特殊香气,茎绿色。单叶对生,密被白色柔毛,基部近圆形,边缘有粗锯齿,两面绿色,先端渐尖。轮伞花序组成偏向一侧的假总状花序,生:具绿色或黄褐色苞片;花萼钟状,种子近球形,黄褐色,有网纹。	多为栽培。	枝、叶及种子。枝:辛、温。理气宽中、解表散寒、安胎;叶:行气和胃;种子:降气消痰、平喘止咳。	丛植,作盆景或庭院植物;列道边植物。
707		半枝莲	Scutellaria barbata D. Don	狭叶韩信草。	草本。茎方形,无毛,基部截形或圆形。花披针形或卵状披针形,茎部生于茎或分枝上部叶腋,成偏侧生花序;花萼钟形,结果时增大。小坚果扁球形,具瘤。三角状卵形或三角状,单叶对生,边缘具波状疏钝齿;花冠蓝紫色;小坚果。	生于田边、路旁。	全草。辛、苦、寒。清热解毒、利尿。	列植成行道边植物
708		丹参	Salvia miltiorrhiza Bunge	赤参、木羊乳。	多年生直立草本。根肥厚,肉质,外面朱红色,内面白色;茎直立,多分枝,被向下长柔毛,具槽。奇数羽状复叶,小叶卵圆形或圆形或椭圆状卵形,先两面疏柔毛,边缘具圆齿,草质,两面被疏柔毛或偏斜,茎部具长柄。轮伞花序6个或多个,组成具长梗的顶生或腋生总状花序;花萼钟形,带紫色;花冠紫蓝色,椭圆形,小坚果黑色,椭圆形。	生于山坡、林下草丛或溪谷旁。	根。苦、微寒。活血祛瘀、调经止痛、养血安神、凉血消痈。	丛植,作林下植被或庭院植物;列道边植物成行道植物;

（亚）热带主要景观药用植物名录及景观配置形式

序号	科目名	品种	拉丁学名	别名	认识特征	生长环境	药用部位及功效	园林用途
709		地蚕	Stachys geobombycis C. Y. Wu	土虫草、冬虫草、石蚕	多年生草本。根茎横走，被倒向柔毛状刚毛，肥大，肉质；茎四棱形，基部淡槽向柔毛状刚毛圆形或状锯齿，两面均被疏柔毛状刚毛，叶柄密被柔毛，无柄，边缘具整齐粗大圆形齿；苞叶小，轮伞花序腋生花状花序，4-6个，组成穗状花序；花冠淡紫至紫蓝色，亦有淡红色。	生于荒地、田地及草丛湿地上。	根茎、全草。甘、平，益肾润肺，补血消疳。	丛植、作林下庭院或成行道边植物，成行道边植物；
710		韭子草	Mosla dianthera (Buch.-Ham.) Maxim.	小鱼仙草、热痱草、疏花荠苧。	一年生草本。茎四棱形，揉之有香气，单叶对生，叶片卵状披针形或菱状披针形，先端渐尖，基部全缘，近基部下面有腺点，轮伞花序2个，短穗具疏具腺点，花淡紫色，花冠淡紫至蓝色。小坚果灰褐色，近球形。	生于山坡、路旁或湿润的草地上。	全草。辛、苦、微温，利湿止痒，祛风散寒发表，消肿止痛。	丛植、作林下被列植，成行道边植物；
711		蜂窝草	Leucas zeylanica (Linn.) B. Br.	绣球草、蜂巢草、半夜花。	直立草本。茎多枝，具而狭，叶长圆状披针形，先端渐尖，基部楔形，四棱形，基部楔齿，边缘有疏离齿的锯齿，着生于枝条上端，小圆球状，伞形花序腋生，花冠白色；花冠有白色具三淡黄色、浅绿色、栗褐色，红色或蓝色，有光泽。小坚果椭圆状近三菱形，栗褐色。	生于沙壤质田地、路旁海地，以及缓坡地等向阳处。	全草。苦，止咳，通经。	丛植、作林下被列植，成行道边植物；
712		广防风	Epimeredi indica (Linn.) Rothm.	落马衣、防风草、假紫苏。	直立粗壮草本。茎方，顶端阔卵形，顶端短渐尖，基部近圆形，则阔的齿，苞片钻形，伞形状，苞片轮状，花萼钟状，单叶对生，密被白色茸毛，基部近圆形，边缘有不规则齿，茎上部排成多花轮伞，唇形花冠，淡紫色。小坚果4枚，圆球形，黑色。	生于林缘、路旁等荒地。	地上部分。辛、苦、微温，祛风除湿止痛。	列植成行道边花卉或界花并分界植物；
713		广藿香	Pogostemon cablin (Blanco) Benth.	藿香或枝香。	灌木状草本。茎直立，密被灰黄色柔毛或黄色，单叶对生，叶片宽卵形，先端短尖，基部楔形，边缘有粗钝齿，两面均被柔毛，草质，轮伞花序密集假穗状花序，顶生及腋生，花冠紫色。小坚果近球形。	多为栽培。	地上部分。辛、微温，芳香化湿，开胃止呕，发表解暑。	丛植、作林下庭院被群植，或成行道植物，或成行道边植物；

序号	科目名	品种	拉丁学名	别名	识别特征	生长环境	药用部位及功效	园林用途
714		韩信草	Scutellaria indica Linn.	耳挖草、合耳草、疗疮草。	草本。全株被柔毛,茎四方形,基部伏地,上部直立。单叶对生;茎上唇背面有盾状附属物,花萼两唇,附属体在结果时增大,花后闭合,总状花序顶生;花冠蓝紫色。小坚果形,果横生,卵形,具小瘤状突起。	生于山野、沟边、路边或田野湿润草地上。	全草。辛、苦,微寒。清热解毒,活血止痛,散瘀消肿。	列植成行道植物。
715		华鼠尾草	Salvia chinensis Benth.	紫参、五凤花、小丹参。	一年生或多年生草本。根略肥厚,多分枝,钝四棱形,具四槽;茎直立或基部倾卧,茎下部叶为3小叶的复叶,卵圆状椭圆形,圆齿或钝锯齿,两面叶脉被短柔毛,余部近无毛。轮伞花序6个,组成顶生或腋生总状花序或总状圆锥花序;紫色、褐色,光滑。花冠蓝紫色或紫色。小坚果椭圆状卵圆形。	生于山坡或平地的林荫处或草丛中。	全草。辛、苦,微寒。活血化瘀,清热利湿,散结消肿。	列植成行道植物。
716		鸡冠紫苏	Perilla frutescens var. Crispa (Thunb.) Hand.-Mazz.	回回苏。	草本。有特殊香气,茎紫色或绿紫色,钝四棱形,具四槽,密被白色长柔毛。单叶对生,先端渐尖,基部近楔形,边缘具锯齿,两面紫色或仅下面紫色,叶上面被疏柔毛,下面被贴生柔毛;轮伞花序,顶生或腋生;花萼钟状,花冠红色。小坚果近球形,有网纹。	多为栽培。	枝、叶及种子。理气,宽中,安胎。枝:理气宽中,止痛,安胎。叶:解表散寒,行气解毒。种子:降气消痰,平喘,止咳。	丛植,盆栽或庭院植物;列植成行道植物。
717		荔枝草	Salvia plebeia R. Br.	天明精、凤眼草、雪见草。	草本。主根肥厚,向下直伸;茎被向下灰白色疏柔毛,叶椭圆状卵圆形或披针形,先端钝或急尖,基部圆形或楔形,边缘具圆齿、牙齿或尖锯齿,两面均被疏柔毛,散布黄褐色腺点;轮伞花序,多数组成总状或总状圆锥花序于茎、枝顶端;具柄黄褐色腺点;花冠淡红、淡紫、紫、蓝紫至蓝色或白色。小坚果倒卵圆形。	生于山坡、路旁、沟边、田野潮湿的土壤上。	全草。苦、辛,凉。清热解毒,凉散瘀,利水消肿。	列植成行道植物。

(亚) 热带主要景观药用植物名录及景观配置形式

序号	科目名	品种	拉丁学名	别名	识别特征	生长环境	药用部位及功效	园林用途
718		凉粉草	Mesona chinensis Benth.	仙草、仙人草、仙人冻。	草本。直立或匍匐。茎、枝四棱形，偶具槽，被长疏柔毛，基部淡紫色。叶狭卵圆形至阔卵圆形，先端急尖或近钝，基部渐狭或近圆形，边缘具锯齿，纸质或近膜质，两面被柔毛，轮伞花序多数，组成间断或连续的顶生总状花序；花冠小，白色或淡红色。小坚果长圆形，黑色。	生于水沟边及干沙地草丛中。	地上部分。甘、淡，寒。消暑解渴，清热凉血。	丛植，作庭院被；列植成行道边植物；水系边植物；
719		南丹参	Salvia bowleyana Dunn	土丹参、赤参、红根参、鼠尾草。	多年生草本。根肥厚，外表红赤色，切面淡黄色；茎粗壮，具四棱，被下向长柔毛。叶为羽状复叶，顶生小叶卵圆状披针形，先端渐尖或尾状渐尖，基部浅心形或圆状楔形，边缘具圆齿状锯齿，被长柔毛，侧生小叶较小，基部偏斜；叶柄腹凹背凸，被长柔毛。轮伞花序，组成顶生总状花序或总状圆锥花序，花序轴被柔毛。花萼筒状，紫至蓝紫色。小坚果椭圆形，褐色。	生于山地、山谷、路旁、林下或水边。	根。苦、微寒。活血化瘀，调经止痛。	丛植，林下被；水系和庭院边植物；列植道边植物；
720		内折香茶菜	Rabdosia inflexa (Thunb.) Hara	山薄荷、山薄荷香茶菜。	多年生草本。根茎木质，褐色。叶三角状阔卵形或阔卵形，先端渐尖及细条状纹，基部阔楔形，边缘具粗大圆齿状锯齿，坚纸质，具叶柄。聚伞花序，花狭圆锥花序；花萼钟状；花冠淡红至青蓝紫色。	生于山谷溪旁疏林中或向阳处。	全草。苦、寒。祛湿，清热解毒，止痛。	列植成行道边植物；
721		排草香	Anisochilus carnosus (Linn. f.) Benth. et Wall	香根异唇花、把草、排草。	多年生草本。茎粗壮，全株具浓烈芳香气味。叶对生，肉质，卵状近圆形，先端具短尖，基部圆形，两面被白色绵毛，具长绒毛，两面具不规则细圆齿。穗状花序密集，上部小支叶分花序顶生，且上面较密着生。花冠淡紫色。	多为栽培。	根、根茎。辛、温。化湿避浊，利水消肿。	丛植，林下被；庭院和庭院边植物；列植道边植物；
722		山香	Hyptis suaveolens (Linn.) Poit.	毛老虎、山薄荷、毛射香。	一年生草本，多分枝。茎直立，粗壮，具四棱形或四槽，被平展刚毛，揉之有香气，卵圆形或宽卵形，先端近锐尖，边缘具小锯齿，两面均被疏柔毛。聚伞花序2-5，成总状花序圆锥花序排列于枝上；花萼种存，结果时增大，花冠蓝色。小坚果长圆形，暗褐色。	生于开阔荒地上。	全草。辛、苦、平。疏风利湿，行气散瘀。	列植成行道边植物；

序号	科目名	品种	拉丁学名	别名	识别特征	生长环境	药用部位及功效	园林用途
723		肾茶	Clerodendranthus spicatus (Thunb.) C. Y. Wu	猫须草、猫须公。	草本。茎四棱形，被短柔毛。单叶对生，叶片菱状卵形，两面被短柔毛及腺点。轮伞花序每轮具有6个，花冠浅紫色或白色，雄蕊4枚，极度超出花冠筒。	生于潮湿的林下和庭院地，也有栽培。	全草。甘、微苦、凉。清热祛湿，排石利水。	丛植，作林下植被，水系边和庭院边植物；列植成行道边植物；
724		石香薷	Mosla chinensis Maxim.	香薷草、小叶香薷、还魂草。	直立草本。茎自基部多分枝，被疏柔毛。叶线状披针形至线状长圆形，边缘具疏而不明显的浅锯齿，上面橄榄绿色，下面较淡，两面均被疏柔毛及棕色凹陷腺点。总状花序头状；苞片覆瓦状排列；花冠紫红、淡红至白色，灰褐色，具深雕纹，无毛。	生于草坡或林下。	带根全草。地上部分辛、微温。发汗解表，利湿。	丛植，护坡草地。
725		瘦风轮菜	Clinopodium gracile (Benth.) Matsum.	细密草、凉粉草、风轮菜。	一年生纤细草本。整株茎多数，其条均为小，下部上升，上部直立，多分枝。叶较小，圆卵形，边缘具圆锯齿，上面近无毛，下面脉上被短柔毛。疏短硬毛。轮伞花序分离，或密集于茎顶，稀花序；花冠白至紫红色，唇形，上唇直伸，下唇三裂。小坚果卵球形，褐色，光滑。	生于路旁、沟边、空旷草地、林缘、灌木丛中。	全草。苦、凉。清热解毒，消肿止痛。	丛植，作林下植被，列植成行道边植物；
726		水珍珠菜	Pogostemon auricularius (Linn.) Kassk.	毛水珍珠菜、毛射草、牛触菜。	一年生草本。茎基部平卧，上部上升，密被黄色长硬毛，基部硬，叶长圆形或卵状长圆形，先端钝或急尖，基部楔形，边缘具锯齿，花期先端尾状渐尖，下面满布凹陷腺点。苞片卵状披针形；花冠淡紫至白色；小坚果近球形，褐色，无毛。	生于疏林下湿润处或溪边近水潮湿草丛中。	全草。辛、微苦、平。清热化湿，消肿。	丛植，水系边，列植成行道边植物；
727		夏枯草	Prunella vulgaris Linn.	丝棒棰草、线吊钟、大头花、夏枯头。	草本。茎钝四棱色，叶对生，全株密生细毛，全缘或基部的叶有柄，上面叶无柄，近全缘或全缘或基部的叶有锯齿。轮伞花序顶生，穗状，花冠紫色，上唇紫红色，唇形，下部管状，长椭圆形。作风帽状。小坚果褐色，长椭圆形。	生于荒地、路旁及山坡草丛中。	果穗。辛、寒。清火，明目，散结，消肿。	丛植，庭院植物；列植成行道边植物；

序号	科目名	品种	拉丁学名	别名	识别特征	生长环境	药用部位及功效	园林用途
728		显脉香茶菜	Rabdosia nervosa (Hemsl.) C. Y. Wu et H. W. Li	大叶蛇总管、蓝花柴胡、脉叶香茶菜。	多年生草本。根茎稍增大呈结节块状，四棱形，明显具槽。叶交互对生，披针形至狭披针形，边缘具粗浅齿，两面被微柔毛，下部叶柄脉尖粗浅齿，薄纸质，表白绿色，上部叶无柄。聚伞花序于茎顶组成疏散的圆锥花序，蓝色。小坚果卵圆形。	生于山谷、草丛或林下阴湿处。	全草。微辛、苦、寒。清热利湿、解毒。	丛植、作林下植被；列植成行道边植物；
729		线纹香茶菜	Rabdosia lophanthoides (Buch.-Ham. ex D. Don) Hara	熊胆草、香茶菜、山熊胆、黄汁草。	多年生草本。具小球形块根，茎直立，四棱形。叶卵形或阔卵形，先端钝，上面被具节硬毛，下面满布褐色腺点。由聚伞花序顶生及侧生，组成顶生于茎顶的圆锥花序，花冠白色或粉红色，具紫色斑点。	生于沼泽地或林下潮湿处。	全草。苦、寒。清热解毒、利湿退黄、散瘀消肿。	丛植、水系边植物；列植成行道边植物；
730		血见愁	Teucrium viscidum Bl.	山藿香、野薄荷、敛面草或血见愁。	草本。茎四棱，下部卧地生根，上部直立。单叶对生，卵形或矩圆形，纸质，边缘具齿，基部楔形，叶面有敛褶，故又称"敛面"，假穗状花序顶生及腋生，顶生者自基部多分枝，密被腺毛，花冠白色、淡红色或淡紫色。小坚果扁圆形。	生于荒地、路边及草丛中。	全草、凉。苦、凉。凉血止血、解毒消肿。	列植成行道边植物；
731		丁香罗勒	Ocimum gratissimum Linn.	臭草、大叶零陵香。	直立灌木。茎、枝四棱形圆形。枝长被柔毛，干时红褐色，两面密被柔状绒毛，两面脉尖的脂点。总状花序顶生，边缘疏生腺点，枝顶生三叉状，由具6个下部荷叶细小的轮伞花序于茎中央者最长。小坚果近球状。	多为栽培。	全草。辛、温。发汗解表、祛风利湿、散瘀止痛。	列植成行道边植物；
732	茄科	枸杞	Lycium chinense Mill	枸杞菜、枸杞子	蔓生灌木、枝条细长，枝条通常先端成蔓形。数片生或在短枝上簇生，叶片卵状菱形或卵状披针形，全缘。花单生于叶腋，叶互生或簇生，花冠紫色或淡紫色。浆果纹，红色或橘红色。	生于山坡、田埂或丘陵地带，或栽培。	果实、根。甘、平。果实：滋补肝肾、益精明目。根：退虚热凉血、清热凉血。	列植、作行道界景、植篱或分割绿墙；丛植庭院植物

166

序号	科目名	品种	拉丁学名	别名	识别特征	生长环境	药用部位及功效	园林用途
733		龙葵	Solanum nigrum Linn.	野辣椒、野海椒、白花菜。	一年生直立草本。茎无棱或棱不明显，绿色或紫色，近无毛或被微柔毛，先端短尖，基部渐狭至圆楔形下延至叶柄，全缘或具不规则波状粗齿，光滑或两面均被稀短柔毛。花序腋外生，花冠白色，筒部隐于萼内。浆果球形，熟时黑色。	生于田边、荒地及村庄附近。	全草。苦、寒。活血清热解毒，消肿。	丛植，作林下植被；列植，行道边植物
734		珊瑚豆	Solanum pseudocapsicum L.	冬珊瑚、寿星果	小灌木，常作为一、二年生栽培。叶片披针状椭圆形，基部狭窄，常见有单叶或数朵簇生的花序。入秋逐步成熟，逐渐由绿变红，直到冬季都不凋落。	生于田边、荒地及村庄附近。	全草。具有疏风清热，活血止痛的功效	列植，作行道边或花坛或花境或分割带；丛植，盆栽
735		曼陀罗	Datura stramonium Linn.	枫茄花、洋金花、野麻子。	草本或半灌木状。叶广卵形，顶端渐尖，基部不对称楔形，边缘具不规则波状浅裂，裂片顶端急尖，偶有波状牙齿。花单生于枝杈间或叶腋，上部白色或带淡紫色，下半部带绿色。花药顶端渐尖，直立，卵状，成熟后淡黄色。蒴果直立生，表面具坚硬针刺或有时无刺而近平滑。	生于路边、草地上。	果实、种子。苦、温。有大毒，祛风平喘，止痛。	列植，作行道边或行道树植物；植株或孤植庭院作植物
736		辣椒	Capsicum annuum L.	辣茄、辣子	亚灌木。叶互生，枝顶端节不伸长而成双生或互生，枝质端叶形，矩圆状卵形、卵形或卵状披针形，顶端短渐尖或急尖，基部狭楔形，花单生，花药灰紫色，果萼杯状，果实较粗壮，果实长指状、种子扁肾形，淡黄色。	生于田边、荒地及村庄附近。	块根。温中散寒，开胃消食。用于寒滞腹痛，呕吐，泻痢，冻疮、疥癣	列植，作行道边或花植物或分割境、带；丛植，庭院，盆栽物

167

序号	科目名	品种	拉丁学名	别名	识别特征	生长环境	药用部位及功效	园林用途
737		白花曼陀罗	Datura metel Linn.	洋金花，风茄花。	直立草木而呈半灌木状。全体近无毛。基部稍木质化。叶卵形或广卵形，截形或波状，边缘具不规则齿裂或波状，花单生于枝杈间或叶腋，花冠长漏斗状，向上扩大呈喇叭状，裂片顶端具小尖头，白色或黄色。蒴果近球状或扁球状，疏生粗短刺。	生于山坡、草地。	花，辛、温，有大毒；平喘止咳，镇痛，解痉。	作列植、行道植物；作丛植、孤植植或庭院植物。
738		红丝线	Lycianthes biflora (Lour.) Bitter.	十萼茄。	草本。小枝、叶柄、花梗及花萼上密被及黄色绒毛。单叶对生，在枝上部成假双生；花常2-3朵生于叶腋；花萼杯状，十裂；花冠浅紫色或白色，星形，熟后红色。	生于野阴湿地、路旁、山边及山谷中。	全株。涩、凉。清热解毒，止咳。	丛植、林下植被；列植、行道边缘植物。
739		假酸浆	Nicandraphysalodes (Linn.) Gaertn.	冰粉、鞭打绣球。	草本。茎直立，有棱条，无毛；上部交互不等二岐分枝。急尖或短渐尖，基部楔形，两面具稀疏毛。叶缘有5深裂或浅裂；花单生于叶腋而与叶枝对生，裂片顶端尖锐，具宿存萼，黄色。花冠钟状，浅蓝色。浆果球状。	生于田边、荒地。	种子，果实。种子：微甘、平；清热退火、利尿；果实：酸、涩，有小毒，祛风消炎。	作丛植、林下植被；列植、行道边缘植物。
740		假烟叶树	Solanum verbascifolium Linn.	野烟叶、土烟叶。	小乔木。小枝长圆形，两面密被白色具柄头状簇绒毛。叶大而厚，全缘或波状，两面密被不等长分枝的簇绒毛；叶柄粗壮。花序多花，形成近顶生平顶的圆锥状花序，花白色。聚伞花序多花，花冠白色，裂片长圆状，先端短渐尖。果序短，果黄褐色，初被星状簇绒毛，后渐脱落。	生于荒山荒地、路边灌木丛中。	叶、全株。辛、苦，微温，有毒。行气血，消肿止痛。	列植、作行道边缘植物；
741		喀西茄	Solanum khasianum C. B. Clarke.	狗茄子、颠茄。	直立草本至亚灌木。茎、枝、叶及花柄多混生黄白色渐变的长短毛，腺毛及黄色扁刺，基部宽扁形，5-7深裂，裂片边缘具不规则齿裂及浅裂；叶柄粗壮。叶椭圆状卵形，先端渐尖，单生花外生，2-4朵，花冠筒隐于萼内，花冠白色，具绿白色花纹。浆果球状，初时绿白色，成熟时淡黄色。	生于沟边、路边、荒地、灌木丛、草坡或疏林中。	果实。微苦，寒。有小毒，祛风止痛，清热解毒。	列植、作行道边缘植物；

序号	科目名	品种	拉丁学名	别名	识别特征	生长环境	药用部位及功效	园林用途
742		苦蘵	Physalis angulata Linn.	灯笼泡、灯笼草。	一年生草本。被疏短柔毛或近无毛，茎多分枝，分枝纤细；叶卵形至卵状椭圆形，顶端渐尖或急尖，基部阔楔形，全缘或具不等大牙齿，两面近无毛；叶柄长。花梗纤细，喉部具紫色斑纹，花药蓝紫色，花冠淡黄色；花萼卵球状；浆果，果萼卵球状，薄纸质；种子圆盘状。	生于山谷林下及村边路旁。	根、全草及果。根：苦、寒；全草：利水通淋，苦、寒；清热解毒，利尿消肿。果：酸、平；解毒，利湿。	作列植、行道树植物；丛植林下或庭院被植物。
743		木本曼陀罗	Datura arborea Linn. f.	大花曼陀罗、树曼陀罗。	小乔木。茎粗壮，上部分枝。叶卵形或卵状披针形，顶端渐尖或急尖，基部不对称楔齿圆形或宽楔形，全缘、微波状或具不规则缺刻状齿，矩叶柄生，俯垂，花萼筒状，中部稍膨胀，裂片长三角形，花冠白色，脉纹淡绿色，长漏斗状。浆果，表面平滑，广卵状。	生于山坡、草地，或栽培。	花。辛、温，有大毒，祛风痛。	作列植、行道植物；植林成景林点缀。
744		牛茄子	Solanum surattense Burm. f.	颠茄、番鬼茄、大颠茄。	直立草本。全株除具黄色细直刺外，枝外均被具节纤毛，茎短粗壮。叶阔卵形，先端短尖至渐尖，基部心形，边缘浅波状，具直刺，花柄具直刺；叶脉具刺，花萼杯状，花萼裂腋外生，花绿白色，具绿色花纹，长2-5cm，聚伞花序腋外生，花冠白色，浆果圆球状，初绿白色，成熟后橙红色。	生于路旁荒地、疏林或灌木丛中。	全株。苦、辛，微温，有毒。镇咳平喘，散瘀止痛。	作列植、行道植物；行道边植物。
745		茄	Solanum melongena Linn.	矮瓜、吊菜子。	直立分枝草本至亚灌木。小枝多为紫色，叶柄及花梗均被星状毛，叶大，卵形至长圆状卵形，边缘浅波状或深波状圆裂，先端钝，基部不相等，两面被星状绒毛，能孕花单生，不孕花蕾状与能孕花并出，密被星状毛；萼近钟形，密被星状毛及小皮刺，花冠辐状，外面星状毛被，裂片三角形，花冠长圆形或圆形，白色、白色至紫色，果形变异极大，红色或紫色。	我国各地均有栽培。	果实。甘、凉，清热活血，消肿。	作列植、行道树植物；行道边植物；丛植庭院或盆栽。

169

序号	科目名	品种	拉丁学名	别名	识别特征	生长环境	药用部位及功效	园林用途
746		乳茄	Solanum mammosum Linn.	五指茄、角丁茄。	直立草本。茎被短柔毛及扁刺，小枝被具节长柔毛、腺毛及刺；刺微黄色，光亮。叶卵形，常5裂，裂片及短柔毛，其黄土色细长皮刺，两面密被紫色；叶腋外生，花冠紫堇色，筒部隐于萼内。浆果倒梨状，内面土黄色，具5个乳头状凸起。	多为栽培。	果实。苦、寒。有毒。清热解毒，消肿。	列植，作行道边植物。
747		珊瑚樱	Solanum pseudocapsicum Linn.	红珊瑚、寿果、玉簇。	直立分枝小灌木。全株光滑无毛。叶互生，狭长圆形至披针形，先端尖或钝，基部渐狭或波状，两面均光滑无毛，少数短成绒蜡尾状花序，腋外生，花小，白色。浆果橙红色，果柄顶端膨大。	栽培种植，有逸生于路边、沟边和旷地。	根。辛，微苦，温。有毒。活血止痛。	列植，作行道边植物。
748		少花龙葵	Solanum photeinocarpum Nakmura et Odashima	白花菜、扣子草。	草本。单叶互生，叶片卵形至卵状长圆形，先端近渐尖，基部楔形，两面均具疏柔毛；叶柄纤细，幼时绿色，成熟后黑色。浆果球形，花小；花冠白色。	生于溪边、密林阴湿处或荒林边或旷地。	全草。微苦，甘。寒。清热利湿，消肿解毒。	丛植，林下植被；列植，行道边或水系植被。
749		水茄	Solanum torvum Swartz	一面针、纽扣、山颠茄、小登茄。	灌木。全株均被星状柔毛；枝、叶柄和叶脉上散生基部心形或半抱茎基短刺。单叶互生，叶片卵形至椭圆形，先端尖，两边不相等，全缘或浅裂。浆果圆球形，黄色。花序腋外，花白色。	生于路旁、荒地及村庄附近潮湿地方。	根。辛，微凉。有小毒。活血，消肿，止痛。	列植，作行道边植物。
750		烟草	Nicotiana tabacum Linn.	烟叶、旱烟、红花烟。	草本。全体被腺毛，茎基部木质化。叶矩圆状披针形至披针形，披针状卵形或矩圆形，顶端渐尖，基部渐狭至成耳状而半抱茎，多花，花萼筒状或筒状钟形，裂片三角状披针形，花冠漏斗状，淡红色。蒴果卵状或矩圆状。	多为栽培。	叶。辛，温。有毒。行气止痛，消肿，解毒杀虫。	列植，行道边植物或花卉点缀；孤植作盆栽。

序号	科目名	品种	拉丁学名	别名	识别特征	生长环境	药用部位及功效	园林用途
751		白英	Solanum lyratum Thunb.	山甜菜、蔓茄、白英。	草质藤本。茎及小枝均密被具节长柔毛。叶互生，多为琴形，基部3~5深裂，裂片全缘，两面均被疏柔毛。聚伞花序顶生或腋外生，疏花，白色发亮长束毛。花冠蓝紫色或白色。浆果球状，成熟时红黑色。	喜生于山谷草地或路旁、田边。	全草、根。苦，微寒，有小毒。全草：清热解毒，利湿消肿，抗癌。根：风湿痹痛。	丛植、林带或绿化带或果植被。
752		朝天椒	Capsicum annuum Linn. var. conoides (Mill.) Irish	辣椒、牛角椒、长辣椒。	植物体。多二歧分枝。叶互生，狭椭圆形、卵形，全缘，顶端短渐尖或急尖。花单生于二分叉间，花梗直立，花梗及果实均直立，果实较小，圆锥状，成熟后红色或紫色，味较辣。	多为栽培或逸生为野生。	果实。辛，温。消肿，解毒。	列植，作行道边植物或花割境。丛植庭院、盆栽。
753	玄参科	爆仗竹	Russelia equisetiformis Schlecht. et Cham.	吉祥草、爆竹花、观音柳。	草本。茎四棱形，枝纤细轮生，顶端下垂，花开繁茂，特久而红艳，形似爆竹。叶小，散生，在枝上部大部退化为鳞片。伞圆锥花序狭长，小聚伞花序有花1~3朵；花冠鲜红色。蒴果球形。	多为绿化栽培。	地上部分。甘，平。续筋接骨，活血祛瘀。	列植，坛或点缀或行道边花卉植物。
754		旱田草	Lindernia ruellioides (Colsm.) Pennell	调经草、锯齿草。	草本。茎柔弱，多分枝而蔓生，基部的短毛。叶对生，椭圆形，边缘有明显的细锯齿，两面散被粗糙，花冠紫红色，花冠管圆柱状，上唇直立2裂，下唇扩展3裂，裂片几相等。蒴果圆柱形，比宿萼长约2倍。	生于草地、平原、山谷及山林下。	全草。甘，淡，平。解毒。理气活血，消肿。	丛植、林或下植被边花化带植物。
755		苦玄参	Picria felterrae Lour.	地胆草、苦胆草、鱼胆草。	草本。基部匍匐，节上生根，又分。节上膨大。叶对生，卵形，顶端急尖，边缘锯齿，上面密布粗短毛，下面脉上具短糙毛。总状排列，花4-8朵；花冠白色或红褐色。蒴果卵形，种子多数。	生于疏林及荒田中。	全草。苦，凉。清热解毒，消肿止痛。	丛植、林或下植被边花化带植物。

171

序号	科目名	品种	拉丁学名	别名	识别特征	生长环境	药用部位及功效	园林用途
756		棱萼母草	Lindernia oblonga (Benth.) Merr. et Chen	棱萼母草、公母草。	一年生草本。茎略呈四棱形。叶卵形至卵状披针形，顶端圆钝，基部宽楔形，边缘具少数不规则波状缺，小齿或近全缘，上部无柄而微抱茎。花成稀疏长总状；叶具短柄，花冠紫色或蓝紫色。蒴果椭圆形，种子多数。	多生于干地，沙质土壤中。	全草。苦、涩、平。清热解毒，收敛止泻。	丛植，林下植被或绿化带植被，园植植被，庭园植被。
757		毛麝香	Adenosma glutinosum (Linn.) Druce	凉草、麝香草。	草本。茎直立，粗壮。叶片卵形至宽卵形，边缘具钝锯齿，两面均被革毛。总状花序顶生；叶片对生，腋片对生，蓝紫色。蒴果卵形，四瓣裂。	生于沟边，田边、荒地、路边及疏林下湿处。	全草。辛、苦、温。祛风止痛，消肿散瘀。	列植，行道边植物
758		母草	Lindernia crustacea (Linn.) F. Muell.	四方草。	小草本。茎方形，有深沟纹，无毛。单叶对生，叶片三角状卵形，先端或短尖，基部宽楔形，边缘有浅钝锯齿。花单生于叶腋或顶生，唇形花冠紫色。蒴果椭圆形，与宿萼近等长。	生于田边、草地或路旁低湿处。	全草。微苦、淡。清热利湿，活血止痛。	列植，行道边植物
759		球花毛麝香	Adenosma indianum (Lour.) Merr.	大头陈。	草本。全株被柔毛。单叶对生，叶片椭圆形，边缘有细锯齿，背面有小腺点，半抱茎。穗状花序短而近头状，顶生或腋生，蓝紫色。蒴果卵形，唇形，为宿存花萼所包，棕褐色。	生于山坡，旷野或草丛中。	带花全草。微苦。辛、微温。疏风解表，化湿消滞。	列植，行道边植物
760		玄参	Scrophularia ningpoensis Hemsl.	元参、浙玄参、水萝卜。	高大草本。支根数条，纺锤形或胡萝卜状膨大。茎四棱形，有浅槽，无翅或有极狭的翅，常分枝。叶极短，叶形多变，多为卵形，上部叶可见叶片披针形，上部互生而具柄，基部楔形或近心形，边缘具细锯齿。聚伞圆锥花序合成大圆锥花序；花褐紫色。蒴果卵圆形。	生于竹林，溪旁，丛林及高草丛中。	根。甘、苦、咸。微寒，凉血滋阴，泻火解毒。	丛植，林下植被；列植，行道边或水系作点植物

172

序号	科目名	品种	拉丁学名	别名	识别特征	生长环境	药用部位及功效	园林用途
761		野甘草	Scoparia dulcis Linn.	冰糖草。	草本。枝有棱角及狭翅。单叶对生或轮生，叶片菱状卵形至披针形，全缘或上半部有齿，两面均无毛。花单朵或成对生于叶腋；花梗细，花冠小，白色，喉部生有密毛。蒴果卵圆形至球形。	生于荒地、路旁、偶见于山坡。	全株。甘、凉。疏风止咳，清热利湿。	列植、行道边植物。
762		长蒴母草	Lindernia anagallis (burm. f.) Pennell	田边草、定经草、母草。	小草本。单叶对生，三角状卵形、卵形或长圆形，先端圆钝或急尖。基部截形或近心形，边缘具圆齿，两面均无毛。花单生于叶腋；花萼绿色；花冠白色或淡紫色。二唇形，蒴果条状披针形。	生于林边、溪旁及田野较湿润处。	全草。甘、微苦、凉。清热解毒，活血消肿。	丛植、下植草被；列植、行道边或水系边植物。
763		长穗腹水草	Veronicastrum longispicatum (Merr.) Yamazaki	腹水草。	茎直立，下部稍生短曲毛，上部具狭棱。叶卵形至密被针形，无毛至密被针形，基部渐狭，顶端渐尖至尾状渐尖，边缘具纸质或革质，少浅心形，两面无毛或背面疏被短毛，三角状锯齿。花序腋生；花冠白色或紫色，稍稍向前弯曲。蒴果卵形，幼时被毛。	生于林中及灌木丛中	全草。微苦、凉。清热解毒，利湿消肿，散瘀止痛。	丛植、下植草被；
764	**紫葳科**	凌霄花	Campsis grandiflora (Thunb.) Schum.	紫葳、接骨丹、上树龙。	攀缘藤本。茎枯褐色，以气生根攀附于他物。叶对生，奇数羽状复叶，小叶7-9片，卵形至卵状披针形，顶端尾状渐尖，基部阔楔形，两侧不等，边缘具粗锯齿。圆锥花序；花萼钟状，分裂至中部，裂片披针形；花冠内面鲜红色，外面橙黄色。	生于山谷、溪边、疏林下，或攀援于树上、石壁上。	根、花。苦。活血散瘀，解毒消肿。花。甘、酸、寒、凉血、化瘀，祛风。	丛植、常用于花坛组织图案，庭院、列植植物，作造型植物；
765		木蝴蝶	Oroxylum indicum (Linn.) Kurz	千张纸、破故纸、千层纸。	直立小乔木。树皮灰褐色。大型奇数二至四回羽状复叶，着生于茎干近顶端，长60-130cm，小三至三回羽状，果期近蓝色。总状聚伞花序顶生，花大，花萼钟状，紫色、紫色，膜质，果期果萼宿木质，蒴果木质，果近木质。花冠橙红色，花冠傍晚开放，花冠内面黄色；花瓣开放，二瓣开裂；种子多数，周翅薄如纸悬垂于果梢；种子多数，周翅薄如纸	生于热带低丘及亚热带密林、河谷公路边丛及林中，常单株生长。	种子。苦、甘、凉。疏肝和胃，清肺利咽。	列植、行道界界物植

（亚）热带主要景观药用植物名录及景观配置形式

序号	科目名	品种	拉丁学名	别名	识别特征	生长环境	药用部位及功效	园林用途
766		蒜香藤	Mansoa alliacea (Lam.) A. H. Gentry	紫铃藤。	常绿藤状灌木。茎具众多皮孔，搓揉后具大蒜气味。二出复叶对生，叶片革质，花、叶椭圆形，具光泽，叶柄两端稍膨大，聚伞花序，叶冠筒状，前端五裂，花冠筒平长渐变成白色。蒴果扁平线形。	多为栽培。	根、茎、叶。热。治疗伤风、发热、咽喉肿痛等呼吸道疾病。	丛植，用于花坛、庭院、镶边植物；列植，作界墙造型植物；
767		硬骨凌霄	Tecomaria capensis (Thunb.) Spach	凌霄花、九爪花、红蝴水莲	半藤状或近立直灌木。枝具疏状凸起。单数羽状复叶对生，小叶多为7片，卵形至阔椭圆形，先端短尖或钝，基部阔楔形，边缘具不整规则锯齿，总状花序顶生；萼钟状，花冠漏斗状，橙红色至鲜红色，具深红色纵纹。蒴果线形。	多为栽培。	茎叶、花。辛、微酸。寒。清热散瘀，通经利尿。	列植，行道边界或盆植物
768	爵床科	马蓝	Strobilanthes cusia (Nees) O. Ktze.	南板蓝根、板蓝根、土板蓝根。	草本。茎方形，节膨大。茎方绿色，背面浅绿色，淡紫色，生于茎顶，花冠漏斗状。蒴果棒状，精4棱。表长圆形，花大，边缘有浅锯齿状。	生于林边较潮湿的地方。	根、茎（南板蓝根）。苦，寒。清热解毒，凉血消肿。	列植，作行道边植物，或作花坛边界植物
769		穿心莲	Andrographispaniculata (Bunn, f.) Nees	一见喜、榄核莲。	草本。茎具四棱，节稍膨大，全株味苦。单叶对生，披针形，先端渐尖，基部楔状，上面深绿色，下面灰绿色。总状花序顶生或浅腋生，集成大型圆锥花序；花冠白色，二唇形，下唇三深裂，带紫色斑纹。蒴果长椭圆形，中央具一纵沟。	生于湿热的平原、丘陵、低地区。	地上部分。苦、寒。清热解毒，凉血，消肿。	列植，行道边植物
770		垂序马蓝	Championella japonica (Thunb.) Bremek.	红泽兰、山泽兰、拟马蓝。	多年生灌木状直立草本。茎丛生，呈红紫色。叶对生，披针形，有疏粗锯齿，两面均无毛，两面具粗大线状凸起的钟乳体。短穗状花序顶生，淡紫色，钟形，花冠直，花冠筒圆柱形。蒴果。	生于林边、沟边等阴湿地。	全草。苦、微辛。温。活血通经，化瘀行水。	列植，行道边界和水系边界植物

序号	科目名	品种	拉丁学名	别名	认别特征	生长环境	药用部位及功效	园林用途
771		大驳骨	Justicia ventricosa Wall	黑叶接骨草、大接骨、接骨木。	大灌木。节显著膨大，呈膝状。叶对生，矩圆形或披针形或矩圆状椭圆形，先端短尖，基部短尖，全缘，两面均被微毛。穗状花序顶生或近顶部腋生，常数个合生。蒴果被柔毛。	生于村旁、灌木丛中。	全株。辛、微苦、平。活血止痛，接骨续伤，止血。	列植、行道边界植；花坛边点缀。
772		孩儿草	Rungia pectinata (Linn.) Nees	㾓积草。	草本。节稍膨大，带紫红色。单叶对生，下部叶常卵形，上部叶长圆状披针形，顶端渐接或楔尖，两面被贴伏的疏柔毛，基部明显。花淡蓝色或白色，排成长圆形，无毛。穗状花序偏向一侧顶生。蒴果卵形或成长圆形，无毛。	生于草地或荒地上。	全草。微苦、辛、泻。清湿热，消积积。	丛植、草坪植物；护坡植或行道边、林下植被。
773		大花老鸦嘴	Thunbergia grandiflora (Roxb. ex Rottl.) Roxb.	大山牵牛、花山牵牛。	攀缘大藤本。枝被短柔毛。单叶对生，三角状心形，先端短渐尖至急尖，基部心形，边缘波状至浅裂，花大，呈状花序，花冠被外面近边白色，淡黄色或淡蓝色，上部具长喙。下部近球形，开裂时似乌鸦嘴。掌状脉3-7条。	生于疏林中。	根。辛、平。祛风通络，散瘀止痛。	作绿墙、绿篱及造型植物。
774		狗肝菜	Dicliptera chincnsis (Linn.) Nees	青蛇仔。	小草本。节常膨大。单叶对生，叶片卵状椭圆形，先端短渐尖，基部楔形或稍下延。花序腋生或顶生，花冠淡紫红色，总苞片阔倒卵形，聚伞式，二唇形。蒴果被柔毛。	生于旷野或疏林中。	全草。甘、淡、凉。清解毒热，利湿，凉血。	列植、行道边，林下植被。
775		红丝线	Peristrophe baphica (Spreng) Bremek.	观音草、色九头狮草、蓝茶。	多年生直立草本。枝和棱和同数的纵沟，褐色皮孔。叶卵形，纸质，全缘，老时上面渐无毛。枝多数，交互对生，小枝被红色柔毛至急尖，顶端短渐尖，嫩叶两面被褐毛，聚伞花序，由2-3个小头状花序组成，腋生或顶生。花冠粉红色。	生于山坡、路旁或林下。	全草。苦、辛、寒、凉血。熄风，散瘀消肿。	列植、花坛界，行道边、林边植物。

175

序号	科目名	品种	拉丁学名	别名	识别特征	生长环境	药用部位及功效	园林用途
776		花叶假杜鹃	Barleria lupulina Lindl.	七星剑、路路草、刺血红。	灌木。茎多分枝。叶对生。披针形或卵状披针形，先端渐尖，基部楔形，两面均被白色柔毛，叶柄下的针刺，叶柄及主脉紫红色。穗状花序顶生或腋生；花片4片，成对，外面一对较大。花黄色，花冠管状。蒴果卵形。	生于山谷湿地，村旁或路边。	全株；辛、苦、平。通经络、续筋骨、解毒消肿。	列植、作花坛、行道界、林边植物。
777		假杜鹃	Barleria cristata Linn.	蓝花草、红花草、地狗胆、紫靛。	小灌木。叶纸质，椭圆形或卵形，两面被长柔毛，脉上较密，全缘；腋生短枝叶小，叶腋内常簇生花2朵。花短枝分枝，花子短枝上密集；苞片叶形，小苞片偻伏，具刺。花冠被蓝紫色或白色，二唇形。蒴果长圆形，两端急尖。	生于坡地，路旁，疏林下阴处，干燥草坡或岩石中。	全株；辛、凉。清肺化痰，祛风利湿，解毒消肿。	列植、作花坛、行道界、林边植物。
778		爵床	Justiciaprocumbens (Linn.) Nees	小青草、大鸭草、猪积草。	草本。茎绿色，被疏毛，节稍膨大。单叶对生，卵形或长圆形，基部伏地，两面常被短硬毛。穗状花序顶生或腋生。花冠粉红色，二唇形。蒴果棒形。	生于荒野草地，路旁阴湿处。	全草；苦、寒。清热解毒，消滞积，活血止痛。	列植、作行道边、林边植物。
779		可爱花	Eranthemum pulchellum Andrews.	喜春花、花仔、喜花草。	灌木。叶片通常卵形，无毛或近无毛，有时椭圆，有时两面凸起叶两面的苞片。叶对生，具叶柄，侧脉每边8-10条，连同中肋在叶两面的苞片同覆瓦状排列苞片，苞片大，叶状，白绿色，倒卵形或椭圆形。蒴果，有种子4颗。	生于山坡，灌木或丛中，赤公丛生栽培。	根、叶；辛、平。散瘀消肿。	列植、作花坛、行道界、林边植物。
780		跌打草	Asystasia gangetica (Linn.) T. Anders.	盗偷草。	多年生草本。叶椭圆形，上面中乳形，全缘，被毛。上面总状花点状序，序轴上唇三裂，花偏向一侧；花冠筒基部圆柱状，中裂片两侧自喉部向下具2条褶缕直至花冠筒下部，褶缕密被白色柔毛，并有青紫色斑点。蒴果。	生于路旁，林边草地。	全草；凉、淡。凉血止血，接骨止痛。	列植、作花坛、行道边、林边植物。

序号	科目名	品种	拉丁学名	别名	识别特征	生长环境	药用部位及功效	园林用途
781		老鼠簕	Acanthus ilicifolius Linn.	软骨牡丹、老鼠簕、老鼠刺	直立灌木。茎粗壮，圆柱状，上部具分枝，无毛。叶长圆形至圆状披针形，边缘四至五羽状浅裂，近革质，两面无毛；侧脉每侧4-5条，自裂片顶端裂出为尖，老毛硬刺；托叶成刺状。穗状花序顶生；苞片对生，圆宽卵形。花冠白色。蒴果椭圆形，种子扁平，圆肾形。	生于路旁、林边草地。	全株、根。微咸、凉。清热解毒，消肿散结，止咳平喘。	列植，作行道边、林边或景观或分界植物
782		鳞花草	Lepidagathis incurva D. Don	鳞衣草。	草本。茎方形，多分枝，节稍膨大。单叶对生，叶片长圆状披针形，先端短尖，基部楔形至狭成狭翅形。穗状花序，花常偏于花序的一侧，狭披针形；苞片叶状，无毛。	生于路旁、阴湿地。	带根全草。甘、微苦、寒。清热解毒，消肿止痛。	列植，作行道边、林边植物和花观点缀
783		灵芝草	Rhinacanthus nasutus (Linn.) Kurz	白鹤灵芝、仙鹤灵芝草。	多年生直立草本或亚灌木。茎稍粗壮，密被短柔毛，干时黄绿色。叶端渐尖或急尖，基部楔形，边全缘稍呈波状，纸质，上面被疏柔毛，背面被密柔毛。花序由小聚伞花序组成，顶生或腋生；花冠白色，上唇线状披针形，下唇三深裂至中部，蒴果未见。	生于灌木丛或疏林下。	枝、叶。甘、微苦。清热润肺，杀虫止痒。	丛植，林下植被；列植，作行道边、林边植物
784		糯米香	Semnostachya menglaensis H. P. Tsui	糯米香草。	草本。枝四棱形，被短糙状毛，后变无毛，不等大，椭圆形，长椭圆形或卵形，侧脉5-6对，到叶缘弧曲；叶柄被短糙状毛及腺毛；花序轴被柔毛及腺毛；花冠被短柔毛；花冠新鲜时白色、后带粉红色或紫色，蒴果圆柱形，先端急尖，被短腺毛，两片片时向外反卷。	生于林边草地。	全草。清热解毒。用于小儿积食或妇女白带等。	列植，作行道边、林边植物

（亚）热带主要景观药用植物名录及景观配置形式

序号	科目名	品种	拉丁学名	别名	识别特征	生长环境	药用部位及功效	园林用途
785		球花马蓝	Goldfussia pentstemonoides Nees	腺萼马蓝、圆苞金足草、两广马蓝。	草本。近梢部茎多作"之"字形曲折。叶不等大，椭圆形、椭圆状披针形，先端长渐尖，基部楔形，边缘具脉狭锯齿，两面具不明显钟乳体，近球形，为苞片所包覆；花冠紫红色。蒴果长圆状棒形，具腺毛。	生于村旁灌木或林木丛中。	地上部分。苦，寒。清热解毒。	丛植，庭园点缀植物；植于行道边、林边植物
786		十万错	Asystasia chelonoides Nees	跌打草、细穗爵床。	多年生草本。基部急尖。被微柔毛或光滑，钟乳体白色，粗大。花序顶生和侧生，花单生或带红，花冠一侧，为二唇形，下部实心似细柄状。	生于林下。	茎、叶。淡，凉。散瘀消肿，接骨止血。	列植，作行道边、林边植物；丛植，林下植被
787		肖笼鸡	Tarphochlamys affinis (Griff.) Bremek.	顶头马蓝、瘫药。	草本。茎基部多膝曲，多年生。叶卵形，顶端渐尖，疏生柔毛，上面钟乳体长条状，下面黄绿色，脉上毛较密。苞片覆瓦状排列，苞片卵形，被多节毛和腺毛。顶端渐尖，上面边缘明显，密而明显，深绿色。穗状花序圆柱状，被多节长毛。花具狭、披白色，两面深。	生于山坡草地或灌木丛中。	全草。苦，凉。杀虫止痒。	列植，作行道边、林边植被
788		小驳骨	Justicia gendarussa Burm. f.	驳骨草、接骨丹、小接骨草。	亚灌木。直立无毛，茎节膨大，单叶对生，叶片狭披针形至披针状线形，深紫色。先端渐尖，基部渐狭，全缘，叶背深紫色，叶脉绿色。穗状花序顶生，苞片对生，花呈深紫色，花冠白色或粉红色。蒴果。	生于村旁或灌木的路边，亦有栽培。	茎叶、全株。辛，平。续筋接骨，消肿止痛，祛风湿。	列植，作行道边、林边或园林景观植物
789	胡麻科	芝麻	Sesamum indicum Linn.	胡麻、脂麻、油麻。	一年生直立草本。中空或具有白色髓部，微有毛。叶矩圆形或卵形，下部叶常掌状3裂，中部叶有齿缺，上部叶近全缘。花单生于叶腋内；花萼裂片披针形；花冠筒状，白色而常有紫红色或黄色的彩晕。蒴果矩圆形，具纵棱，被毛，种子有黑白之分。	可广泛分布地，山地、坡地和田间等。	种子。平，甘。补肝肾，益精血，润肠燥。	列植或丛植，作林边、行道边、植物，园区观赏植物；

序号	科目名	品种	拉丁学名	别名	识别特征	生长环境	药用部位及功效	园林用途
790	茜草科	栀子	Gardenia jasminoides J. Ellis	山枝子、黄栀子。	常绿灌木。单叶对生或三叶轮生，长椭圆形或倒卵状披针形，全缘，托叶鞘状。花单生于枝端或叶腋，白色，有香气，花萼绿色，花冠高脚碟状。果成熟时红黄色，椭圆形，有明显的纵棱5-9条，先端有宿存花萼。	生于山坡、路旁，也有栽培。	成熟果实。苦，寒。泻火除烦，清热利尿，凉血解毒。	对植或可做孤植，庭园绿化观赏树或园林景；列植可做行道边、林边树种。
791		海滨木巴戟	Morinda citrifolia Linn.	海巴戟天、海巴戟、诺丽果	灌木至小乔木，茎直生，两端渐尖，无毛。叶交互对生，枝近四棱柱形。叶片披针形，光泽，无毛。头状花序每叶对生，与叶对生，花多数，无梗；漏斗形，花冠白色，花药内向，子房有时有不育，每室胚珠1颗，胚珠略扁。聚花核果浆果状，卵形	生于海滨平地或疏林下	果实和叶。治疗阳痿，小便不基，肾虚脚冷、水肿气，风疾，风虚腰脚无力，湿骨痛，神经衰弱，失眠等病症。	可植，可做庭院列植，列植物；可做行道边、林边树种；
792		巴戟天	Morinda officinalis How	鸡肠风、巴戟	藤本。根肉质肥厚，圆柱形。茎有纵棱，嫩枝有褐色粗毛。单叶对生，叶片长椭圆形，全缘，顶端急尖头状，叶基部有一对膜质托叶。花序头状，花白色，核果近球形，成熟时红色。	生于山谷、林下、溪边，或丘陵地的疏林下。	根。甘、辛，微温。补肾阳，强筋骨，祛风湿。	丛植，可做园林造型绿墙，列植，可做水系，林边点缀植物
793		白花蛇舌草	Hedyotis diffusa Willd.	蛇舌草、蛇舌、定经草、雀舌草。	草本。全株无毛。茎纤细稍扁，线形，从基部分枝。单叶对生，叶片细长披针状，上面光滑，下面稍粗糙，顶端短尖，边缘干后背卷，托叶基部合生鞘状，花冠筒状，白色。蒴果扁球形，花或单生于叶腋，具宿萼。	生于旷野、池塘边或草丛中。	全草。甘、淡，凉。清热解毒，活血利尿。	丛植，可做林下或庭园植被或片植；列植，可做行道边、林边植被

序号	科目名	品种	拉丁学名	别名	认识特征	生长环境	药用部位及功效	园林用途
794		楠花	Mussaenda esquirolii Levi.	大叶玉叶金花、山猪药、大叶白纸扇。	直立或攀缘灌木。嫩枝密被短柔毛。叶对生，纸质，广卵形或广椭圆形，上面波绿色，下面浅灰色，老叶两面近光滑，幼嫩时两面伏生，顶端短尖，基部楔尖。花蕾卵状披针形；托叶卵状披针形；聚伞花序顶生；花粤裂片近叶状，白色，花冠黄色。浆果近球形。	生于山地疏林下或路边。	茎叶、根。苦、微甘、凉。清热解毒、解暑利湿。	列植，作林边、行道边植被。
795		粗叶耳草	Hedyotis verticillata (Linn.) Lam.	轮叶耳草、糙叶耳草。	一年生披散草本。叶对生，纸质或薄革质，椭圆形或椭圆状披针形，顶端渐尖，基部楔尖，两面均被短硬毛，触之刺手；托叶基部合生成鞘，顶部分裂成数条刺毛，被硬毛，花冠白色，近漏斗状形。蒴果成熟时仅顶端开裂。	生于丘陵地带的草坡或疏林下。	全草。苦、凉。清热解毒、消肿止痛。	列植，作林边、行道边植被。
796		粗叶木	Lasianthus chinensis (Champ.) Benth.	白果鸡屎树、鸡屎树、大叶鸡屎树	灌木。茎枝被褐色短毛。叶长圆形或长圆状披针形，上面近无毛，下时变黑色，下面叶脉被黄色绒毛，近管状，花冠白色或带紫色，波黄色带绿色。蒴果有长柔毛，球形。成熟蓝黑色。	常生于林缘，亦见于疏林下。	根。甘、涩、平。补肾活血、祛风、止痛。	列植，作林边、行道边；园林灌木，可作景观绿带。
797		大叶钩藤	Uncaria macrophylla Wall.	大钩丁、双钩藤。	攀缘状大藤本。嫩枝方柱形或略有棱角，节上具双钩，钩幼时被疏粗毛。叶革质，宽椭圆形或长圆形，上面光滑，下面有褐黄色短柔毛；托叶生叶腋；总状头状花序，深2裂，花梗具一节，波黄色。蒴果有长柔毛，纺锤形。	生于山坡杂木林或灌木丛中。	带钩茎枝。甘、凉。清热平肝、息风定惊。	丛植，可做园林造型绿篱；列植，做林边缘植物
798		鼎湖耳草	Hedyotis effusa Hance	散生耳草、刀伤药。	直立无毛草本。茎幼时稍扁，灰褐色。叶对生，披针形，顶端短尖，基部楔形，侧脉不明显，纸质，卵状披针形；托叶阔三角形，顶部具1尖头，极扩展，二歧分枝聚伞花序，顶生，分裂，花冠漏斗形，白色。蒴果近球形，成熟时开裂为两个半月果爿。	生于林下或山谷溪旁，有时亦见于湿润的山坡上。	全草。苦、凉。清热解毒、凉血消肿。	丛植，林下植被；列植，作林边、行道边植被

序号	科目名	品种	拉丁学名	别名	识别特征	生长环境	药用部位及功效	园林用途
799		耳草	Hedyotis auricularia Linn.	鲫鱼胆草、节节花、节节草。	草本。茎平卧，小枝近圆形，披针形或椭圆形，上面平滑或被粉末状短毛，披针形或被粗短粗毛，单叶对生，叶脉明显，下面被粗糙，味极苦，托叶膜质短鞘，先端裂成5-7条刺毛状。头状花序，腋生；花冠白色。蒴果球形，熟时不裂。	生于山野、旷地上。	全草。苦、平、凉。清热解毒，消肿，止泻。	列植，作林边、行道边植被。
800		钩藤	Uncaria rhynchophylla (Miq.) Miq. ex Havil.	双钩藤、鹰爪风。	藤本。嫩枝方柱形，节上具双钩，节、叶均无毛。叶纸质，椭圆形或椭圆状长圆形，顶端短尖，基部楔形，两面均无毛，干时褐色或红褐色，叶背脉窝陷有稀疏毛，托叶窄三角形，深2裂，总花梗具一状花序球形，托叶花序，直径5-8mm，单生叶腋。小蒴果被短柔毛。	常生于山谷溪边的疏林或灌木丛中。	带钩茎枝。甘、凉。清热平肝，息风定惊。	丛植，可做园林造型绿篱；可列植，水系边、道缘点缀植物
801		狗骨柴	Diplospora dubia (Lindl.) Masam.	狗骨仔、青壳树、三萼木。	灌木或乔木。叶革质，少厚纸质，卵状长圆形、椭圆形，全缘而稍背卷，两面无毛，干时呈黄绿色；叶柄具短柔毛，花密集成束或组成具总花梗的聚伞花序，花冠白色或黄色。浆果近球形，球形，熟时红色。	生于山坡、山谷沟边、旷野丘陵或灌木丛中。	根。苦、凉。清热解毒，消肿散结。	列植，作林边、行道边植物
802		广东粗叶木	Lasianthus curtisii King et Gamble	柯氏鸡屎树。	灌木或小乔木。小枝密被硬毛。具等叶性，纸质，卵状披针形或长圆形，上面无毛，下面常密被白绿色长柔毛或硬毛，密被长硬毛。花无梗，花冠绿或苍白绿色极短管，蔟生叶腋，核果近球形或椭圆形，成无苞片或有极小的苞片。核果蓝黑色，被长毛。	常生于低海拔的林中。	枝叶。苦、寒。清热除湿。	列植，作林边、行道边灌木。
803		海南玉叶金花	Mussaenda hainanensis Merr.	加茂荣藤。	攀缘灌木。小枝密被灰色柔毛。叶对生。叶膜质或纸质，长圆状椭圆形，顶端短渐尖，基部楔形，被粗毛，花萼裂片线状披针形，被粗毛，花叶白色、阔椭圆形，聚伞花序顶生；花冠黄白色，阔椭圆形。浆果椭圆形，被粗毛。	生于路边、山坡、林缘、灌木丛中。	茎叶。甘、凉。清热解毒。	列植，作林边、行道边植物

序号	科目名	品种	拉丁学名	别名	识别特征	生长环境	药用部位及功效	园林用途
804		候钩藤	Uncaria rhynchophylloides How	假钩藤。	藤本。嫩枝方柱形，钩刺长约1cm，均无毛。叶薄纸质，卵形或椭圆状卵形，顶端无毛，基部钝圆，两面均无毛；叶柄无毛，托叶2深裂，裂片三角形，头状花序球形，单生叶腋；总梗被具一节，小苞片被金黄色绢毛。小苞果无毛，被紧贴黄色长柔毛。	生于林中或林缘。	带钩茎枝。甘，凉。清热平肝，息风定凉。	丛植，作造型植物；列植，可做林边植物。
805		鸡矢藤	Paederia scandens (Lour.) Merr.	鸡屎藤，臭藤，解暑藤。	草质藤本。无毛或近无毛。叶纸质或近革质，卵形至披针形，单叶对生，顶端渐尖，基部楔形，两面无毛或近无毛，新鲜揉之有鸡屎臭味。花序腋生或顶生，花序近无毛，花冠浅紫色，有光泽。聚伞果球形，成熟时近黄色。	生于路边、溪边及灌木林中。	全草、根。甘、酸，平。祛风除湿，消食化积，解毒消肿，活血止痛。	可作园林造型，绿墙、绿篱；列植，林边点缀植物。
806		九节	Psychotria rubra (Lour.) Poir.	山大颜，山大刀，刀伤木。	直立灌木。单叶对生，叶节肿大。叶片椭圆状，长圆形或椭圆形，幼茎光滑无毛，绿色，有浅色线纹。花淡绿色或白色，有纵棱。果近球形，早落，熟时红色。	生于村边、丘陵、灌木丛中。	嫩枝、叶。苦，寒。祛风除湿，清热解毒，接骨生肌。	列植，作道边植物。
807		六月雪	Serissa japonica (Thunb.) Thunb.	白马骨，满天星，鸡骨柴。	小灌木。叶革质，卵形至倒披针形，顶端短尖至长尖，全缘，无毛，叶柄短。花单生于小枝顶部或腋生，花冠淡红色或白色。数朵丛生于小枝顶，花近针形。	生于河溪边或丘陵的杂木林内。	全草株。辛，苦。祛风利湿，凉血解毒。	可植，作林边或行道边植物；丛植，可做景观隔离带。
808		龙船花	Ixora chinensis Lam.	山丹花，山红，红绣球，百日红花。	常绿小灌木。单叶对生，叶片倒卵形，先端急尖，全缘，叶基部楔形，不裂。聚伞花序顶生，密集伞房状，花冠漏斗状花冠，红色。浆果近球形，熟时紫红色。托叶合生，抱茎，顶端具软刺状，高脚碟状花冠，红色或白色。	生于灌木丛、疏林下，或栽培。	花。甘，凉。清肝，活血，止痛。	可植，作林边或行道边植物；丛植，可做景观隔离带。

序号	科目名	品种	拉丁学名	别名	识别特征	生长环境	药用部位及功效	园林用途
809		蔓九节	Psychotria serpens Linn.	广东络石藤、匍匐九节、匍匐穿根藤。	匍匐草本。以不定根攀附他物上。单叶对生，叶片卵形或略被卵状长圆形，顶端急尖，基部钝或圆形，叶柄肉质托叶，基部合生，顶端2裂；圆锥花序顶生，花白色。浆果球形，成熟时白色。	攀缘于松树或石头等处。	带叶茎枝。苦、辛、平。祛风止痛，消肿，舒筋活络。	丛植，作园林小景点缀植物
810		毛钩藤	Uncaria hirsuta Havil.	倒吊风藤、倒钩藤、湾钩藤。	藤本。茎圆柱形或略具4棱角，被硬毛。叶革质，卵形或椭圆形，顶端急尖，基部，上面稍，下面被疏硬毛。托叶阔卵形，深2裂。头状花序状球形，直径20-25mm，单生叶腋；总花梗具一节，花冠淡黄或淡红色。小蒴果纺锤形，有短柔毛。	生于山谷林下溪畔或灌木丛中。	带钩茎枝。甘、凉。清热平肝，息风定惊。	丛植，作造型园林物；列植，可做林边植物
811		毛鸡矢藤	Paederia scandens (Lour.) Merr. var. tomentosa (Bl.) Hand.-Mazz.	鸡屎藤、臭藤、解暑藤。	草质藤本。小枝被柔毛或绒毛。叶对生，纸质或近革质，卵形、长圆形至长披针形，顶端渐尖，基部楔形，两面被柔毛。聚伞花序顶生或腋生，花冠浅紫色，花冠小柔毛。浆果球形，成熟时近球色。	生于路边、溪边及灌木林中。	全草，根。甘、酸、平。祛风除湿，消食化积，解毒消肿，活血止痛。	丛植，做园林造型绿篱；可做点缀，林边植物
812		楠藤	Mussaenda erosa Champ.	厚叶白纸扇。	攀缘灌木。小枝无毛。叶对生，纸质，长圆形、卵形或长圆状椭圆形，老叶两面无毛，顶端短尖至长渐尖，基部楔形。托叶长三角形，深2裂。伞房状多歧聚伞花序顶生；花叶阔椭圆形，白色；花冠橙黄色。	常攀缘于疏林乔木树冠上。	茎叶。微甘、凉。清热解暑。	列植，作林边，造或或灌木花境边缀点缀
813		牛白藤	Hedyotis hedyotidea (DC.) Merr.	土加藤、山甘草、接骨丹、广东耳草。	粗壮藤状灌木。幼枝四棱形或卵状披针形，先端渐尖，基部阔楔尖，全缘，叶脉下表面明显突起，叶细小，花序球形，腋生或顶生，白色。蒴果近球形，开裂。	生于灌木丛、山坡或林下。	茎叶。甘、淡、凉。清热解毒，祛风除湿，续筋骨。	列植，作林边，造植物或道路边植被

183

（亚）热带主要景观药用植物名录及景观配置形式

序号	科目名	品种	拉丁学名	别名	识别特征	生长环境	药用部位及功效	园林用途
814		茜草	Rubia cordifolia Linn.	活血草、红茜草、血见愁。	草质攀缘藤木。根状茎和其节上须根均红色；茎方柱形，具4棱，棱上生倒生皮刺。4叶轮生，纸质，边缘锯齿状披针形或长圆状披针形，顶端渐尖，基部近心形，基出脉3条，叶柄长，具倒生皮刺。聚伞花序腋生和顶生，多回分枝；花冠淡黄，花冠裂片近卵形，外面无毛。果球形，成熟时橘黄色。	生于疏林、林缘、灌木、丛或草地上。	根、根茎。苦，凉血、止血、寒。祛瘀、通经。	列植，作林边、行道边植被。
815		伞房花耳草	Hedyotis corymbosa (Linn.) Lam.	水线草、伞花耳草。	一年生柔弱披散草本。茎多分枝，疏被短柔毛，分枝一对对生。叶对生，膜质，线形，两面略粗糙，顶端短尖，托叶膜质，鞘状；花序腋生，伞房花序式排列，花2-4朵；花冠白色或粉红色，管形；花冠裂片顶部平，具宿萼。	生于水田和田野或湿润的草地上。	全草。甘、淡，凉。清热解毒，消肿，利尿止痛。	丛植，林下植被。
816		山石榴	Catunaregam spinosa (Thunb.) Tirveng.	假石榴、刺榴、刺子。	有刺灌木或小乔木。刺对生，对生或簇生，枝粗壮；叶纸质或近膜质，顶端他短圆或短尖，基部楔形，两面无毛或被疏毛；托叶膜质，卵形，后淡黄色，顶端渐尖。花单生或花序顶生，钟状，球形，被短柔毛；花冠先白色，卵形，浆果近球形，有宿萼。	生于旷野或水作栽培。	根、叶及果实。苦、涩，凉。有毒。祛瘀消肿，解毒，止血。	可做林边或隔离带。
817		水锦树	Wendlandia uvariifolia Hance	猪血木、汤木、红木。	灌木或乔木。小枝被锈色硬毛，叶纸质，宽椭圆形，长圆形或卵状长圆状披针形，顶端短渐尖，基部楔形或短尖，上面散生短硬毛，下面密被硬毛，被灰褐色柔毛。圆锥状聚伞花序顶生，球状，被灰褐色硬毛。花冠漏斗状，白色，小苞片。	生于山地林中、林缘灌木丛中或溪边。	叶、根。辛，凉。祛风除湿，消肿，止血生肌。	可植，做林边植物，孤植，可做庭园或园林植物。
818		木团花	Adina pilulifera (Lam.) Franch. ex Drake	水杨梅、假马烟树。	灌木。茎多分枝，具白色皮孔。单叶对生，披针形，先端渐尖，全缘，基部宽楔形，叶柄。头状花序球形，花序球形，花小，白色。花冠裂片2裂，白色。顶生于花轴上形如物梅。集生于花序轴上带紫红色，成熟时带紫黑色。	生于疏林和旷野中。	根、茎叶、花及果实。苦、涩，凉。清热解毒，散瘀止痛。	可列植，做林边或行道边植物。

序号	科目名	品种	拉丁学名	别名	识别特征	生长环境	药用部位及功效	园林用途
819		木栀子	Gardenia jasminoides var. radicans (Thunb.) Makino	雀舌花、木横枝、舌栀子。	常绿灌木。单叶对生或三叶轮生，叶片长椭圆形或倒卵状披针形，全缘，托叶鞘状。花芳香，单朵生于枝顶，花冠白色或乳黄色，较大，果椭圆形或长圆形，黄色或橙红色，有翅状纵棱5-9条。	生于旷野、丘陵、山谷、山坡等处的灌木丛或林中。	成熟果实。苦，寒。泻火除烦，清热利尿，凉血解毒。	孤植，庭院植物或盆栽，作花坛边花卉；列植林边或行道边植物
820		羊角藤	Morinda umbellata Linn. subsp. obovata Y. Z. Ruan	蓝藤、伞花树。	藤本，攀缘或革质。老枝具细棱，蓝黑色。叶纸质或倒卵形，基部渐狭，全缘，上面具蜡质，下面淡棕黄色，干膜质。花序3-11伞状排列于枝顶，具花6-12朵；花冠白色，稍呈钟状。聚花核果成熟时红色，近球形或扁球形。	攀缘于山地林下、溪旁、路旁等疏阴的灌木上。	根、根皮。辛、微甘，温。祛风除湿，补肾止血。	丛植，作造型列植物，可做林边植物
821		玉叶金花	Mussaenda pubescens Ait. f.	白纸扇、凉茶藤。	藤状小灌木。小枝被柔毛，卵状披针形，单叶对生，顶端渐尖，基部楔形，背面被柔毛，托叶2深裂，花序顶生；聚伞花序顶生，花萼裂片扩大成花瓣状，线形；花冠漏斗形，黄色。浆果球形。	生于路边、山坡、林缘、灌木丛中。	茎叶。甘、淡，凉。清热疏风，凉血解毒。	列植，作林边、行道边或墙边植物
822	忍冬科	金银花	Lonicera japonica Thunb.	双苞花、通银草、灵藤	木质藤本。茎中空，多分枝，幼枝绿色被柔毛；老枝无毛，皮层易剥裂；叶片卵形，上面深绿色，下面淡绿色，有柄有圆形，先端稍尖，稍有圆形，基部平圆，全缘，基部或脉上留存，叶片被短柔毛，成熟时黑色而带光泽。	山坡、荒地、丘陵、田缘、沟边等处均可生长	花蕾和初开之花。味甘，性寒。有清热、解毒之功。治温病发热，咽喉肿痛，疮疡，疔痈，急性肾炎等	孤植，庭院植物或盆栽，作花卉或花坛造型列植，作林边、行道边或植物

185

序号	科目名	品种	拉丁学名	别名	识别特征	生长环境	药用部位及功效	园林用途
823		华南忍冬	Lonicera confusa (Sweet) DC.	大金银花、山银花、土银花、左转藤。	半常绿藤本。小枝及花密被灰黄色卷曲短柔毛，幼枝或密被近褐色。圆形，顶端渐尖，卵形至矩心形，具凸尖，全缘，叶纸质，两面被短糙毛，老时上面变少。花双生或于小枝顶集成具2-4节的短总状花序；花冠白色，后变黄色，长3-5cm。具香味，果黑色，椭圆形或近圆形。	生于丘陵地的山坡、杂木林和灌木丛及平原旷野路旁或河边。	花蕾或带初开的花。甘，寒。清热解毒，凉散风热	孤植、庭院植物或盆栽；作花坛造型植物；列植，可做行道或界边植物
824		荚蒾	Viburnum dilatatum Thunb.	红椿梅、酒糟籽、酸汤杆、糯米条。	落叶灌木。当年生小枝绿色密被土黄色粗毛及簇状短毛，老枝毛可等伏；二年生小枝暗紫褐色，具凸起垫状物。顶端急尖，基部圆形至钝形，宽倒卵形或倒卵形，叶纸质，边缘具牙齿状锯齿；两面被伏毛或簇状毛，具蒸腺点。复伞形式聚伞花序稠密；花冠白色，辐射状。果红色，椭圆状卵形。	生于山坡或山谷疏林下、山脚灌木丛中。	茎、叶。酸，微寒。疏风解表，清热解毒，活血。	作、列植，林边、行道边植物
825		接骨草	Sambucus chinensis Lindl.	陆英、接骨木、排风草、珊瑚花。	半灌木。茎有棱条，髓部白色。奇数羽状复叶对生；小叶5-9片，披针形，托叶叶状；顶端长渐尖，大型复伞房花序顶生；具由不孕花变成的黄色杯状腺体；花小，白色，果实红色，浆果红色，近球形。	生于林下、沟边或山坡、草丛中。	茎叶。甘、微苦，平。舒筋活络，祛风消肿，利湿；发汗止痛。	丛植、林下植物；列植被，林边、行道边植物，花景点缀
826		南方荚蒾	Viburnum fordiae Hance	东南荚蒾、酸汤果。	灌木或小乔木。幼枝、叶柄及花序均被暗黄色或黄褐色厚绒毛，叶纸质，叶柄宽卵形或菱状卵形，顶端钝或短尖，宽卵形或菱状卵形，褐色小腺点，边缘具小齿，上面可见散生，后仅脉上有毛，下面毛被密。聚伞花序；花冠白色，辐射状；果红色，卵圆形。	生于山谷溪涧旁疏林、山坡灌木丛中或平原旷野。	根、茎及叶。苦，凉。疏风解表，活血散冷冻，清热解毒。	列植，作林边、行道边界边植物

序号	科目名	品种	拉丁学名	别名	识别特征	生长环境	药用部位及功效	园林用途
827		珊瑚树	Viburnum odoratissimum Ker-Gawl.	早禾树。	灌木或小乔木，树皮灰色或灰褐色，枝有小瘤状凸起的皮孔。单叶对生，叶片革质，椭圆状矩圆形至椭圆形，侧脉4~7对，在边缘网结，连同中脉在下面凸起，辐状。圆锥花序通常卵状椭圆形，具芳香，花冠白色。核果卵状椭圆形。	生于山谷密林或山坡灌木丛中。	叶、树皮及根。辛、温。祛风除湿，通经活络。	列植，作林边、行道边植物
828	葫芦科	西瓜	Citruillus lanatus (Thunb.) Matsum. et Nakai	寒瓜，水瓜。	是一年生蔓生草本，茎、枝粗壮，具短柔毛，叶柄粗，密被柔毛，叶柄状卵形，三角状卵形，肉质，多汁，果皮光滑。	山坡、田缘、沟边等处均可生长，多栽培	瓤、皮。清热除烦，利尿。用于暑热烦渴，小便不利，口疮	孤植，庭院植物或盆栽；作棚架造型植物，列植，可做行道边或绿篱植物
829		黄瓜	Cucumis sativus Linn.	胡瓜，瓜子，青瓜。	一年生或攀缘草本。茎、枝有棱沟，被白色糙硬毛，卷须细，具糙硬毛，两面粗糙，被糙硬毛，3~5个角或浅裂，裂片三角形，具齿，先端急尖，基部弯缺半圆形，叶柄稍粗糙，被糙硬毛，雌雄同株；雄花花冠黄白色。果长圆形或圆柱形，熟时黄绿色，表面粗糙，具刺尖瘤状突起。	多为栽培。	茎藤。苦、凉。消炎，祛淡，镇痉。	孤植，庭院植物或盆栽；作棚架造型绿化物，绿篱等
830		绞股蓝	Gynostemma-pentaphyllum (Thunb.) Makino.	七叶胆，公罗锅底。	攀缘草本。茎细长，节上有毛，卷须常2裂或不分裂。叶鸟足状，常5~7小叶组成，小叶片长卵形，卵状披针形或椭圆形，青绿色。圆锥花序，花小。果球形，成熟时黑色。	生于山间阴湿处，林下灌木丛中。	全草。苦、微甘、凉。补虚，消炎解毒，止咳祛痰。	丛植，作棚架造型绿墙，绿篱；列植，可做林边或行道边植物

187

序号	科目名	品种	拉丁学名	别名	识别特征	生长环境	药用部位及功效	园林用途
831		大苞赤瓟	Thladiantha cordifolia (Bl.) Cogn.	鼺瓜、大苞赤瓜、毛瓜。	草质藤本。全体被长柔毛。叶质膜质或纸质，卵状心形，顶端渐尖，基部黄色密被淡黄色长柔毛，两面均密被淡黄色长柔毛；花序，雌雄异株；雄花3朵以上密集成短总状，雌花单生。果长圆形，两端钝圆，果皮粗糙。	生于林中或溪旁。	块根。消炎解毒。	孤植，庭院植物，或丛栽，盆植，作棚架造型植物，植墙绿篱物等；
832		葫芦	Lagenaria siceraria (Molina) Standi.	瓠、白瓜。	一年生攀缘草本。茎、枝具沟纹，卷须2分歧。叶卵状心形或肾状卵形，基部心形，具不规则齿，顶端有2腺体。果初为绿色，后变白色至带黄色变木质。	多为栽培。	种子，果皮。种子：酸，涩，温；止泻。果皮：甘，平；利水消肿。	孤植，庭院植物，或丛栽，盆植，作棚架造型植物，植墙绿篱物等；
833		苦瓜	Momordica charantia Linn.	凉瓜、红姑娘、苦瓜藤。	一年生攀缘状柔弱草本。卷须纤细，不分歧。叶卵状肾形或近圆形，膜质，5-7深裂，裂片具齿或基部弯缺半圆形，脉上密被明显微柔毛。雌雄同株。果纺锤形或圆柱形，多瘤皱，成熟后黄色至橙黄色。	多为栽培。	果，根及藤。凉，苦。清热解毒。	孤植，庭院植物，或丛栽，盆植，作棚架造型植物，植墙绿篱物等；
834		栝楼	Trichosanthes kirilowii Maxim.	括楼、瓜蒌、药瓜。	攀缘藤本。块根圆柱状，粗大肥厚，富含淀粉，淡黄褐色。茎具纵棱及槽，被白色伸展柔毛。卷须被柔毛，近顶端3-7浅裂至中裂，边缘再浅裂，基部心形，上表面粗糙，两面沿脉被长柔毛状硬毛。雌雄异株，花冠白色，花冠裂片倒卵形。果椭圆形或圆形，果熟时黄褐色或橙黄色。	生于山坡林下、灌木丛中、草地和田边。	根（天花粉），果实（瓜蒌）。根（天花粉）：微苦，甘；清热生津，消肿排脓。果实：寒，甘，微苦；清热化痰，宽胸散结，润燥滑肠。	孤植，庭院植物，作棚架造型植物，植墙绿篱等；

序号	科目名	品种	拉丁学名	别名	识别特征	生长环境	药用部位及功效	园林用途
835		马㼎儿	Zehneria indica (Lour.) Keraudren	马交儿、老鼠拉冬瓜、土花粉、土白蔹。	草质藤本，有不分枝卷须。根部分枝大成一串纺锤形块根。叶小相同。叶三角状心形、卵状三角形、膜质，先端尖，基部载状、边缘疏生不规则细齿，两面均粗糙。花小，单性同株，单生或数朵聚生于叶腋，花梗细长、丝状。花冠白色，花冠近椭圆形，橙黄色。果皮甚薄。	生于低山坡地、田边或草丛。	全草。甘、苦、凉。清热解毒、消肿散结。	孤植、院植植物；丛植植物、作棚架造型植物、绿墙等。
836		木鳖子	Momordica cochinchinensis (Lour.) Spreng.	番木鳖、糯饭、老鼠瓜、冬瓜	粗壮大藤本，节间偶有绒毛；卷须稍粗壮，不分岐。叶卵状心形或宽卵状圆形，质稍粗硬，先端渐尖，基部心形，具短尖头，叶波状小齿。具5角或近圆形，具5角或3裂，花雌雄异株，花梗单生。基部或中部具2~4个腺体，花萼筒漏斗状，裂片宽卵形或长圆形。果卵球形，成熟时红色、肉质，密生针状突起。	生于山沟、林缘及路旁。	种子。苦、微甘、凉。有毒。散结消肿、攻毒疗疮。	丛植、棚架造型植物、绿墙等。
837		南瓜	Cucurbita moschata (Duch. ex Lam.) Duch. ex Poiret	倭瓜、番瓜。	一年生蔓生草本。常于节部生根，密被白色短刚毛。叶宽卵形或卵圆形，质稍柔软，具三角或5浅裂，侧裂被黄白色刚毛及柔毛，上面密被细齿。有白色斑，边缘具短细毛和茸毛。卷须稍粗壮，与叶柄均被短刚毛和茸毛，雌雄同株，雄花单生，花萼筒钟形，被柔毛，花冠黄色。果梗粗壮、瓜蒂扩大成喇叭状，瓜果状黄色多样。	多为栽培。	果实。甘、平。补中益气。	庭院植植物或盆栽、作棚架造型植物；可做林边或绿篱植物
838		丝瓜	Luffa cylindrica (Linn.) Roem.	水瓜、无棱丝瓜、絮瓜。	攀缘草本。卷须通常3裂。叶掌状5~7裂，两面均光滑无毛。花单性。果长圆柱形、无棱角，黄绿色，成熟时黄绿色至褐色，果肉内有强韧的纤维如网状表面绿色。	多为栽培。	果实的维管束。甘、凉。通络、活血、祛风、解毒、清热化痰。	孤植、院植植物或盆栽；作棚架造型植物；列植物，可作林道边或绿篱边植物

序号	科目名	品种	拉丁学名	别名	识别特征	生长环境	药用部位及功效	园林用途
839		王瓜	Trichosanthes cucumeroides (Ser.) Maxim.	假栝楼、吊瓜、毛瓜、山冬瓜。	多年生攀缘藤本。块根纺锤形，肥大。叶纸质，阔裂片三角形或圆形，上面深绿色，3-5浅裂至深裂，裂片三角状卵形或宽卵形，先端钝或渐尖，基部深心形，具细齿或波状齿，两面被短柔毛，叶柄长3-5cm，密被短柔毛；卷花组成总状花序，被短短绒毛，雌雄异株；雄花单生。果卵圆形、卵状椭圆形或球形。	生于山谷密林或山坡疏林或灌木丛中。	果实。苦、寒。清热生津，化瘀，通乳。	孤植，庭院植物或丛植，作棚架造型植物；列植，可做行道边或绿篱植物
840		冬瓜	Benincasa hispida (Thunb.) Cogn.	枕瓜、白瓜、扁蒲、大氯子	一年生蔓生攀援草本，茎有黄褐色细毛，有棱沟，卷须2-3叉，叶肾状圆形，先端急尖，叶脉下面粗硬毛，两面具粗糙毛，基部心形；花单性；雌雄同株。	南方土层肥沃土地块均可生长	果实。利尿消肿。主治水肿胀满，小便不利，暑热口渴。	丛植，作棚架型、篱等绿墙，列植、可做林边道或行植物
841	桔梗科	桔梗	Platycodon grandiflorus (Jacq.) A. DC.	铃当花。	草本。不分枝，少上部分枝。叶全部轮生至全部互生，部分轮生，叶形或披针形，边缘具细锯齿，顶端急尖，两面均无毛，下面被短柔毛，脉上可见短毛突起，花单朵顶生，或数朵集成假总状花序，花萼筒部半圆球状，花冠大，蓝色或紫色。蒴果球状或球状倒圆锥形。	生于阳处草丛、灌木丛中。	根。苦、辛，平。宣肺，利咽，祛痰，排脓。	丛植，置花坛，景观边界，花卉；列植，林边或行植物，道边花卉
842		杏叶沙参	Adenophora axilliflora Borb.	三叶沙参、山沙参、龙须沙参	多年生草本。主根肥厚，黄棕色，圆锥形或圆柱形。茎不分枝，无毛或疏被白色短硬毛。茎生叶少至中，下部的具柄，叶片卵圆形，卵状披针形，顶端急尖至渐尖，基部下延，或近于平截形而突然变窄，叶柄下延，具疏齿。蒴果球状倒圆锥形或椭圆形。	生于山坡草地和林缘草地	干燥根。味甘，性微寒。化痰养阴，功能：用于阴虚，肺热，燥咳痰黏，热病伤津，舌干口渴。	丛植，置花坛，景观边界，花卉；列植，物，林边道边花卉

序号	科目名	品种	拉丁学名	别名	识别特征	生长环境	药用部位及功效	园林用途
843		金钱豹	Campanumoea javanica Bl.	土人参、算盘果、野参果	草质缠绕藤本。具乳汁。多分枝，胡萝卜状根，茎无毛，心形或心状卵形。叶对生，少互生，具长柄，边缘具浅锯齿，极少全缘。花单朵生叶腋，花冠上位，白色或黄绿色，钟状。浆果黑紫色或紫红色，球状。	生于灌木丛及疏林中	根。甘、平。健脾益气，补肺止咳，下乳。	丛植，林下植被；或林边、行道边及草坪
844		羊乳	Codonopsis lanceolata (Sieb. et Zucc.) Trautv.	羊奶参、叶党参。	草本。根肥大呈纺锤状，近上部具稀疏环纹，下部疏生横长皮孔。茎基略呈圆锥状，上部缠绕，具瘤状茎痕，近于对生或轮状互生。主茎上叶互生，小枝顶端叶簇生，全缘或具细波状锯齿，叶菱状卵形或椭圆形。花单生或对生于小枝顶端；花冠阔钟状，黄绿色或乳白色内有紫色斑；蒴果下部半球状，上部具喙。	生于山地灌木林下沟边阴湿地区或阔叶林内。	根。甘、辛、平。益气养阴，解毒消肿，通乳。	丛植，林下植被；或林边、行道边和水系边植被
845	菊科	马兰	Kalimeris indica (Linn.) Sch.-Bip.	田边菊、路边菊。	草本。多分枝。单叶互生，叶片倒披针形，有疏齿，上部叶小，无柄，全缘。头状花序单生于枝端排成疏伞房状，总苞半球状，舌状花一层，浅紫色，中央为管状花，白色。瘦果倒卵状矩圆形，极扁。	生于路边、田野或山坡上。	全草。辛、苦、寒。凉血止血，清热解表，健脾去积，解毒消肿。	丛植，林下植被；或林边、行道缓坡绿植物
846		翠菊	Callistephus chinensis (L.) Ness.	七月菊、心菊、蓝菊	一年生或多年生草本植物。茎直立，茎有白色糙毛。单叶互生，叶片广卵形至三角状卵形。茎基部和下部的叶不规则则粗钝锯齿，具卵形或匙形。中部叶卵形或匙顶。头状花序大，单生于枝顶。总苞半球形，苞片多层，叶状。瘦果倒卵形，淡紫色。	生于山坡、林缘或灌丛	花、叶。味甘、性平。其有清热、冷血之疗效	丛植或列植、作花坛、花卉、庭园花卉、盆栽、行道边盆栽及景型等

序号	科目名	品种	拉丁学名	别名	识别特征	生长环境	药用部位及功效	园林用途
847		秋英	Cosmos bipinnata Cav.	大波斯菊、波斯菊	一年生或多年生草本。根纺锤状，多须根。茎直立，茎基部有不定根。叶片二回羽状深裂，裂片稀疏线型或丝状线形，长宽线形，无毛。上端具长缘，有尖利。头状花序单生，有花梗。瘦果黑紫色，上端具尖利。	山野、路旁、田埂、溪岸等处常见。	全草。清热解毒，明目消肿。用于感冒、肝炎、痈肿疮毒。	丛植或可用植。于公园、花坛、行道边、水系边、绿化栽植。
848		万寿菊	Tagetes erecta Linn.	臭芙蓉。	一年生草本。茎粗壮，茎纵条形，具纵条形或裂针形，边缘具锐锯齿。叶片长椭圆形或裂针形，裂片长圆形。叶缘具少数腺体。头状花序暗橙色，花序梗顶端棍棒状膨大；舌状花花冠黄色，管状花花冠黄色，被短微毛。瘦果线形，基部缩小，黑色或褐色。	多为栽培。	花、根。苦、凉。花，清热解毒，化痰止咳。根：解毒消肿。	庭院植物、丛植。作花坛、盆植，造型植物；列植，可做林边道点或或行道边装饰。
849		三叶鬼针草	Bidens pilosa Linn.	鬼针草	一年生草本。茎通常常4棱状，疏生柔毛或无毛。茎中部叶对生，羽状复叶，卵状椭圆形，小叶片质薄，上部叶三出或分裂，卵状披针形，下部叶羽片长圆形，头状花序有长梗。上部对生叶互生，成熟后黑褐色，有硬毛。瘦果线形，冠毛芒刺状。	生于路边、荒野。	全草，性平。味苦、清热解毒，止泻。用于肠炎痢疾、阑尾炎感冒咽痛，肝炎蛇虫咬伤。	丛植或列植，林下植被，作花坛边，行道边，水系边点缀植物。
850		孔雀草	Tagetes patula Linn.	小万寿菊、红黄菊、西番菊、臭菊花	一年生草本。茎细弱，具分枝，无毛。叶对生，基部具线状假状托叶，近对生，叶片轮廓长圆形，羽状全裂，裂片线形，边缘具锯齿，叶端细芒尖，两面无毛，主脉明显，具油腺。头状花序单生小枝顶端，花序梗较长，上部略增增粗，疏被柔毛，冠毛鳞片状。	多为栽培。	全草。苦、平，消炎，清热利湿，止痛。用于咳嗽、牙痛，风火眼痛；外用治腮腺炎，乳腺炎等症。	庭院植物或丛植。作花坛、盆植，造型植物；列植，可做林边或行道边装饰。

192

序号	科目名	品种	拉丁学名	别名	识别特征	生长环境	药用部位及功效	园林用途
851		菊花	Dendranthema morifolium (Ramat.) Tzvel.	杭菊、白菊花、滁菊、怀菊	多年生草本。根状茎多，少数木质化。茎直立，多分枝，稍被红毛。有柄叶至茎针形，边缘有缺刻或锯齿，基部楔形，或为心形。上面无毛，下面有白色绒毛。头状花序端或单生枝端，或排列成伞房状。	生于路边、田间或多栽种	头状花序。辛，微寒，散风清热，解毒。用于目赤肿痛、耳鸣、咽喉肿痛、风热感冒、头痛、高血压病	孤植，庭院植物或盆栽，作花坛造型植物，列植，可做林边或行道边装饰
852		牛蒡	Arctium lappa Linn.	牛蒡子、大力子。	二年生草本。具粗大肉质直根，红或淡紫红色。茎粗壮，常带紫突起的条棱，并混杂以棕黄色，稍被长柔毛丝毛。叶宽卵形，边缘具齿尖，两面被毛及黄色小腺点，下面灰白色，均被淡绿色，被稠密蛛丝状毛及黄色小腺点。花序枝顶端排成圆锥状伞房花序，总苞片多数，三角状披针状钻形，浅褐色。瘦果倒长卵形，浅褐色。	生于山坡、林缘、河边潮湿地、村庄路旁或荒地中。	果实、根。果实：辛、苦、寒。宣肺透疹、风热散结解毒。根：疏风清热解毒、利咽。	丛植，林下植被或行道边植被
853		蒲公英	Taraxacum mongolicum Hand.–Mazz.	黄花地丁、婆婆丁、灯笼草。	多年生草本。根圆柱形，黑褐色，倒披针形或圆状披针状羽状深裂，急尖，边缘具波状齿或疏被蛛丝状白色柔毛及白色丝状毛，叶柄及上部花茎常带红紫色，头状花序，舌状花黄色，上部暗褐色，下部具小刺，瘦果倒卵状披针形，排成行列针的小瘤。	生于山坡草地、路旁、河岸、沙地及田间。	全草。苦、甘、寒。清热解毒，消肿散结，利尿通淋。	丛植，林下植被或行道边植物
854		一点红	Emilia sonchifolia (Linn.) DC.	羊蹄草、叶下红、小蒲公英。	小草本。叶互生，基部叶卵形，分裂，茎生叶顶再小，稍带肉质，茎柄而抱茎，头状花序于茎顶再排成伞房花序，两性管状花花紫红色，瘦果圆柱形，冠毛白色。	生于路旁、田埂或旷野荒地上。	全草。苦、凉。清热解毒，散瘀消肿，消炎，利尿。	丛植，林下植被或行道边缓植物

193

序号	科目名	品种	拉丁学名	别名	识别特征	生长环境	药用部位及功效	园林用途
855		野菊花	Dendranthema indicum (L.) Des Moul.	北野菊、山香菊、岩菊花	多年生草本。匍匐茎横生，被白色疏柔毛。叶互生，基簇生，上部多分枝，先端渐尖，基部卵形或长椭圆形，羽状深裂，裂片呈卵形或椭圆形，边缘有能别获锯齿；裂片卵形小，多数，在茎顶端排成伞房状。头状花序小，多数。	生于山坡草地、灌丛、河边、水湿地、滨海盐渍地、田边及路旁	头状花序。性凉，味苦，归肝、心经。用于痈肿疔疮、蛇虫咬伤、风疹块、风火眼、感冒等症。	孤植，庭院植物或丛栽，作花坛造型植物；列植，可做林边或行道边装饰
856		百日草	Zinnia elegans Jacq. Zinnia L.	对叶菊、步步高、火球花	一年生草本植物。茎直立粗壮，粗糙被糙毛。叶片无柄，对生叶前长椭圆形，上被短刚毛。单生于枝端，梗甚长。被毛。	坡地、田野，多栽种	叶和花，味微苦，性凉。能消炎，祛湿热。按处方用药	丛植或列植，作庭园林、花圃、花坛植物；道边、林边、庭院和房屋周围装饰花
857		艾	Artemisia argyi Levi. et Van.	艾蒿、白蒿、陈艾。	多年生草本。具浓烈香气。叶厚纸质，上面被疏柔毛，背面密被蛛丝状毛，具白点及小凹点，三角状卵形或近菱形，一至二回羽状深裂至半裂，裂片披针形或卵状披针形，基部宽楔形渐狭。头状花序数枚在分枝成小型穗状花序或复穗状花序。瘦果长卵形或长圆形。	生于荒地、路旁河边及山坡等地。	叶子，苦、温。叶子：散寒止痛。果实：祛湿止痒。温肾壮阳	丛植，林下或林边、花圃、水系边、行道边界植物
858		艾纳香	Blumea balsamifera (Linn.) DC.	大风艾。	亚灌木状草本，茎粗壮，多分枝，密被黄褐色柔毛。下部的椭圆形披针形，顶端长圆，叶基部渐狭，边缘有细齿，两面被柔毛。头状花序多数，于枝顶排成开展的圆锥形，总苞钟形，花黄色。瘦果圆柱形，冠毛红褐色。	生于林缘、林下、河旁或草地上。	全草，辛、微苦，温。祛风除湿，温中止泻，开窍醒神，活血	丛植，林下或林边、行道边、水系边界植物

序号	科目名	品种	拉丁学名	别名	识别特征	生长环境	药用部位及功效	园林用途
859		白苞蒿	Artemisia lactiflora Wall, ex DC.	鸭脚艾、甜菜蒿、甜艾籽、甜艾。	草本。茎具细纵棱。基生叶与茎下部叶一至二回羽状全裂，稀深裂，边缘常有细锯齿或近全缘，一至中轴具狭翅。头状花序长圆球形，在小枝上排成稠密穗状花序，并在茎上部组成开展的圆锥花序；花白色。瘦果倒卵形。	生于山区林下，林缘及灌木丛中。	全草。辛、微苦，微温。破血通经，消积除胀。	丛植，林下植被；或林边，行道边绿化带。
860		白花地胆头	Elephantopus tomentosus Linn.	白花地胆草、牛舌草。	草本。根状茎粗壮；茎直立，多分枝，被白色开展长柔毛，具腺点。叶散生于茎，基生叶长圆状倒披针形或长圆形，顶端尖，上面具短柔毛，基部渐狭具翅叶柄，下面被长柔毛和腺点。头状花序密集成团球状，具短柄，呈漏斗状。瘦果线形，冠毛灰白色，具5条刚毛。	生于山坡旷野、路边及灌木丛中。	全草。苦、辛，凉。清热，凉血解毒，利湿。	丛植，林边，行道边绿化带。
861		白子菜	Gynura divaricata (Linn.) DC.	鸡菜、白背三七、东风菜。	多年生草本。茎木质。叶质厚，卵形、椭圆形或倒卵状披针形，顶端钝或急尖，基部楔状狭，脉下延成叶柄，边缘具粗齿，叶两面被短柔毛，呈叉状分枝。头状花序于茎端成疏伞房状圆锥花序，小花橙黄色，具香气。瘦果圆柱形，褐色，冠毛白色，绢毛状。	生于山坡草地、荒坡和田边潮湿处。	全草。甘、淡，寒。清热解毒，舒筋接骨，凉血止血。	丛植，林边，行道绿化带；庭院，花境点缀。
862		百能葳	Blainvillea acmella (Linn.) Phillipson	异芒菊、寒菜。	一年生草本。茎下部枝对生，上部互生。下部叶卵形至卵状披针形，基部楔形，顶端渐尖，上部叶小，互生，边缘有疏锯齿，两面被硬糙毛，叶顶生和腋生，头状花序单生和顶生；舌状花黄白色或黄色，两性花瘦果扁形，干时均呈黑色。	生于疏林中或山顶斜坡草地上。	全草。辛，凉。疏风清热，止咳。	丛植，林边，行道边绿化带；
863		苍耳	Xanthium sibiricum Patrin ex Widder	疗疮草、粘苍子。	大本。全株密被白色短毛，茎直立，单叶互生，叶片阔三角形，边缘常作3-5浅裂，不规则缺刻或疏锯齿，表面近绿色，背面粉绿色，基出脉3条，头状花序近无柄，聚生；瘦果总苞坚硬，椭圆形，上有钩刺。	生于荒地、路旁或田野等向阳的地方。	果实。辛，苦，温。有小毒，散风寒，通鼻窍，祛风湿。	丛植，林边，行道边绿化植物带；

195

序号	科目名	品种	拉丁学名	别名	识别特征	生长环境	药用部位及功效	园林用途
864		刺儿菜	Cirsium setosum (Willd.) MB.	大蓟、大刺儿菜。	多年生草本。茎被薄绒毛。叶不分裂，裂片锯齿状浅裂或羽状浅裂或边缘有细密针刺，或具粗大圆锯齿，裂片顶端齿裂三角形；叶缘具细密针刺，头状花序单生茎端，两面被薄绒毛或无；小花紫红色或白色。瘦果淡黄色，椭圆形或偏斜椭圆形。	生于山坡、河旁或荒地、田间。	地上部分。甘、苦，凉。凉血止血，祛瘀消肿。	丛植、林边、行道边绿化植物带；
865		大蓟	Cirsium spicatum (Maxim.) Matsum.	虎蓟、大刺儿菜、刺萝卜。	多年生草本。主根纺锤状，叶倒披针形或倒披针状椭圆形，羽状深裂，裂片5~6对，长椭圆状披针形或卵形，边缘齿状，齿端有尖刺，具白色丝状缘毛，基部叶呈莲座状，中部叶渐小。头状花序单一或数个生于枝端集成圆锥状，花梗极短；小花紫红色。瘦果长椭圆形，冠毛羽状。	生于山坡、路边等处。	全草、根。甘，凉。凉血止血，散瘀消肿。	丛植、林边、行道边绿化带；庭院花境点缀植物
866		大狼把草	Bidens frondosa Linn.	接力草、茎具鬼针草、仙鹤草。	一年生草本。茎常带紫色。叶对生、具柄，一回羽状复叶，小叶3~5片，披针形，先端渐尖，边缘具粗锯齿，背面被稀疏柔毛。头状花序，总状花序或单生，具淡黄色舌状花或无舌状花，具花两性，瘦果扁平，顶端芒刺2个，有倒刺毛。	生于田野湿润状。	全草。甘，微苦、微毒。清热解毒，利湿，通经。	丛植、水庭院、行道边绿化带；庭院花境点缀植物
867		大吴风草	Farfugium japonicum (L. f.) Kitam.	八角乌、活血莲。	多年生葶状草本。花葶可高达70cm，被柔毛。叶全部基生、莲座状，有长柄，基部扩大，或具小苞至掌状浅裂，叶片肾形，先端圆形，近基部心形，叶质厚，全缘或具小齿；头状花序，排列成伞状房状花序，舌状花黄色；瘦果圆柱形，被成行的短毛。	生于林下、山谷及草丛中。	全草。辛、甘，微苦，凉。活血止血，散结消肿。	丛植、林边、下植被，或行道边缘；可作盆景或庭院点景孤植，植株

196

序号	科目名	品种	拉丁学名	别名	识别特征	生长环境	药用部位及功效	园林用途
868		大叶斑鸠菊	Vernonia volkameriifolia (Wall.) DC.	大叶鸡菊花。	小乔木。枝粗壮，被淡黄褐色绒毛。叶大，倒卵形或倒卵状楔形，稀长圆状倒披针形，顶端短尖，基部楔状渐狭，边缘深波状或具疏粗齿。头状花序，在茎枝顶端排列成复圆锥状。花淡红色或淡紫色。瘦果长圆状圆柱形。	生于山谷灌木丛或杂木林中。	根皮、茎叶。苦，凉。祛风，利湿，通淋，活络。	丛植，林边、行道，边缘化植物带；
869		地胆头	Elephantopus scaber Linn.	红花地胆头、土公英。	草本。茎二歧分枝，全株密被白色粗毛。叶大部分基生，莲座状，匙形或椭圆状倒披针形，顶端短尖，边缘具浅钝齿，近无柄，花全为两性管状花，淡紫色。瘦果纺锤形具硬刺毛。	生于路旁、荒地或旷空地。	全草。苦，凉。清热解毒，消肿，利尿，凉血。	丛植，林下植被；或林边、行道，点缀，庭院植林。
870		东风草	Blumea megacephala (Randeria) Chang et Tseng	黄帽顶、九里明、华艾纳香	攀缘状草质藤本或基部木质。茎多分枝，基部圆形，卵状长圆形，边缘具疏状细齿或点状齿，上面被疏毛或光泽，下面无毛或疏时变淡黄色，头状花序少数，排成大型具叶圆锥花序，花黄色。瘦果圆柱形，有10条棱，被疏毛。	生于林缘、灌木丛中或山坡、丘陵阳处。	全草。苦，微辛。凉。清热明目，祛风止痒，解毒消肿。	列植，林边、行道，边缘植物。
871		多茎鼠麴草	Gnaphalium polycaulon Pers.		一年生草本。多分枝，叶倒披针形或倒卵状长圆形，无柄，两面被白色棉毛，全缘或微波状，顶端具短尖头或短尖头。头状花序多数，在茎枝顶端密集成穗状花序，总苞片麦秆黄色或灰黄色。瘦果具乳头状突起，冠毛绢毛状，灰白色。	生于耕地、草地或湿润山地上。	全草。甘，平。止咳化痰，祛风湿。	列植，林边、行道，边缘植物。
875		鹅不食草	Epaltes australis Less.	球菊、球子草、拳头菊。	一年生草本。茎铺散或匍匐状，基部多分枝，有细沟纹。叶倒卵形或倒卵状长圆形，基部渐狭，顶端钝，稀有短尖，边缘有不规则的粗锯齿，中脉在上面明显，在下面略凸起。头状花序多数，扁球形，侧生，单生或双生；瘦果近圆柱形，有10条棱，有疣状突起。	生于旱田或旷野沙地上。	全草。辛，温。祛瘀止痛。	列植，林边、行道，边缘植物。

序号	科目名	品种	拉丁学名	别名	识别特征	生长环境	药用部位及功效	园林用途
872		飞机草	Eupatorium odoratum Linn.	香泽兰、民国草。	多年生草本。根茎粗壮，横走。茎白色，有细条纹。叶对生，卵形、三角形或卵状三角形，两面粗涩，被长柔毛及红褐色腺点。头状花序在茎顶在枝端排成伞房或复伞房花序，密被稠密的短柔毛。瘦果黑褐色，无腺点，沿棱有稀疏的白色短柔毛。	生于热带、亚热带的山坡、路旁。	全草。微苦、温。散瘀消肿，解毒，止血。	丛植或列植，林被、林道边、行道边植物
873		飞蓬草	Conyza canadensis (Linn.) Cronq.	加拿大蓬飞、小蓬草。	一年生草本。根纺锤状根，具纤维状根。叶密集，倒披针形，线状披针形或线形，顶端尖或渐尖，边缘具疏锯齿或全缘，边缘常被上弯的硬缘花序。头状花序多数，白色，排列成顶生大圆锥花序，雌花舌状；两性花淡黄色。瘦果线状披针形。	生于旷野、荒地、田边、路旁和路旁的一种常见的杂草。	全草。微苦、辛。清热利湿，散瘀消肿。	林、行道边植物
874		芙蓉菊	Crossostephium chinense (Linn.) Makino	香菊、千年艾、玉芙蓉。	半灌木。密被灰色短柔毛。叶聚生枝顶，狭匙形或狭倒披针形，全缘或3-5裂，顶端钝，基部渐狭，两面密被灰色短柔毛，质地厚。头状花序盘状，生于枝端排成有叶的总状花序；花冠管状。具腺点。瘦果矩圆形。	多为栽培种	根。叶、辛。微温。法风除湿，解毒消肿，止咳化痰。	丛植、花境花坛植物，为林边、行道边植物；孤植作盆景或庭院植株
875		革命菜	Crassocephalum crepidioides (Benth.) S. Moore	野茼蒿、东风菜。	直立草本。茎圆形，有纵条纹，单叶互生，矩圆状椭圆形，先端短尖或渐尖，边缘有不规则齿缺或浅裂，或基部羽状浅裂，排列成圆锥状伞房花序。瘦果狭圆柱形，赤红色，有纵条，冠毛白色。	生于山沟、林下荒地、及路旁。	全草、辛、平。健脾消肿，清热解毒。	列植、林边、行道边植物
876		华泽兰	Eupatorium chinense Linn.	多须公、六月雪、广东土牛膝。	草本。须根多数，细长圆柱形，叶片宽卵形的圆锯齿步，上面无毛，下面被柔毛及腺点。头状花序在茎顶排成复伞房或复伞房花序，茎有纵沟及紫黑色斑点。花白色。瘦果圆柱形，冠毛刺毛状。	生于山坡、路旁、林缘、林下及灌木丛中	根。苦、辛、平。清热解毒，凉血利咽，散瘀消肿。	丛植或列植，林被、行道边植物

198

序号	科目名	品种	拉丁学名	别名	识别特征	生长环境	药用部位及功效	园林用途
877		黄鹌菜	Youngia japonica (Linn.) DC.	黄鹤菜、野青菜、野木菜、土木菜。	一年生或二年生草本。有乳汁，茎直立，由基部抽出一至数枝，茎生叶丛生或羽状半裂，具长梗，茎生叶互生，通常披针形，小而宽，排列成聚伞状圆锥花序；舌状花黄色。瘦果红棕色，具白色冠毛。	生于路旁、溪边或林缘。	全草。甘、微苦，凉。清热消肿，利尿消肿。	丛植或列植、林下植被、行道边植物，庭院点缀。
878		黄花蒿	Artemisia annua Linn.	草蒿、青蒿、番红草。	一年生草本。具浓烈挥发性香气。叶纸质，绿色，宽卵形或三角状卵形，一至三回栉齿状羽状深裂，裂片再次分裂，小裂片边缘具多条栉齿状三角形，或长三角形深裂齿。头状花序球形，下垂或倾斜，分枝上排成总状或复总状花序。花深黄色。瘦果小，长椭圆状卵形。	生于旷野、山坡、路边、河岸等处。	地上部分。苦、辛，寒。清热解暑，除蒸，截疟。	丛植或列植、水系边、路道边、行道边植物。
879		金挖耳	Carpesium divaricatum Sieb. et Zucc.	杓儿菜、大挖耳草、倒盖菊。	多年生草本。茎被白色柔毛。叶卵形，先端锐尖或尖锐，基部圆形，边缘具粗大胼胝尖的牙齿，上面深绿色，被具球状膨大基部的柔毛，叶面粗糙，下面淡绿色，被白色短柔毛。头状花序单生茎端及枝端处。有狭翅。瘦果。	生于路旁及山坡灌木丛中。	全草。苦、辛，寒。清热解毒，消肿止痛。	列植、林边、行道边植物。
880		金腰箭	Synedrella nodiflora (Linn.) Gaertn.	苦草、黑点旧。	一年生草本。常分枝，端项短尖，茎部下延，叶片卵形，单叶对生，主脉3条，上面粗糙，被伏毛。头状花序小，腋生或顶生，花黄色。瘦果扁平。	生于旷地、沟边或耕地上。	全草。微辛、微苦，凉。清热透疹，解毒消肿。	列植、林边、行道边植物。
881		狼把草	Bidens tripartita Linn.	鬼叉、鬼针、夜叉头。	一年生草本。茎钝四棱形。叶对生，中部叶具柄，具翅，边缘具锯齿，裂深几达中脉，顶生裂片较大，常3-5深裂，上、下部叶均较小，披针形，边缘具锯齿。头状花序，总苞盘状，三裂或不分裂。全为筒状两性花。无舌状花，托片条状披针形，瘦果扁，边缘具倒刺毛，顶端有芒刺常2条。	生于路边荒野及水边湿地。	全草。苦、甘，平。柔阴清热解毒。发汗。	丛植或列植、林下植被、行道边、水系边植物。

199

(亚)热带主要景观药用植物名录及景观配置形式

序号	科目名	品种	拉丁学名	别名	识别特征	生长环境	药用部位及功效	园林用途
882		阔苞菊	Pluchea indica (Linn.) Less.	格杂树、阔苞菊。	灌木。叶倒卵形或阔倒卵形，边缘具细齿或疏锯齿，基部渐狭，下面无毛或沿中脉两面明显或疏脱毛，顶端无毛或茎枝顶端被伞房花序排列；雌花花冠冠丝状，两性花花冠花冠裂片背面具泡状或乳状突起。瘦果圆柱形。	生于海滨沙地或近潮水的空旷地。	茎叶、根。甘、微温。暖胃去积，软坚散结，祛风除湿。	列植、林边、行道边植物。
883		麻叶千里光	Senecio cannabifolius Less.	宽叶还魂草、返魂草。	多年生根状茎草本；茎中空，叶具柄，长圆状披针形，不分裂或羽状分裂，顶端尖或渐尖，基部无，边缘具短锯齿，纸质，上面无毛，下面具曲短卷毛。头状花序辐射状，排列成顶生复伞房状花序；舌状花黄色。瘦果圆柱形。	生于草地、林下或林缘。	带根全草。苦、凉。散瘀，止痛。	丛植、林下植被、行道边、庭院植物、孤景植作盆景。
884		墨旱莲	Ecliptaprostrasta (Linn.) Linn.	醴肠、旱莲草、墨汁草。	草本，全株被白色粗毛，折断后流出的汁液数分钟后呈蓝黑色。叶绿色或有细齿，叶对生，披针形或条状披针形，全缘或有细齿，无柄或有短柄。头状花序腋生，总苞钟状；舌状花白色。瘦果端平。	生于路边草丛、沟边、湿地或田间。	地上部分。甘、酸，寒。滋补肝肾，凉血止血。	丛植或列植、林下植被、行道边、水系边点缀植物。
885		佩兰	Eupatorium fortunei Turcz.	兰草、红泽兰、鸡骨香。	多年生草本。根茎横走，淡红褐色；茎绿色或红紫色，被稀疏短柔毛，腺点，中部叶光滑，上部三裂，叶披针形或长椭圆状披针则细齿，枝端排成复伞房花序，花白色或带微红色。冠毛白色。	生于路边灌木丛及山沟路旁。	全草。辛，平。利湿健胃，清暑热。	列植、林边、行道边植物。
886		蟛蜞菊	Wedelia chinensis (Osbeck) Merr.	黄花曲草、黄花墨菜。	草本。茎下部匍匐，上部近直立，被疏毛。单叶对生，叶片条状披针形，全缘或具1-3对疏粗齿，两面被短细毛，主脉3条。头状花序单生于枝顶或叶腋内，花冠黄色。瘦果倒卵形，无冠毛。	生于路旁、田边、沟边湿润草地或润湿地上。	全草。微苦、甘。凉。清热解毒，凉血散瘀。	丛植、林下植被；列植、林边、行道边、水系边点缀植物

序号	科目名	品种	拉丁学名	别名	识别特征	生长环境	药用部位及功效	园林用途
887		千里光	Senecio scandens Buch.-Ham. ex D. Don	九里明。	攀缘状草本。微有毛，后脱落。叶片卵状三角形，先端渐尖，基部楔形至截形，边缘有不规则缺刻状齿裂，两面疏被细毛，总苞片一层；舌状花鲜黄色。瘦果圆柱形，冠毛白色。	生于林边、山坡或路旁草丛中。	地上部分。苦、辛，凉。有小毒。清热解毒，明目，杀虫止痒。	列植，林边、行道边植物；花境边界点缀。
888		柔毛艾纳香	Blumea mollis (D. Don) Men.	紫色花、红头小仙。	草本。具沟纹，被开展白色长柔毛，有具柄腺毛。叶倒卵形，基部楔状渐狭，顶端圆钝，边缘具不规则细齿，两面被绢状长柔毛，下面有短绢毛，无或有短柄；头状花序多数，簇生或成大圆锥花序，再排成伞状花序；花紫红色。瘦果圆柱形，下半部淡白色。冠毛白色。	生于田野或旷草地上。	全草，叶。微苦，平。消炎，解热。	列植，林边、行道边植物
889		三裂叶蟛蜞菊	Wedelia trilobata (Linn.) Hitchc.	南美蟛蜞菊。	多年生匍匐状蔓生草本。茎无毛或被短柔毛，节上生根。叶对生，多汁，具疏齿，椭圆形至披针形，通常3裂，裂片三角形，先端急尖，基部楔形，两面粗糙，无毛或被散生短柔毛；头状花序腋生，具柄，具长梗，舌状花黄色；盘花黄色。瘦果棒状，具角，黑色。	生于田野或旷草地上。	全草。微苦、甘，凉。清热解毒。	丛植或成列植被，林下、行道边、水系绿植边点缀；分界绿化带
890		胜红蓟	Ageratum conyzoides Linn.	白花臭草、藿香蓟。	草本。茎直立，被毛。单叶对生，上部互生，卵形，再排成伞房花序顶生；总苞钟状或半球形，总苞片2层，管状花冠白色或淡紫色，具冠毛。	生于荒坡林地、山坡下或林缘。	全草，辛、微苦，凉。祛风清热，止痛，排石。	列植，林边、行道边植物
891		匙叶鼠麴草	Gnaphalium pensylvanicum Willd.	匙叶合冠鼠麴草、白花鼠麴草。	一年生草本。茎部斜倾分枝或不分枝，被白色绵毛。叶基部长渐狭，匙形或倒披针状匙形，全缘或微波状，上面被疏毛，下面密被白色棉毛，头状花序数个成束簇生，再排列成穗状花序。总苞片黄色，灰白色。瘦果具沟纹，长圆状头状。瘦果卵乳头状突起；冠毛绢毛状。	生于菜园或耕地上，耐旱性强。	全草。甘，平。宣肺，清热解毒，平喘。	列植，林边、行道边植物

序号	科目名	品种	拉丁学名	别名	识别特征	生长环境	药用部位及功效	园林用途
892		鼠麹草	Gnaphalium affine D. Don	鼠耳草，追风，绒毛草，佛翅菊。	草本。全株密被白绵毛。单叶互生，基生叶花后凋落，下部和中部叶倒披针形或倒匙形，基部渐狭，下延，两面都有白色绵毛；伞房状；总苞球状钟形；花黄色。瘦果长椭圆形，冠毛黄白色。	生于山坡、路旁或田边。	全草。甘、微酸、平；止咳、平喘，祛痰，祛风湿。	列植，行道边，花境边界点缀植物；
893		水飞蓟	Silybum marianum (Linn.) Gaertn.	水飞雉，奶蓟，老鼠筋。	一年生或二年生草本。茎枝有白色粉质复被物，具条棱，被稀疏蛛丝毛或脱毛。下部具叶柄，心形，半抱茎；叶羽状浅裂，羽状分裂至全裂；最上部叶披针形，叶缘及顶端具大型硬针刺，生枝端；总苞片黄硬叶质附属物，小花红紫色。瘦果长椭圆形。	生于通风、凉爽和阳光充足的荒滩地等盐碱地处。	瘦果。凉、苦。清热利湿，疏肝利胆。	列植，边，行道边植株
894		天名精	Carpesium abrotanoides Linn.	鹤虱，天蔓青，地烟。	多年生粗壮草本。茎部锐尖，基部楔形，下面密被短柔毛，时脱落，具腺点；叶广椭圆形或长椭圆形，上面粗糙，被细小腺体；边缘具短齿，叶柄密被短柔毛；头状花序式排列；总苞钟球形，基部宽，上端稍收缩。瘦果。	生于村旁、路边荒地、溪边及林草丛。	全草。苦、辛，寒。清热解毒，破瘀止血，杀虫。	列植，行道边植株
895		天文草	Spilanthes paniculata Wall. ex DC.	金纽扣，散血草，拟千日菊，雨伞草。	草本。茎紫红色，先端花序，片广椭圆形；头状花序，顶生或腋生，总苞片2层，花小，深黄色；叶片，叶对生，基部宽楔形，边缘有浅粗齿；瘦果黑色，沿角上常有毛。	生于山野、湿地或水沟旁草丛中。	全草。辛、苦，微温。止咳定喘，解毒，舒筋活血。	列植，边，行道边，水系植物
896		茼蒿	Chrysanthemum coronarium Linn.	艾菜，花环菊。	草本。茎不分枝或上部分枝，光滑无毛。基生叶花期枯萎，无柄，二回羽状深裂或几全裂；茎叶卵形或长椭圆形或倒卵形，二回羽状分裂，一回为深裂或全裂，上部羽片小或叶轴生茎叶顶端；头状花序单生茎枝顶端，或少数生茎枝顶端，但也非4层，舌状花瘦果具3条突起的狭翅肋；瘦果具1-2条椭圆圆形突起的肋。	多为栽培。	茎叶。辛、甘，凉。和脾胃，消痰饮，安心神。	列植，边，行道植，院植，庭植或花境丛栽，花卉孤景，盆植。

序号	科目名	品种	拉丁学名	别名	识别特征	生长环境	药用部位及功效	园林用途
897		五月艾	Artemisia indica Willd.	艾、野艾蒿、鸡脚艾、狭叶艾。	半灌木状草本。具浓烈香气。叶上面被疏绒毛，背面密被灰白色蛛丝状绒毛，卵形、长卵形或椭圆形；一至二回羽状全裂或大头羽状深裂，裂片椭圆状披针形；第一回深裂或全裂，第二回为粗锯齿；头状花序分枝上成穗状花序式的总状花序。瘦果长圆形或倒卵形。	生于湿润地区的路旁、林缘、坡地及灌木丛中。	地上部分。苦、辛，温。温经止血，散寒止痛。	丛植或列植，林下植被，林缘、花境边或花境边界点缀。
898		豨莶草	Siegesbeckia orientalis Linn.	虾柑草、黏糊菜。	一年生草本。茎分枝斜升，上部分枝常被灰白色短柔毛。花期枯萎；中部叶三角状卵圆形，基部阔楔形，下延成具翼的柄，纸质，两面被毛，头状花序，上部叶小，边缘浅波状粗齿或全缘；头状花序，多数聚生于枝端，排列成具叶的圆锥花序；花黄色。瘦果倒卵圆形，顶端有灰褐色环状突起。	生于山野、荒草地、灌木丛、林缘及林下。	地上部分。苦、辛，寒。祛风湿，利关节，解毒。	丛植或列植，林下植被，林缘、林缘边植株。
899		咸虾花	Vernonia patula (Dryand.) Merr.	大叶咸虾花、狗仔菜、斑鸠菊。	一年生草本。茎粗壮，具腺。叶具柄，卵形、卵状椭圆形，边缘具圆齿状浅齿或全缘，上面被疏短毛，下面被灰色柔毛，具腺点，头状花序生于枝顶端，或成排列成宽圆锥状或伞房状。瘦果近圆柱状，花淡红紫色。	生于荒坡旷野、田边、路旁。	全草。苦、辛，平。清风清热，解毒，散瘀消肿。	列植，林缘、行道边、行道边植株
900		腺梗豨莶	Siegesbeckia pubescens Makino	豨苍草、黏糊菜。	草本叶对生。枝上部多分叉分枝，全株被白色长柔毛。叶阔卵状三角形，顶端渐尖，基部楔形至近截平，常下延于叶柄两侧成翼状，花序短，离基三出脉，头状花序浅黄色，再排成伞房状，花序较长，密生紫褐色头状花柄具腺毛和长柔毛。瘦果，黑褐色，有4棱。	生于林缘、林下，或路旁、荒野。	地上部分。辛，性寒。祛风湿，利关节，解毒。有小毒。	丛植或列植，林下植被，林缘、行道边植株，花境边

（亚）热带主要景观药用植物名录及景观配置形式

序号	科目名	品种	拉丁学名	别名	识别特征	生长环境	药用部位及功效	园林用途
901		向日葵	Helianthus annuus Linn.	丈菊。	一年生高大草本。茎直立，被白色粗硬毛，叶互生，心状卵圆形或卵圆形，顶端急尖或渐尖，有三基出脉，边缘具粗锯齿，两面被短糙毛，有长柄。头状花序极大，单生于茎端或枝端，下倾，总苞片多层，覆瓦状排列，黄色，舌片黄色，开展，倒卵形，不结实，管状花极多，棕色或紫色，结果实。瘦果倒卵形。	多为栽培。	花序托（花盘），根、茎髓、种子，平。花盘：祛肝补肾，降压；茎髓：清热利尿，止咳平喘；种子：滋阴，止痢，透疹。	列植，林边，行道边；丛植，庭院或花卉，花卉；孤景，盆景植。
902		野菊	Dendranthema indicum (Linn.) Des Moul.	野黄菊花、山菊花、甘菊花。	草本。茎基部常匍匐，上部多分枝，叶互生，卵状三角形或卵状椭圆形，羽状分裂，裂片边缘有锯齿，两面有短毛，下面较密。头状花序成聚伞状，总苞半球状，花小，黄色，边缘假舌状，先端3浅裂，中央为管状花。瘦果全部同形，无冠状冠毛。	生于路旁、田埂或旷野荒地上。	头状花序，苦、辛、寒。清热解毒。	列植，林边，行道边；丛植，庭院或花卉，规植或植株，孤景，盆景植。
903		夜香牛	Vernonia cinerea (Linn.) Less.	消山虎、假咸虾。	草本。茎直立，被贴伏短微毛。叶披针形有短毛或披针状楔形，基部渐狭成楔形，叶背脉明显，边缘有浅齿。头状花序在枝端再排成伞房状圆锥花序；总苞钟状，瘦果圆柱形，淡红紫色，常带紫色，冠毛白色。	生于山坡、旷野、路旁或密林、灌木丛中。	全草，微甘、凉。疏风清热，除湿，解毒。	列植，林下植被，林下植株；行道边，植株，边植株。
904		翼茎阔苞菊	Pluchea sagittalis (Lam.) Cabrera	六棱菊。	多年生草本。具浓厚芳香气，茎多分枝，枝条密被绒毛，叶基部向茎伸形成明显翼的囊。叶互生，叶披针形或阔披针形，边缘具锯齿，头状花序，两面疏被腺毛，头状花序在枝条顶端疏被少复伞房花序，总苞半球形，苞片椭绿色；瘦果白色，瘦果棕色。	生于湿润肥沃沙土或水边地上。	地上部分。有抗老炎和抗老化作用，多用于消化系统疾病。	列植，林边，行道边，庭院植株。
905		鱼眼草	Dichrocephala auriculata (Thunb.) Druce	鱼眼菊、泥胡菜。	草本。茎直立或斜披散，无毛或被短毛。叶卵形，椭圆形或披针形，羽状分裂，侧裂片常一对，被疏短毛。头状花序球形球状；头状花序排成疏松的伞房状，瘦果扁，有加厚的边缘，无冠毛。	生于山坡、山谷、山坡、山坡，山坡或水沟旁或林下或水沟边。	全草，苦、辛、平。活血调经，解毒消肿。	列植，林边，行道边，水系边植株；丛

204

序号	科目名	品种	拉丁学名	别名	识别特征	生长环境	药用部位及功效	园林用途
906		羽芒菊	Tridax procumbent Linn.	长柄菊、长梗菊。	多年生铺地草本。茎平卧，略呈四方形，被倒向糙毛或脱毛。中部叶卵形或卵状披针形，边缘具不规则粗齿和细齿，裂片1-2对，两面被糙伏毛；上部叶少数，卵状披针形至条形。头状花序顶生，花梗被白色疏毛；总苞片2-3层，被毛；梗被白色圆锥形或倒圆锥形，密被疏毛。	生于旷野、荒地、坡地，以及路旁向阳处。	叶。作杀虫药，治气管和肺炎。	列植、行道边、植被。
907		泽兰	Eupatorium japonicum Thunb.	白头婆、儿菊、兰草。	多年生草本。茎可见紫红色，被白色皱状波状短柔毛或披针形，叶对生，两面粗涩，椭圆形，质地稍厚，被皱状波状紧密。头状花序在茎顶或枝顶排成紧密的伞房花序，总苞片覆瓦状排列，花白色或带红色。瘦果波状黑褐色，椭圆状。	生于山坡疏林地、密林下、灌木丛、水湿地及河岸等处。	全草。辛、苦、平。祛暑发表，化湿和中，理气活血解毒。	丛植或林下植、植被、行道边、水系边、植被。
908		紫背菜	Gynura bicolor (Roxb. ex Willd.) DC.	两色三七草、红凤菜、玉枇杷、红凤菜。	多年生草本。全株无毛。叶倒卵形或倒披针形，顶端尖或渐尖，基部楔状渐狭成具翅叶柄，边缘有不规则状波状齿，上面绿色，下面紫红色，两面无毛。头状花序排列成疏伞房状总苞；花冠明显伸出总苞，黄色至红色，小花橙黄色圆柱形，花柱分枝，淡褐色；冠毛白色，绢毛状。瘦果圆柱形，冠毛白色。	生于山坡草地、岩石上或河边湿处。	全草、茎叶。甘、辛、凉。凉血止血，清热消肿。	丛植、林下植、列植、行道边、水系边、植被。
909		艾草	Artemisia argyi Levi, et Vaniot.	艾蒿、白蒿、陈艾	多年生草本。具丝状柔毛。叶具小回齿，上面被短密糙柔毛，腺点及小凹点，背面密被蛛丝状绒毛，三角状卵形或近菱形、卵形，全缘状深裂至半裂，裂片披针形或披针形，一至二回羽状深裂，头状花序数枚枝在分枝上排成总状或复穗状花序。瘦果宽卵形或长圆形。	生于荒地、路旁河边及山坡等地。	叶子、果实。辛、苦、温。叶：散寒，温经，止痛，止血，祛湿止痒。果实：温肾壮阳。	植，林下植、花坛植、带植、庭园和盆栽等。
910	金丝桃科	衡山金丝桃	Hypericum hengshanense W. T. Wang	南岳金丝桃、衡山遍地金。	多年生草本，无毛。叶无柄，长圆状披针形，先端钝，基部宽楔形，稍斜，具有腺体的长睫毛，纸质，全面散布透明腺点。聚伞花序，狭长圆形，顶生，有3-5朵花，花瓣5片，黄色，边缘有黑色腺点。	生于山坡、路旁或灌木丛中。	全株。苦、凉。清热解毒，散瘀止痛，祛风湿。	列植，行道边或成林，林坛植、花坛植、丛植等，花点果缘。

序号	科目名	品种	拉丁学名	别名	识别特征	生长环境	药用部位及功效	园林用途
911		金丝桃	Hypericum monogynum Linn.	金线蝴蝶、过路黄、金丝海棠、金丝桃。	灌木。丛状或常有疏生开张枝条，茎红色。叶对生，倒披针形或椭圆形或长圆形，先端锐尖至圆形，具小尖状腺体，基部楔形，全缘，金黄色至柠檬黄色，三角状倒卵形。蒴果宽卵珠形或卵珠状圆锥形至近球形；种子深红褐色。	生于山坡、路旁或灌木丛中。	全株。苦、凉。清热解毒、散瘀止痛、祛风湿。	列植、行道植、边系边植株；丛植花坛边及果边植物
912		田基黄	Hypericum japonicum Thunb. ex Murray	地耳草、雀舌草、元宝草。	一年生草本。茎细，稍为四棱形，上部成对分枝，色有透明的小点，叶小、卵形，先端近圆，花黄色，排成聚伞花序，生于茎的顶端。蒴果椭圆形，成熟黄褐色。	生于田边、沟边、草地以及荒地上。	全草。甘、苦、凉。清热利湿、散瘀消肿。	行道植、边系边植株；
913	杨柳科	垂柳	Salix babylonica L.	柳树、清明柳	为高大落叶乔木，树冠倒广卵形，淡黄褐色。叶互生，披针形或狭披针形，先端渐长尖，具细锯齿，具毛，腺体2，基部楔形，托叶披针形，雄蕊2，雌花子房无柄。小枝细长下垂，长8～16cm，无毛或幼叶微有毛，基部楔形，花丝分离，花药黄色。	常见于河溪边	枝、叶、树皮。祛风利湿、解毒。用于慢性气管炎等；外用治湿疹肿毒	列植、行道植、边系边植株；
914	山榄科	人心果	Manilkara zapota (L.) van Royen	吴凤柿、人参果	乔木，高15-20米，小枝茶褐色，叶互生，密聚于枝顶，先端急尖或钝，基部楔形，全缘或稍微波状；花1-2朵生于枝顶叶腋，长约4毫米，基部略粗；果肉黄褐色，具明显的叶脉圆形或卵圆形或稀椭圆形，革质，长圆形或卵状楔形，花冠裂片卵形；花被黄褐色绒毛，花柱圆柱形，卵形或球形，褐色，果子扁	多见于栽培	果。强心补肾、生津止渴、补脾健胃、调经活血。用于神经衰弱、失眠头昏。	孤植或庭植、作园林园或景观树；列植、行道植、行道树种
915		神秘果	Synsepalum dulcificum Denill	梦幻果、奇迹果	多年生常绿灌木，枝、茎灰褐色，分枝部位低，枝条数量多；的网线状灰白色条纹，互生，叶有5-7片，叶面青绿、叶背草绿色至乎背叶缘，单生叶腋，倒卵形，单生花，单果着生，椭圆形，花萼5枚；枝上有不规则或琵琶形或琵琶羽状。开白色花，叶脉条叶腋间，花瓣5瓣，	多见于栽培	种子。解毒消肿、痔疮。用于喉咙痛、痔疮	孤植或对植、作庭园或园缀园；点植、作行植、道边、边作树种种

序号	科目名	品种	拉丁学名	别名	识别特征	生长环境	药用部位及功效	园林用途
916		蛋黄果	Pouteria campechiana (HKB) Bae	狮头果、桃榄、蛋果	小乔木，小枝圆柱形，灰褐色，嫩枝被褐色短绒毛。叶坚纸质，中脉在上面微凹，两面无毛，被褐色细绒毛，狭椭圆形，先端渐尖，基部楔形，花生于叶腋，花管较长，冠管圆筒形，花冠圆柱形，绿色，花冠裂片狭卵形；花柱圆柱形，果倒卵形，肥厚，转蛋黄色，无毛，外果皮极薄，中果皮肉质，种子褐色，可食。	多见于栽培	果。健脾，止泻。用于食欲减退，腹泻，乳汁不足	孤植或对植，作庭园或园林景观树；列植，作道边行植，作树边种
917	柿树科	柿	Diospyros kaki Thunb.	猴枣、山柿	高大乔木，可达10-14米以上，树皮深灰色至灰黑色；树冠球形或长圆球形，枝开展，散生球形或近圆形皮孔。叶纸质，卵状椭圆形至倒卵形或近圆形，叶序腋生，为聚伞花序，雌雄异株，花冠裂片5片，种子褐色等，果形有球形、扁球形等。	山间、田野地或多见于栽培	叶、果实、柿蒂。清燥火。用于咳嗽，吐血，口疮	孤植或对植，作庭园或园林景观树；列植，作行道边树种
918	山茶科	茶	Camellia sinensis (L.) O. Kuntze	茗、荈、茶树、茶叶、元茶	灌木或小乔木，嫩枝无毛。叶革质，长圆形或椭圆形，先端无毛或急尖，基部楔形，上面发亮，下面无毛或初时有毛，边缘有锯齿。花腋生，白色，花柄长4-6毫米，侧脉5~7对；萼片5片，阔卵形至圆形，花柱无毛，先端3裂；蒴果，每球有种子1-2粒。	山间、田野林地或多见于栽培	叶。除烦止渴，利尿。用于头痛，心烦口渴，食滞，痢疾，感冒咳嗽，咳，寒，霍乱等	孤植或对植，作庭园或园林，点缀，作盆景植，行道边树种
919		山茶花	Camellia japonica L.	茶花、宫粉茶、宝珠花	灌木或小乔木植物，叶革质，椭圆形，先端略尖，或急短尖头有钝急尖头，基部阔楔齿，上面深绿色，下面浅绿色，无毛，边缘有细锯齿。花顶生，红色，苞片及萼片约10片，半圆形至圆形，花瓣6-7片，外侧2片近圆形，果爿厚木质。	山间、田野荒林地，及见于栽培	花和根。性辛。具有止血、收敛、凉血。花为收敛止血的功效。用于吐血、血症，外治火烫伤，创伤出血	孤植或对植，作庭园或园林景观树，作盆景树；列植，作行道边，行道边，树边配置种

（亚）热带主要景观药用植物名录及景观配置形式

序号	科目名	品种	拉丁学名	别名	识别特征	生长环境	药用部位及功效	园林用途
920		金花茶	Camellia nitidissima Chi	多瓣山茶。	灌木。叶革质，长圆形或披针形，先端尾状渐尖，基部楔形，具细锯齿，两面均无毛，下面具黑腺点。花单独腋生，黄色，花瓣8-12片，近圆形。蒴果扁三角球形，3片裂开，有宿存萼片及苞片。	生于非钙质土的山地常绿林。	花、叶。花：涩、平；收敛止血。叶：微苦、涩、平，清热解毒，止痢。	孤植或对植、园林景或庭园观赏树；列景树、行道边植，林缘或花境配置树
921		柃木	Eurya japonica Thunb.	海岸柃、细叶柃、油叶茶。	灌木。全株无毛。叶厚革质或革质近圆形，倒卵状椭圆形，两面无毛，顶端具粗钝齿，白色。果圆球形，无毛。	生于滨海山地及山坡路旁或溪谷边灌木丛中。	枝叶。苦、涩、平，祛风除湿，消肿止血。	列植，作行道边、林缘边植物
922		木荷	Schima superba Gardn. et Champ.	荷木、荷树、药王树。	大乔木。叶革质或薄革质，椭圆形，基部楔形，具钝齿，上面干后发亮，下面两面明显。侧脉7-9对，在两面具状花序，多朵排成总状花序，常白色。蒴果。	生于向阳山地，杂木林中。	叶子。辛、温。有毒。解毒疗疮。	列植，作行道边、林缘边植物，或绿化隔离带植物
923		油茶	Camellia oleifera Abel.	白花油茶、茶油树、油茶籽	灌木或中乔木。叶革质，先端尖而有急尖，椭圆形，长圆形或倒卵形，基部楔形，具细锯齿，上面发亮、中脉具粗毛或无毛，下面无毛或倒卵形，倒卵白色，花瓣最小一片风帽状，白色。蒴果球形或卵圆形，3片或2片裂开。	多为栽培。	根、茶子饼。苦、有小毒，清热解毒，活血散瘀，止痛。	对植，作庭园或园林景观树；列植，作行道边、林缘边树种
924	紫金牛科	矮紫金牛	Ardisia humilis Vahl	大叶紫钱。	灌木。几乎不分枝，倒卵形，倒卵形或椭圆状倒卵形，卵形，顶端广急尖，全缘，两面无毛，背面密布小窝点，中脉于背面明显隆起。多数伞房花序组成金字塔形圆锥花序，着生于枝顶端，开阔的坡地。花瓣粉红色或红色，暗红色，具腺点。	生于山间，坡地疏林、密林下，或开阔的坡地。	树皮。用于治头痛、便血。	列植，作行道边、林缘边植物

208

序号	科目名	品种	拉丁学名	别名	识别特征	生长环境	药用部位及功效	园林用途
925		白花酸藤子	Embelia ribes Burm. f.	咸酸蔃、入地龙、酸味蔃、信筒子、棕毛石狮子。	攀缘灌木。枝条无毛，老枝具明显皮孔。叶坚纸质，单叶互生，倒卵状椭圆形或椭圆形，先端钝渐尖，基部楔形或圆形，全缘，背面有时被薄粉；中脉隆起，侧脉不明显。圆锥花序顶生或腋生，花淡绿色或深紫色。果球形或卵形，红色或深紫色。	生于林缘、山坡或路旁灌木丛中。	根。甘、酸、平。活血调经、清热利湿、消肿解毒。	列植，作行道边林木；绿篱或墙体景观装饰。
926		凹脉紫金牛	Ardisia brunnescens Walker	山脑根、紫金牛、开喉箭、珍珠伞。	灌木。叶坚纸质，椭圆状卵形或椭圆形，顶端急尖或广渐尖，基部楔形，全缘，两面无毛，侧脉连成断续的边缘脉或一圈波状脉。复伞形花序或聚伞花序，着生于特殊花枝顶端；花瓣粉红色，可见腺点。浆果球形，深红色，有腺点。	生于山谷疏林或灌木丛中，或石灰岩山坡的林下。	根。苦、凉。清热解毒。	列植，作行道边林木边植物
927		百两金	Ardisia crispa (Thunb.) A. DC.	山豆根、地杨梅、开喉箭、珠宝伞。	灌木。几乎无分枝。叶膜质或坚纸质，椭圆状披针形或披针形，顶端长渐尖，基部楔形，两面无毛，背面多少具细鳞片，无腺点，边缘具腺点的皱波状细齿。亚伞形花序，着生于侧生特殊花枝顶端；花瓣白色或略带粉红色，具腺点。果球形，鲜红色，有腺点。	生于山谷、山坡，疏林或密林或竹林下。	根、根茎。苦、辛、凉。清热利咽、祛痰利湿、活血解毒。	列植，作行道边林木边植物
928		斑叶朱砂根	Ardisia punctata Lindl.	山血丹、小罗伞、小凉伞、沿海金牛、血党。	灌木。单叶互生，叶片革质，长圆形至椭圆形，先端急尖或渐尖，基部楔形，边缘波状，具疏圆齿，齿尖具边缘腺点，背面被疏腺点，侧脉8-12对，边脉明显，具疏腺点。伞形花序或聚伞花序，红色，深红色。果球形，深红色，具腺点。	生于山谷、山坡，灌木丛中，疏林下阴湿处。	根。苦、辛、平。祛风湿、活血调经、消肿止痛。	列植，作行道边林木；庭植、孤植，庭园或园林点缀。
929		粗脉紫金牛	Ardisia crassinervosa Walker	小罗伞树、肉根紫金牛。	灌木。几乎不分枝。叶革质，长圆状倒披针形，边缘具圆齿或几全缘，齿间具明显边缘腺点，面无毛，背面具脉腺点。亚伞形花或伞形花，着生于特殊花枝顶端，花瓣粉红色至淡紫色，有腺点。果球形，红色，有腺点。	生于山坡草地中，或被地密林下阴处。	根。祛风散瘀。	列植，作行道边林木；庭植、孤植，庭园或园林点缀。

209

序号	科目名	品种	拉丁学名	别名	识别特征	生长环境	药用部位及功效	园林用途
930		高脚罗伞	Ardisia quinquegona Bl.	罗伞树、筷子树、铁罗伞。	灌木状小乔木。单叶互生，长圆状披针形、椭圆状披针形至倒披针形，先端渐尖，基部楔形。小脉明显，侧脉连成近球形，背面多数少被鳞片。边缘的边缘脉，花序腋生，果扁球形，具钝5棱。	生于林下或沟边阴湿处。	茎叶，根。苦、辛、平，清热解毒，散瘀止痛。	列植，作行道边、林下植物；
931		厚叶白花酸藤子	Embelia ribes Burm. f. var. pachyphylla Chun ex C. Y. Wu et C. Chen	小种楠藤、厚叶白花酸藤果	攀缘灌木或藤本。被柔毛。树皮光滑，极少皮孔，叶革质，背面被白粉，中脉于叶面下陷，叶背隆起。圆锥花序顶生，花瓣波绿色或白色。果球形或卵形，红色或深紫色。	生于疏林、密林或灌木丛中。	根。甘、酸、平，清热利湿，活血止血，消肿解毒	列植，作行道边、林下植物、丛植，可用于植物造型等；
932		虎舌红	Ardisia mamillata Hance	红毛毡、红毡、红毛走材。	矮小灌木。茎直立茎高不超过15cm，幼时密被锈色卷曲毛柔毛。叶互生或簇生于茎顶端，坚纸质，边缘具不明显圆齿，两面密被锈红色糙伏毛，具腺点。伞形花序，边缘或紫红色。单一，着生于株花枝顶端，果球形，稀近白色，鲜红色，具腺点。	生于山谷密林下或阴湿的地方。	全株。苦、辛、凉，祛风利湿，清热解毒，活血止血	丛植，做林下植被，作行道边、林边植物；
933		鲫鱼胆	Maesa perlarius (Lour.) Merr.	空心花、观音茶。	小灌木。小枝密被长硬柔毛。单叶互生，广椭圆形状卵形至椭圆圆形，幼时两面被密长硬毛，边缘从中部以上具锯齿，中脉隆起。侧脉7~9对，尾端直达齿尖。总状花序或圆锥花序，腋生；花冠白色，钟状。果球形，无毛，具腺状腺纹。	多生于林缘灌木丛或阴湿中。	全株。苦、平，去腐生肌	列植，作行道边、林下植物；
934		九管血	Ardisia brevicaulis Diels	金边罗伞、小罗伞觉。	矮小灌木，具匐生根的根茎。叶纸质，狭卵形或卵状披针形，顶端渐尖，近全缘，具疏缘腺点，两面无毛，背面被细微柔毛，卵形，伞形花序着生于侧生特株花枝顶端，花瓣粉色，鲜红色，具腺点，宿存与果梗常为紫红色。	生于密林下或阴湿的地方。	全株、根。苦、辛、寒，祛风止痛，清热解毒，活血消肿。	丛植，做林下植被，作行道边、林边植物；

210

序号	科目名	品种	拉丁学名	别名	认别特征	生长环境	药用部位及功效	园林用途
935		柳叶杜茎山	Maesa salicifolia Walker	柳叶空心花。	直立灌木。叶革质。叶针形、披针形，边缘反卷，侧脉干叶面回陷，叶面其余部分隆起，腋生，近基部有分枝。总状花序或圆锥花序，花冠白色或淡黄色。果球形或近卵圆形，具脉状腺条纹。	生于山谷、山坡林下阴湿处。	根、叶。用于跌打损伤。	丛植、林下植被；或林道边植，行道边植物；花卉、花境点缀。
936		酸藤子	Embelia laeta (Linn.) Mez.	酸果藤、地龙、酸醋木。	攀缘灌木。茎赤褐色，具点状皮孔。单叶互生、倒卵形或长圆状倒卵形，全缘，背面常有薄白粉，侧脉背面隆起，中脉隆起不明显。总状花序，腋生或侧生。花白色。果球形，熟时黑色。	生于草丛、灌木丛或林下。	根、枝叶及果。枝叶：清热消肿，止痛，收敛止泻。果：补血。	作列植、行道边植，林下植；花卉点缀。
937		雪下红	Ardisia villosa Roxb.	珊瑚树、大凉卷、毛紫金牛。	直立灌木。幼时全株被灰褐色或锈色长柔毛，后渐无毛。叶坚纸质，椭圆状披针形至倒卵形，顶端急尖或渐尖，基部楔形，边缘由边缘腺点至近全缘或具圆齿，背面密被锈色长柔毛或锈色或近锈色硬毛及腺毛。伞形花序或聚伞花序被长柔毛，花瓣粉红色，具腺点，花瓣深红色或带黑色，具腺点，被毛。	生于疏林、密林下石缝间，坡边路旁阳处。	全株。苦、平。活血散瘀，消肿止痛。	作列植，行道边植，林下植物；庭园或园林点缀。
938		朱砂根	Ardisia crenata Sims.	散血丹、大罗伞、金锁匙、开喉箭。	灌木。单叶互生、叶片椭圆形或椭圆状披针形，齿间有腺色腺点，着生于侧脉末梢略带粉红色，稍带特珠花技顶端，盛开时反卷，鲜红色。	生于林荫下或灌木丛中。	根。苦、辛、凉。清热解毒，活血止痛。	作列植，行道边，林下植，孤植，庭园或园林点缀、金景。
939		走马胎	Ardisia gigantifolia Stapf	大叶紫金牛、走马风、山猪药。	常绿小灌木。根茎粗壮。叶常集生于枝顶，互生，叶片长椭圆形，顶端渐尖，基部渐狭，边缘有整齐的细锯齿，背面常紫红色，叶脉顶生、花白色或淡紫红色。圆锥花序顶生，花色或淡紫红色，浆果球形，成熟时红色。	生于林下、山谷或溪旁的阴湿处。	根。苦、微辛、温。祛风湿，壮筋骨，活血祛瘀。	作列植、行道边，林下植边水系边植物

（亚）热带主要景观药用植物名录及景观配置形式

序号	科目名	品种	拉丁学名	别名	识别特征	生长环境	药用部位及功效	园林用途
940	菝葜科	菝葜	Smilax china Linn.	金刚藤、金刚刺。	落叶缘状攀缘状灌木。茎细长坚硬，有疏刺；根茎粗壮，坚硬，基部圆形至椭圆形或诶心形，有光泽，叶柄短，两侧具卷须，单生或异株。花绿黄色，花序球形，浆果球形，熟时红色，有粉霜。	生于山坡林下灌木丛中和荒山草地上。	根茎。甘、酸、平，祛风利湿、解毒散瘀。	列植，作行道边、林下植物；
941		土茯苓	Smilax glabra Roxb.	硬饭头、光叶菝葜、土萆薢。	常绿攀缘状灌木。茎无刺。单叶互生，椭圆形，先端渐尖，全缘，下面有时被白粉，基出脉3条，有卷须，腋生伞形花序，花被片白色或淡黄绿色。浆果球形，熟时红色，外被白色，花黄绿色，有粉霜。	生于山坡或灌木丛中。	根茎。甘、淡、平，清热解毒、除湿利关节；	列植，作行道边、林下植物及景观造型植物；
942		抱茎菝葜	Smilax ocreata A. DC.	卵叶菝葜、耳叶菝葜、九牛力。	攀缘灌木。茎常疏生刺。叶革质，卵形或椭圆形，先端短渐尖，基部宽楔形至浅心形，下面淡绿色；叶柄基部两侧具耳状的鞘，有卷须，2-4个杂形花序组成圆锥花序，基部着生上方有一枚与叶柄相对的鳞片；花序无膨大，近球形，花黄绿色，具粉霜。浆果，熟时暗红色。	生于路旁或山腰石上或石壁上。	嫩茎。治油经茶弱。	丛植，做绿篱、绿墙造型及庭园和园林点缀植物；
943	蝶形花科	白车轴草	Trifolium repens Linn.	白三叶、金花草、白花三叶草、荷兰翘摇。	多年生草本。茎匍匐蔓生，全株无毛，主根短，须根发达。掌状三出复叶，小叶倒卵形至近圆形，先端凹头，基部斑致，边缘具锯齿形，叶面具斑纹，离生部分呈锐尖，托叶卵状披针形，膜质，顶生球形，花序球形，花冠白色，乳黄色或淡红色，具香气。荚果长圆形。	生于湿润草地、河岸及路边。	全草。微甘，平，凉血、宁心。	丛植，作被植、草坪及园林、庭院、林边、行道边、花坛点缀植物；水系花境、点缀植物；

序号	科目名	品种	拉丁学名	别名	识别特征	生长环境	药用部位及功效	园林用途
944		白花油麻藤	Mucuna birdwoodiana tutch.	禾雀花、鲤鱼藤、大血藤、大油麻	常绿，大型木质藤本。羽状复叶具3小叶，革质，长椭圆形至阔椭圆形，先端渐尖，基部广楔形，两面长无毛或疏被有疏长硬毛。总状花序腋生或带绿白色。荚果木质，长矩形，外被棕色短柔毛。	生于山谷、溪边、疏林下。	藤茎。微苦，涩，平。补血，通经络，强筋骨。	列植，林下，林边和水系可做绿篱及造型植物;
945		蝙蝠草	Christia vespertilionis (Linn., f.) Bahn. f.	双飞蝴蝶、飞蝴蝶草、飞机草。	多年生直立草本。单小叶或3小叶，绿色，顶生小叶菱形或元宝形，侧生小叶倒心形或近圆形，基部截楔形或圆形，上面无毛，下面被短柔毛。总状花序顶生或腋生，花冠黄白色、椭圆形成熟后黑褐色。	生于旷野草地、灌木丛中、路旁及海边地区。	全草。微苦，凉。清热凉血，接骨。	列植，林下，林边和水系; 庭园点缀植物;
946		扁豆	Lablab purpureus (Linn.) Sweet	火镰扁豆、膨皮豆、鹊豆。	多年生缠绕藤本。全株几无毛，常呈淡紫色。羽状复叶具3小叶，宽三角状卵形，先端急尖或渐尖，两侧小叶偏斜，基部近截平;托叶基着，披针形，小托叶线性。总状花序直立，花冠白色或紫色。荚果长圆状镰形，扁平。	多为栽培。	白色种子。甘，平。健脾和中，消暑化湿。	列植，地上攀架作棚架植物，绿墙或绿墙植物; 其他季节棚架型造型植物;
947		补骨脂	Psoralea corylifolia Linn.	破故纸、黑故子。	一年生直立草本。枝坚硬，疏被白色绒毛，具明显腺点。单叶，宽卵形，边缘具粗而不规则锯齿，先端钝或圆，基部圆形或心形，两面具黑色腺点，质地坚韧，被黑色腺点。花序密集，总状或小头状花序，10~30朵。花冠黄色或蓝色、黑色，表面具不规则网纹。荚果卵形，具小尖头，果皮黑色，与果实黏合，种子扁。	生于山坡、溪边、田边。	果实。辛，苦，温，纳气平喘，补肾助阳，温脾止泻。	列植，作行道边，林边植物及水系边植物;

213

（亚）热带主要景观药用植物名录及景观配置形式

序号	科目名	品种	拉丁学名	别名	识别特征	生长环境	药用部位及功效	园林用途
948		菜豆	Phaseolus vulgaris Linn	四季豆、云扁豆、角豆、白豆。	一年生缠绕或直立草本。羽状复叶具3小叶，顶生小叶宽卵形或卵状菱形，侧生小叶偏斜，基部宽楔形或圆形，全缘，被短柔毛；托叶披针形。总状花序，花冠白色、黄色或紫色。荚果带形，稍弯曲，略肿胀，顶有喙。	多为栽培。	果、种子。滋养、利尿消肿、解热。	列植、地被，爬藤或作行道边、林下棚架边、绿篱种植，墙体或庭园种植物；造型造物。
949		赤豆	Vigna angularis (Willd.) Ohwi et Ohashi	小豆、红豆、红小豆。	一年生，直立或缠绕草本。被疏柔毛。羽状复叶具3小叶，卵形至菱状卵形或近圆形，全缘或浅3裂，侧生叶偏斜，疏长柔毛；托叶盾状着生，箭头形，两面均被疏被披针形。总状花序腋生，蝶形花冠黄色，平展，5或6朵生于短总花梗顶端。荚果圆柱状，或下弯无毛。	多为栽培。	种子。治水肿脚气、泻痢、痈肿、利尿清热解毒。	列植、地被，爬藤或作行道边、林下棚架边、绿篱种植，墙体或庭园种植物；造型造物。
950		赤小豆	Vigna umbellata (Thunb.) Ohwi et Ohashi	米豆、饭豆、红小豆。	一年生草本。幼枝被黄色长柔毛。羽状复叶，具3小叶，纸质，卵形或披针形，先端急尖，基部宽楔形或微3裂，全缘或微3裂，先端急尖，托叶盾状着生，披针形或卵状披针形，被黄色长柔毛；小托叶钻形，蝶形花冠黄色。荚果线状圆柱形，下垂，长椭圆形，常暗红色，偶见种子长圆柱形，种皮红色或黑色。	多为栽培。	种子。甘、酸、微寒。利水消肿、退黄、清热解毒消痈。	列植、作行道边、林下丛植为庭园种植物；孤植，作盆栽。

214

序号	科目名	品种	拉丁学名	别名	识别特征	生长环境	药用部位及功效	园林用途
951		刺桐	Erythrina variegata Linn.	空桐树。	大乔木。树皮灰棕色，具黑色圆锥状刺。叶互生，三出复叶。小叶三角状宽卵形或宽菱形，先端渐尖。总状花序被绿色绒毛，花冠蝶形，红色，二体雄蕊。荚果串珠状。	多为栽培。	干皮、根皮。苦，平。祛风除湿，舒筋通络，杀虫止痒。	列植、作行道边、林边绿化树种；孤植，为庭园点缀植物，对植，作园林景观配置植物。
952		大豆	Glycine max (Linn.) Merr.	黄豆、毛豆、青豆、豆卷。	一年生草本。茎密被褐色长硬毛。具3小叶，纸质，宽卵形或近圆形，较大，侧生小叶，斜卵形，先端渐尖。花小具淡紫色或白色，被黄色柔毛。荚果带状长圆形，下垂，密生黄色长硬毛，种子黄绿色。	多为栽培。	种子。甘，平。宽中健脾利水，导滞，解毒消肿。	列植、作行道边低矮绿化树种；庭园植物，可作孤植、盆景植物。
953		大果油麻藤	Mucuna macrocarpa Wall.	禾雀花、血藤、褐毛黧豆。	大型木质藤本。茎具纵棱脊和褐色皮孔，嫩茎被纸质灰白色或红褐色革质，羽状复叶具3小叶，顶生小叶椭圆形，卵状圆形，侧生小叶小；花序多生于老茎；先端具花冠绿带白色，蝶形果木质，旗瓣紫绿色，具恶臭；果被红褐色细短毛，具不规则的脊和皱纹，种子黑色，扁平。	生于山地或河边常绿或落叶林中。	藤茎。苦，温。强筋壮骨，调经补血。	列植、作行道边、林边植物；及水景棚架观赏植物，孤高大乔木林内植，作木边绿植物。
954		大叶千斤拔	Flemingia macrophylla (Willd.) Prain	千斤红、金红。	直立半灌木。嫩枝密生黄色短柔毛。三出复叶，互生，顶生小叶上面几无毛，下面沿叶脉有黄色柔毛，基出脉3条，侧生小叶偏斜。花冠紫红色。荚果椭圆形，有短柔毛。	生于旷山溪坡上或山边，水边。	根。甘，温。祛风湿，舒筋活络，强腰壮骨，健脾益肾。	列植、作行道边、林边绿化树种；

序号	科目名	品种	拉丁学名	别名	识别特征	生长环境	药用部位及功效	园林用途
955		刀豆	Canavalia gladiata (Jacq.) DC.	挟剑豆，大豆角，葛豆，刀板豆。	缠绕草本。无毛或稍被毛。羽状复叶具 3 小叶，小叶卵形，先端渐尖或急尖尖头，基部宽楔形，侧生小叶偏斜，两面薄，被微柔毛或近无毛。总状花序具长花梗，花冠白色或粉红色。荚果带状弯曲；种皮红色或褐色。	多为栽培。	熟种子，温、甘。温中，下气，止呃。果壳及根。	列植，地上攀爬，作棚架或林边绿墙种；庭园造型植物；
956		吊裙草	Crotalaria retusa Linn.	凹叶野百合，大响铃豆。	直立草本。单叶，长圆形或倒披针形，先端凹，基部楔形，上面无毛，下面略被短柔毛，托叶钻形。总状花序顶生，蝶形花冠黄色。荚果长圆形，无毛。	生于荒山草地及沙滩海滨。	全草。种子有毒。祛风除湿，消肿止痛。	列植，行道边，林边低矮绿化树种，丛植，庭园造型植物；
957		粉葛	Pueraria lobata (Willd.) Ohwi var. thornsonii (Benth.) Vaniot der Maesen	野葛，葛藤。	藤本。全株被黄褐色长硬毛，茎基部木质，具粗厚块状根，复叶互生，顶生小叶菱状卵形或宽卵形，侧生小叶斜卵形，全缘或具2-3裂片，两面均被黄色粗状毛；托叶卵状长圆形；小托叶线状披针形。总状花序腋生，花密集，花冠蓝紫色。荚果线形，扁平，密生黄褐色长硬毛。	生于山坡草丛、路旁疏林中较阴湿处。	块根。甘、辛，凉。解表退热，生津，透疹，升阳止泻。	列植，地上攀爬，作棚架或林边绿墙种；庭园造型植物；
958		广金钱草	Desmodium styracifolium (Osbeck.) Merr.	广东金钱草，落地金钱草。	半灌木状草本。茎平卧，密被黄色长柔毛。叶小叶1-3片，近圆形，先端微凹，基部心形，下面密被灰白色绒毛，侧脉羽状。总状花序顶生，荚果被短柔毛和钩状毛。荚果密生。荚节3-6个。	生于山坡、草地或灌木丛中。	地上部分。甘、淡，凉。清热利湿，利尿通淋。	列植，作行道边，林边低矮绿化树种，丛植，庭园或林边点缀花坛边点缀。

序号	科目名	品种	拉丁学名	别名	识别特征	生长环境	药用部位及功效	园林用途
959		广州相思子	Abrus cantoniensis Hance	鸡骨草、广东相思子、地香根。	攀缘灌木。茎细直，先被白色柔毛，后脱落。偶数羽状复叶，小叶6~10对，长圆形状长圆形，先端截形而有小芒尖，叶脉两面均凸起，被疏毛。基部浅心形，蝶形花冠红色，淡紫长果圆形，扁平。	生于旷野灌木林边，或山林边或山地。	全草。甘、微苦。凉，种子有小毒。疏肝止痛，散瘀。清热利湿。	列植，作行道边，林边植物；丛植，为庭园植物。
960		黑种豇豆	Vigna stipulata Hayata	黑豆。	缠绕草本。茎纤细，先端渐尖。叶互生，具3小叶，菱形，被反折糙伏毛。偏斜，两面被糙糙毛；托叶耳形，被柔毛状绿毛；花冠蝶形，状花序顶生，黄色。荚果线形，被短糙毛。	多为栽培。	种子。甘、平。健脾益肾。	列植，作行道边，林边植物；丛植，为庭园植物；作盆栽。
961		葫芦茶	Tadehagi triquetrum (Linn.) Ohashi.	葫芦叶、咸鱼草、金剑草。	亚灌木。枝三棱柱形，棱上被短硬毛。单叶复叶，小叶卵状披针形或披针形，先端渐尖，基部两侧阔短，使整个小叶形似倒转的葫芦。花冠蝶形，淡紫红色；具叶状柄翅，有荚果节5~8个。	生于荒山草地或灌木丛中。	全草。微苦、涩。凉。清解热毒，利湿，消滞。	列植或成丛植，作行道边低矮植物，被植物。
962		花生	Arachis hypogaea Linn.	落花生、地豆、番豆、长生果。	一年生草本。根部具丰富根瘤；嫩茎有棱，被黄色长柔毛。小叶2对，纸质，卵长圆形或倒卵形，卵状长圆形，全缘，先端钝圆，具睫毛；托叶被毛，基部近圆形，蝶果膨胀。两面被毛，边缘具睫毛；荚果或金黄色黄色。	多为栽培。	种子。甘、平。健脾养胃，润肺化痰。	列植或成丛植，作行道边低矮植被植物，或为庭园盆栽植物。

217

序号	科目名	品种	拉丁学名	别名	识别特征	生长环境	药用部位及功效	园林用途
963		鸡血藤	Spatholobus suberectus Dunn	密花豆、大血藤、血风藤、三叶鸡血藤。	木质藤本。老茎砍断时可见数圈偏心环，鸡血状汁液从环处渗出。三出复叶，互生，顶生小叶近心形，先端锐尖，基部圆形或近心形，下面沿脉疏被短硬毛，脉腋间有簇毛，上面疏被短硬毛。腋生，大型，圆锥花序具黄色柔毛。花多而密，蝶形花冠白色或淡黄色。荚果舌形。	生于山谷、林间、溪边灌木丛及灌木丛中。	藤茎。苦、甘、温。补血、活血、通络。	列植，爬地或上棚架作攀行道边、边植物，绿化墙或绿墙植物；
964		假木豆	Dendrolobium triangulare (Retz.) SchindL	千金不换、野蚂蝗、木黄豆	灌木。嫩枝三棱形，密被灰白色丝状毛。三出羽状复叶，硬纸质，倒卵状长椭圆形，先端渐尖，基部钝圆，侧生小叶基部偏斜，上面无毛，下面密被灰白色丝状毛。托叶披针形，被长丝状毛；伞形花序腋生，花多，被贴伏丝状毛。花冠蝶形，旗瓣具瓣柄，稍弯曲，荚果长，荚果灰白色或淡黄色。	生于沟边、荒草地或山坡灌木丛中。	根、叶。辛、甘、寒。清热凉血、舒筋活络、健脾利湿。	列植，作行道边、行林边低绿绿化树种。
965		豇豆	Vigna unguiculata (Linn.) Walp.	羊角、豆角。	一年生缠绕、草质藤本。羽状复叶具3小叶，卵状菱形，先端急尖，近全缘，无毛；托叶披针形，总状花序腋生，2-6朵花聚生于花序顶端，花梗间可见肉质密腺；花冠黄白色而略带青紫。荚果下垂，线形，稍肉质而膨胀或收实。	多为栽培。	种子。甘、咸、平。健脾利湿、补肾涩精。	列植，爬地或上棚架作攀行边、棚架作行边或绿墙植庭园或园林棚架季节性造型植物；

序号	科目名	品种	拉丁学名	别名	识别特征	生长环境	药用部位及功效	园林用途
966		降香黄檀	Dalbergia odorifera T. chen	降香檀、花梨母、降香、降真。	乔木。小枝小而密集皮孔。羽状复叶、花卵形或椭圆形，先端渐尖，复叶顶端一枚小叶最大，往下渐小；花序腋生，基部圆或阔楔形。圆锥花序分枝呈伞房状或总状；花冠白色乳黄色或淡黄色；果荚舌状长圆形，对种子的部分明显凸起，种子周围具宽翅。	生于山坡疏林中，林缘地散或村旁旷地上。	树干，根部心材。辛，温。活血散瘀，止血定痛，辟恶气，碎疼。	列植或丛植，作木系、园林景区行道；孤植作庭园园景树；点缀园区。
967		苦参	Sophora flavescens Alt.	地槐、白茎地骨、山槐、野槐。	草本或亚灌木。羽状复叶，小叶6-12对，互生或近对生，纸质，形状多变，卵形或披针形，椭圆形。总状花序顶生，花多数；花冠白色或淡黄白色，荚果，种子串珠状，稍四棱形，种子深红褐色或紫褐色。	生于山坡、沙地草坡灌木林中或田野附近。	根、寒。清热燥湿，祛风杀虫。	列植或公植，作行道、林缘绿化树种，庭园植物。
968		链荚豆	Alysicarpus vaginalis (Linn.) DC.	小豆、水咸草、地豆草、山花生。	多年生草本。簇生或基本多分枝。单叶小，上部叶近圆形或圆形，下部叶心形或近圆形，上面无毛，下面稍被短柔毛，线状披针形，干膜质，总状花序，有6-12朵花。荚果扁圆柱形，被短柔毛。	生于空旷草坡、早田田边，路旁海边或沙地。	全草。甘、苦、平。活血通络、化湿，收骨消肿。	丛植，作行道边、水系边、坡地等低矮植物，也可做地被植物，花境植点。
969		狸尾豆	Urria lagopodioides (Linn.) Desv. ex DC.	狸尾草、兔尾草、狐尾。	平卧或开展草本。3小叶，纸质，近圆形或椭圆形至卵圆形，先端圆，基部圆形，有细尖，被灰色长柔毛和缘毛。三角形，先端尖，托叶花序顶生，总状，花冠淡紫色；花排列紧密；荚果小，黑褐色，膨胀。	生于旷野坡地、灌木丛中。	全草。甘、淡、平。清热解毒，散结消肿。	列植或丛植，作行道边、林缘绿化低矮树种。

（亚）热带主要景观药用植物名录及景观配置形式

序号	科目名	品种	拉丁学名	别名	识别特征	生长环境	药用部位及功效	园林用途
970		龙牙豆	Phaseolus vulgaris Linn. var. humilis Alef.	四季豆、菜豆	一年生缠绕或近直立草本。羽状复叶具3小叶，宽卵形或卵状菱形，侧生小叶偏斜，先端长渐尖，具且细尖，基部宽楔形，托叶披针形；总状花序比叶短，花冠白色、黄色、紫堇色或红色。荚果带形，稍弯曲，略肿胀，多无毛。	多为栽培。	果、种子。清凉利尿，消肿。	列植或丛植，作行道边，边低矮绿绿化种；
971		鹿藿	Rhynchosia volubilis Lour.	黑山豆、老鼠眼、老鼠豆、鬼眼睛。	缠绕草质藤本。各部密被淡黄色柔毛，茎蔓长。三出复叶，小叶3片，顶生小叶菱形或倒卵状菱形，侧生小叶较小，常偏斜，背面密被柔毛和橙黄色透明腺点。总状花序腋生，花冠黄色。荚果短圆形，红紫色，极扁平。	生于山坡杂草丛中或攀附树上。	茎叶。苦、酸、平。祛风除湿，活血解毒。	列植、地上棚架作行道边、绿矮墙或绿篱植物；
972		猫尾草	Uraria crinita (Linn.) Desv. ex DC.	兔尾草、土狗尾、牛春花、猫尾射。	亚灌木。奇数羽状复叶，下部小叶常3片，上部5片，近革质，长椭圆形或卵状披针形，先端急尖或钝，基部顶生，托叶长三角形，先端细长而尖，边缘具灰白色缘毛。总状花序顶生，花冠紫色。荚果椭圆形，具网脉。	生于干燥坡地、野旁或灌木丛中。	全草。散瘀止血，清热止咳。	列植或丛植，作行道边、边低矮绿绿化种、孤植、盆园植及庭园植物
973		毛排钱草	Phyllodium elegans (Lour.) Desv.	鳞鳞、排钱树、里尾树、钱草。	直立亚灌木。茎和枝均被黄色绒毛。三出复叶互生，小叶片长圆钝，先端钝，先端圆形，边缘近圆形，边缘浅波状，两面均被绒毛，花序顶生，由多数伞形状花组成，叶状苞片圆形，花冠白色或淡紫色。荚果通常3节，密被银灰色绒毛。	生于荒地林边、山野小林中。	全草。苦、涩、平。止血，破积，祛湿活，祛风消肿。	列植或丛植，作行道边、边低矮绿绿化种种、庭园植物

序号	科目名	品种	拉丁学名	别名	识别特征	生长环境	药用部位及功效	园林用途
974		毛相思子	Abrus mollis Hance	毛鸡骨草、油甘藤、金不换	藤本。茎疏被黄色长柔毛。羽状复叶，小叶10-16对，膜质，长圆形，最上部两片常倒卵形，先端截形，具细尖，基部圆，上面被疏柔毛，下面密被白色长柔毛；叶柄和叶轴被黄色长柔毛。总状花序腋生，总梗被黄色柔毛；蝶形花花冠粉红色或淡紫色。荚果长圆形，扁平，密被白色长柔毛；种子4-9颗，黑色或暗褐色。	生于山谷、路旁疏林、灌木丛中。	全草。甘、微苦、凉。种子有小毒，清热利湿，疏肝止痛，散瘀。	列植或作丛植，可作行道边或缀林边点缀植物；
975		美丽胡枝子	Lespedeza formosa (Vog.) Koehne	毛胡枝子。	直立灌木。茎多分枝，被柔毛。羽状3小叶，椭圆形、长圆状椭圆形或卵形，两端稍钝，两端具细尖，叶柄被短柔毛；托叶披针形，叶背红紫色。花冠红紫色。总状花序，花梗长1-5cm；荚果倒卵形或倒卵状长圆形，表面具网纹且被疏柔毛。	生于山坡、路旁及林下灌木丛中。	根、茎叶及花。根：苦、平。清肺热散瘀血；茎叶：苦、平，治小便不利。	列植或作丛植，作行道边、林边低矮绿化树种、庭园植物
976		木豆	Cajanus cajan (Linn.) Millsp.	三叶豆、扭豆、树豆。	直立灌木。具羽状3小叶，托叶小，叶柄上面具浅沟，下面具细纵棱，披针形或椭圆形。总状花序，苞片卵状椭圆形，花数朵生于花序顶部；花冠黄色，旗瓣近圆形。荚果线形，种子间具明显凹入的斜横槽，种子圆形，具明显凹入的斜横槽，种子间具明显的尖头。	生于山坡、沙地，丛林中或林边。	种子。辛、涩、平。利湿，消肿，散瘀，止血。	列植或作丛植，作行道边、林边低矮绿化树种、庭园植物
977		木蓝	Indigofera tinctoria Linn.	蓝靛、靛、槐蓝、野蓝枝子。	直立亚灌木。羽状复叶，小叶4-6对，对生，幼枝有棱，倒卵状长圆形，扭曲，先端圆钝，基部阔楔形，两面被丁字毛或上面近无毛；托叶及小托叶钻形。总状花序，花冠红色；萼斜杯状，被丁字毛，倒卵状长圆形，花冠伸出萼外；荚果线形，被紫色斑点，种子长圆形，似串珠状，内果皮具紫色斑点。	生山坡草丛中。	茎叶。苦、寒、凉血。清热解毒，止血。	列植或作丛植，作行道边、林边低矮绿化树种

序号	科目名	品种	拉丁学名	别名	识别特征	生长环境	药用部位及功效	园林用途
978		拿身草	Desmodium caudatum (Thunb.) DC.	小槐花、粘身草、粘草子	直立灌木或亚灌木。羽状三出复叶，近革质或纸质，披针形或长圆形，先端渐尖或急尖，基部楔形，全缘，上面有光泽，两面疏被短柔毛；托叶披针状线性；叶柄两侧具极狭的翅。总状花序顶生或腋生，蝶形花冠绿白或黄白色。荚果线形，被钩状伸展钩状毛。	生于山坡、路旁草地、沟边、林缘或林下。	根，辛，微苦，平。清热解毒，祛风利湿。	丛植，作行道、林边、低矮绿化树种。
979		牛大力	Millettia speciosa Champ.	美丽崖豆藤、山莲藕、美丽鸡血藤。	藤本。羽状复叶，小叶6对，硬纸质，长圆状披针形或椭圆形，上面无毛，下面被绢色柔毛，先端短尖，基部纯圆，边缘略反；托叶披针形。圆锥花序腋生，花冠白色，米黄色至淡红色。荚果线状，密被褐色绒毛。	生于灌木丛、疏林和旷野中。	根，甘，平。补虚润肺，强筋活络。	列植、地上攀爬或棚架作行道边、绿篱或绿墙植物；庭园造型植物。
980		排线草	Phyllodium pulchellum (Linn.) Desv.	尖头阿婆钱、排钱树。	直立亚灌木。三出复叶互生，顶端小叶片长圆形，总状花序顶生或近圆形状苞片内，每一伞形花序藏于两个小圆形的叶状苞片，呈圆状串的钱线，花冠蝶形，白色。荚果长圆形，通常有2节。	生于山坡、路旁、荒地或灌木丛中。	地上部分，淡、苦，平。有小毒，清热解毒，祛风行水，活血消肿。	列植，作行植、道边、林边、低矮绿化树种、庭园植物。
981	铺地蝙蝠草		Christia obcordata (Poir.) Bahn. f.	半边钱、蝴蝶叶、马蹄香。	多年生平卧草本。三出复叶，三角形或倒卵形，先端截平，顶生小叶肾形，侧生小叶倒卵形，腰质，基部宽楔形；托叶刺毛状。花冠蓝紫色或玫瑰红色。荚果具4-5荚节，荚节圆形。	生于旷野草地、荒坡及丛林中。	全株，苦，辛，寒，散瘀止血，清热解毒。	丛植、水系边或坡地等地被植物。
982		千斤拔	Flemingia prostrata Roxb.	蔓性千斤拔、老鼠尾、千斤条根、千斤吊。	亚灌木。根粗长，形似老鼠尾。小叶椭圆形，顶端短尖，下面密被柔毛，两面被伏状的长硬毛，叶互生。全缘。花两三朵，顶端短总状花序腋生，蒴片2裂，粉红色的蝶形花冠，密被白色贴伏的长硬毛。荚果椭圆形，被短柔毛。	生于山坡草丛中。	根，甘，辛，温，祛风利湿，舒筋活络，消瘀解毒。	列植或丛植，作行道、林边、低矮绿化树种、庭园植物。

序号	科目名	品种	拉丁学名	别名	识别特征	生长环境	药用部位及功效	园林用途
983		三点金	Desmodium triflorum (Linn.) DC.	三脚虎、品字草、三点桃。	草本。茎纤细，多分枝，被开展柔毛。根茎木质。羽状三出复叶，小叶3片，纸质；顶生小叶上面无毛，下面被白色柔毛，老时近无毛。花单生或2-3朵簇生于叶腋，花萼密被白色长柔毛，花冠紫红色。荚果扁平，狭长镰刀状，具网脉，略呈镰刀状。	生于旷野、草地、路旁或河边。	全草。苦、微辛、温。行气止痛、温经散寒、解毒。	丛植、行道边、水系边或坡边等地被植物，可护坡植物；
984		三叶人字草	Kummerowia striata (Thunb.) Schindl.	鸡眼草、掐不齐、牛黄黄、公母草。	一年生草本。披散或平卧，茎枝被倒生白色细毛。三出羽状复叶，叶柄短；先端圆形，倒卵形或长卵形，纸质，全缘，两面具白色粗毛，托叶大，卵状长圆形，具条纹及缘毛。花小，生于叶腋；花冠粉红色或紫色。荚果圆形或倒卵形。	生于路旁、溪旁、田边、砂质地或缓山坡草地。	全草。甘、辛、平。利尿通淋、解热止痢。	丛植、行道边或水系边等地被植物，可护坡植物；
985		沙葛	Pachyrhizus erosus (Linn.) Urb.	豆薯、番葛、凉薯。	粗壮缠绕草质藤本。根块状，纺锤形或扁球形，肉质。羽状复叶具3小叶，菱形或卵形，中部以上不规则浅裂，裂片小，急尖，侧生小叶两侧极不等，小托叶线状披针形；托叶狭状花序，总状花序，花冠浅紫色或淡红色。荚果带形，扁平，近方形，被长糙伏毛；种子每荚8-10颗。	生于路旁、溪旁、砂质地或缓山坡。	块根、种子。块根：甘、微凉。止渴、解酒毒；种子：苦、有毒，外用可作杀虫药、治疥疮。	列植、爬行或攀架作棚架行道边、绿墙或花园造型植物；
986		山鸡血藤	Millettia dielsiana Harms	五叶鸡血藤、香花崖豆藤、崖豆藤。	木质藤本。枝被褐色短毛，老茎断时外侧可见一圈环，鸡血状汁液从环处渗出。奇数羽状复叶，互生，小叶5片，革质，网脉褐色而明显。圆锥花序顶生或腋生，密被黄褐色茸毛，蝶形花冠外面白色，内面紫色。荚果狭长椭圆形，表面密被毛茸革。	生于山坡杂木林与灌木丛中。	藤茎。苦、微甘、温。补血止血、舒筋活络。	列植或作丛植、行道边、林系边点缀植物；

序号	科目名	品种	拉丁学名	别名	识别特征	生长环境	药用部位及功效	园林用途
987		藤黄檀	Dalbergia hancei Benth.	藤檀、丁香藤、红香藤、倒钩藤。	藤本。可见小枝变钩状或旋扭。羽状复叶，小叶3-6对，较小狭长圆形或倒卵状长圆形，先端钝或圆，基部圆或阔楔形。总状花序，数个总状花序常聚集成腋生短圆锥花序。荚果扁平，长圆形或带状。	生于山坡灌木丛中或山谷溪旁。	茎、根。辛、温。理气止痛。	列植，可作行道边或林边缀植物；
988		田菁	Sesbania cannabina (Retz.) Poir.	碱青、蛲蛞豆、向天野豌豆。	一年生草本。枝具白色黏液。羽状复叶，小叶20-40对，对生或近对生，线状长圆形，两面被具白紫色小腺点，下面无密。总状花序，小托叶钻形。小叶色淡黄色，长圆柱形。荚果细长，有光泽，种子褐色。种子黑褐色斑纹或圆柱状。	生于水田、水沟等潮湿低地。	叶、种子。辛、苦、平。消炎，止痛。	列植，可作行道边或林边缀植物；
989		豌豆	Pisum sativum Linn.	回鹘豆、雪豆、荷兰豆、麦豆。	一年生攀缘草本。全株绿色，光滑无毛。具小叶4-6片，纸质，基部近圆形，全缘，两面无毛。比小叶大，叶卵、心形，叶腋单生花或数朵排列为总状花序，蝶形花冠颜色多杂，多为白色和紫色。荚果肿胀，长椭圆形，内侧具坚硬纸质内皮。	多为栽培。	种子。甘、平。和中下气，利小便，解疮毒。	上攀缘作棚架或篱笆植物，林边绿篱或绿墙植物；庭院造型植物；
990		相思子	Abrus precatorius Linn.	相思豆、红豆、相思藤。	藤本。茎被锈疏白色糙伏毛。羽状复叶，小叶8-13对，膜质，对生，近长圆形，先端截形，具小尖头。总状花序腋生，花小，密集成头状；蝶形花冠花粉色。荚果长圆形，果瓣革质，种子椭圆形，平滑有光泽，种子近圆形，上部约2/3为鲜红色，下部1/3为黑色。	生于山地疏林中。	茎叶。甘、凉。种子有大毒。清热解毒，利尿。	列植，可作行道边或林边缀植物；庭院绿化植物；

序号	科目名	品种	拉丁学名	别名	识别特征	生长环境	药用部位及功效	园林用途
991		野葛	Pueraria lobata (Willd.) Ohwi	葛藤、野葛。	藤本。全株被黄褐色长硬毛，茎基部木质，具粗厚块状根。三出复叶互生，宽卵形或斜卵形，先端长渐尖，基部平截，背面被糙毛，侧生小叶基部不对称，两面被糙毛，卵状背着；托叶线状披针形；花冠紫色，蓝紫色。总状花序腋生，密生黄褐色长硬毛。荚果线形，扁平，密生黄褐色长硬毛。	生于山坡旁、路旁草丛，疏林中较阴湿处。	块根。甘、辛、凉。解表退热，生津，透疹，升阳止泻。	列植，地上攀爬，或棚架作行道，林边绿化，或植篱绿墙植物；
992		越南槐	Sophora tonkinensis Gagnep.	柔枝槐、广豆根。	灌木。根粗壮，小枝被灰色柔毛。羽状复叶，小叶5~9对，革质或近革质，椭圆形、长圆形或卵状长圆形，短毛，下面被灰褐色柔毛；总状花序顶生，花冠黄色，卵形，黑色。	生于亚热带石山或温带灰岩地或石灰岩灌木林中。	根、根茎。苦、寒。有毒。清热解毒，消肿利咽。	列植，作行道边或林缘绿植物；
993		贼小豆	Vigna minima (Roxb.) Ohwi et Ohash	狭叶菜豆、山绿豆、野小豆	一年生缠绕草本。羽状复叶具3小叶，卵形、卵状披针形或线形，两面近无毛或被疏硬毛，托叶披针形，盾状着生。总状花序，3~4朵花，花冠蝶形，黄色。荚果圆柱形，无毛，开裂后旋卷。	生于旷野、草丛或灌木丛中。	种子。清热，利尿，消肿，行气，止痛。	列植或丛植，作行道、林边低矮绿化树种
994		猪屎豆	Crotalaria pallida Ait.	三圆叶猪屎豆、野花生、响铃草。	直立矮小灌木。茎枝被紧贴的短柔毛。三出复叶互生，小叶片长椭圆形，基部楔形，先端钝圆，叶脉明显。总状花序顶生或腋生，蝶形花冠，黄色，旗瓣嵌以紫色条纹，下垂，果期开裂时扭转。	生于山坡、路边。	全草。苦、辛、平。有小毒。清热利湿，解毒散结。	列植或丛植，作行道、林边低矮绿化树种

225

（亚）热带主要景观药用植物名录及景观配置形式

序号	科目名	品种	拉丁学名	别名	识别特征	生长环境	药用部位及功效	园林用途
995		紫檀	Pterocarpus indicus Willd.	青龙木、黄柏木、羽叶檀。	乔木。羽状复叶，小叶3-5对，卵形，先端渐尖，被褐色短柔毛，两面无毛。圆锥花序顶生或腋生，多花，花冠黄色，花冠圆形，扁平，偏斜；荚果圆形具翅，种子1周围具凸起，对种子的部分明显凸起。	生于坡地，疏林中或栽培于庭园。	心材。咸，平。祛瘀和营，止血定痛，解毒消肿。	列植或作林系边、作园林、园区行道景边树；孤植点缀作庭园点景树；
996		紫藤	Wisteria sinensis (Sims) Sweet	藤花、葛藤。	落叶藤本。茎左旋，粗壮。奇数羽状复叶，小叶3-6对，纸质，卵状椭圆形至卵状披针形，上部较大，基部一对最小，先端渐尖至尾尖，基部楔圆或偏斜；托叶线性。总状花序，花序轴被白色柔毛，芳香。荚果倒披针形，密被绒毛。	生于山坡，疏林缘，溪谷两旁或空旷草地。	根。甘，温。祛风除湿，舒筋活络。	可列植，作行道或林边或缓植院庭园植物；
997	白花丹科	白花丹	Plumbago zeylanica Linn.	白花藤、一见不消、白丁藤、白皂药。	常绿半灌木。枝条被明显钙质颗粒。叶薄，长卵形，先端骤狭成钝或截形的基部而后渐狭，下部骤狭，叶柄基部可见半圆形耳。穗状花序，花多；叶柄基部均有头状或具柄的腺，花冠白色或微带蓝白色。蒴果长椭圆形，淡黄褐色。	生于阴湿处或半遮阴的地方。	全草、根。辛、苦、涩，温，有毒。祛风除湿，行气活血，解毒消肿。	列植，作林边或林下绿化植物
998	苏木科	白花羊蹄甲	Bauhinia acuminata Linn. var. candida (Roxb.) Voigt	白花洋紫荆。	小乔木或灌木；叶近革质，卵圆形，基部常心形，先端2裂约达叶长1/3-2/5，裂片先端急尖或稍渐尖，上面无毛，下面被灰色短柔毛，基出脉11条；总状花序式，呈伞房花序式，密集，花瓣白色。荚果，呈线状倒披针形，扁平。	多为栽培。	根、树皮、叶、花。驱虫，健胃燥湿，收敛。皮：消炎解毒；叶：润肺止咳；花：消炎解毒。	多作道路、行河岸边、边绿化树或孤植对植可做园区点缀；

序号	科目名	品种	拉丁学名	别名	识别特征	生长环境	药用部位及功效	园林用途
999		翅荚决明	Cassia alata Linn.	有翅决明、对叶豆。	直立灌木。枝粗壮。叶长30-60cm，小叶6-12对，薄革质，倒卵状长圆形，顶端圆钝，绿色。基部斜截形，下面叶脉明显凸起，靠腹面叶柄及叶轴上具两条纵棱条；托叶三角形，具长长带状，花序顶生和腋生，花瓣黄色，具明显紫色脉纹。荚果长带状，每果中央具翅，翅纸质，具圆钝的齿。小叶顶端具短尖头。	生于疏林或较干旱的山坡上。	叶：辛、苦、温，祛风燥湿，止痒，缓泻。	列植或丛植，作行道边、林缘、花灌木、庭院装饰。
1000		凤凰木	Delonix regia (Boj.) Raf.	凤凰花、红花楹、火树。	高大落叶乔木。二回偶数羽状复叶，长 20-60cm；对生，小叶25对，先端成圆钝，基部偏斜，上部成刚毛状；叶柄基部膨大呈垫状。伞房状总状花序顶生或腋生，鲜红色至橙红色。荚果带形，扁平，暗红褐色，成熟时黑褐色。	多为栽培。	树皮：甘、淡、寒。平肝潜阳。	列植、多行道边、河岸边、绿化树；对植可做孤植园区景观。
1001		红花羊蹄甲	Bauhinia blakeana Dunn	羊蹄甲。	乔木。叶革质，近圆形或阔心形，基部心形或圆形，裂片约为叶全长1/4-1/3，裂片顶端圆钝，先端2裂约为叶长，上面无毛，下面疏被腋生柔毛；总状花序顶生，具基出脉11-13条。花瓣红紫色，具短柄，花期长，被短柔毛；花瓣红紫色，常不结果。	多为栽培。	根、树皮、花、根：驱出、止血。皮：健胃燥湿，收敛。消炎解毒。叶：润肺止咳。花：消炎解毒。	列植、多行道边、河岸边、绿化树；对植可做孤植园区景观；
1002		华南云实	Caesalpinia crista Linn.	刺果苏木、搭钩刺。	有刺藤本。全株具下弯钩刺。二回羽状复叶，长20-30cm；羽片对生，4-6对，卵形或椭圆形，先端圆钝，两面光滑无毛；叶轴具钩刺；小叶着生处具羽状小钩刺，小叶大型圆锥花序，其中4片黄色，芳香；花瓣5片，不相等，上面1片具红斑。荚果斜阔卵形，外面密生针状刺。	生于疏林灌丛或海滨村旁荒地。	根、叶：苦、凉，清热。花：祛瘀解毒，驱出，通便。	作庭园或园区篱植物。

序号	科目名	品种	拉丁学名	别名	认识特征	生长环境	药用部位及功效	园林用途
1003		黄花羊蹄甲	Bauhinia tomentosa Linn.	小羊蹄甲。	直立灌木。嫩枝密被锈色柔毛。叶纸质，近圆形，常宽度略大于长度，基部截平或浅心形，先端2裂达长的2/5，上面无毛，下面被稀疏短柔毛；基出脉7-9条。组成侧生花序，上面一片基部中间具深黄色斑块。荚果带形。	多为栽培。	藤。祛风除湿，活血止痛，理气。	列植或丛植，作行道边绿化；灌木；庭院装饰。
1004		黄槐决明	Cassia surattensis Burm.	黄槐、粉叶决明。	灌木或小乔木。小枝具肋条，树皮颇光滑，灰褐色。叶长10-15cm，叶轴及叶柄呈扁四方形，叶轴上面最下2或3对小叶之间具棍棒状腺体2-3条；小叶7-9对，长椭圆形或卵形，下面粉白色，疏被短柔毛，全缘。总状花序生于枝条上部叶腋，带状。花瓣鲜黄至深黄色。荚果扁平。	生于山腰，灌木丛中，常作为行道树种在路边。	叶、种子、花及果实：叶、种子：清热解毒，润肺止咳，泻下。花、果实：清热解毒，理气。	列植或丛植，作行道边绿化；树；庭院装饰或园区美化树种。
1005		喙荚云实	Caesalpinia minax Hance	南蛇勒、石莲子。	有刺藤本。各部被短柔毛。二回羽状复叶，长45cm，羽片5-8对；小叶6-12对，椭圆形或长圆形，基部圆形，微偏斜；花序或圆锥花序顶生：花瓣5片，白色，具紫色斑点，托于锥状而硬。荚果长圆形，先端圆钝而有喙，似莲子，种子长椭圆形，黑色，质坚硬。果面密生针状刺。	生于山沟、溪旁或灌木丛中。	根、茎、叶及种仁：苦、凉；根、茎：清热解毒，消肿止痛。种仁：苦、寒；清热利湿。	列植，作行道边造型或点缀树种。
1006		决明	Cassia tora Linn.	草决明、马蹄决明、羊角豆。	亚灌木状草本。全体被短柔毛。偶数羽状复叶互生，叶有小叶3对，小叶片倒卵形，叶轴上两小叶之间有线形腺体一个。花腋生，花冠黄色。荚果细长线形，稍扁，略成弓形弯曲，种子多数。	生于路边、山坡或河边，亦有栽培。	种子：苦、咸、微寒；散风清热，清肝明目，润肠通便。	列植或丛植，作行道边低矮绿化树种，庭园植物。

序号	科目名	品种	拉丁学名	别名	识别特征	生长环境	药用部位及功效	园林用途
1007		腊肠树	Cassia fistula Linn.	牛角豆、香肠豆、腊肠果子树。	落叶乔木。叶长30-40cm，小叶3-4对，对生，薄革质，全缘，卵形或长圆形，顶端短渐尖而钝，基部楔形；总状花序疏散，花与叶同时开放，黄色，花瓣倒卵形；荚果圆柱形，成熟时黑褐色，有3条槽纹，	多为栽培。	果实：苦、大寒。清热通便，化滞止痛。	作列植、行道边、林边绿化；孤植或对植；庭园或景区树种
1008		龙须藤	Bauhinia championii (Benth.) Benth.	九龙藤、过岗龙、过江龙。	木质藤本。具卷须，嫩枝及花序被短柔毛。单叶互生，纸质，卵形或心形，基部截形或近心形，上面无毛，下面被紧贴短柔毛；基出脉5-7条，总状花序或干时粉白色；具瓣柄，瓣片匙形或带状；种子圆形，	生于丘陵灌木丛中，疏林或密林中。	根、茎：苦、涩、平。祛风除湿，行气活血。	作列植、行道边种植或造型或缘树种，点缀树种；
1009		苏木	Caesalpinia sappan Linn.	苏方木、落文树、红柴、红苏木。	小乔木。具疏刺，枝皮孔密而显著。二回羽状复叶，长30-45cm，羽片对生，小叶10-17对，纸质，长圆形至长圆状菱形，端微缺，基部歪斜，以斜角着生于羽轴上。圆锥花序顶生或腋生，花瓣黄色，阔倒卵形，最上面一片基部带粉红色，具柄；荚果木质，近长圆形。	生于山谷丛林中，或栽培。	心材：甘、咸、平。活血祛瘀，消肿定痛。	作列植、行道边、林边绿化；
1010		望江南	Cassia occidentalis Linn.	羊角豆、野扁豆、狗尿豆、假决明。	灌木，少分枝。偶数羽状复叶互生，有着一条圆锥形的腺体，小叶4-5对，卵形，全缘，先端渐尖，基部近于圆形，叶片被细柔毛。花黄色。	生于河边滩地、旷野。	种子、茎叶：苦、平。有小毒；种子：清肝，健胃润肠。茎叶：通便，解毒。	作列植或丛植，作行道边、林边绿化、水系树；庭园种植物

序号	科目名	品种	拉丁学名	别名	识别特征	生长环境	药用部位及功效	园林用途
1011		羊蹄甲	Bauhinia purpurea Linn.	玲甲花、紫羊蹄甲、花羊蹄甲。	乔木或直立灌木。叶硬纸质，近圆形，基部浅心形，先端分裂达叶长1/3~1/2，裂片先端侧先端无毛，基出脉9~11条。总状花序顶生或少花，花瓣桃红色，具脉纹和长的瓣柄。荚果带状，扁平，成熟时开裂。	多为栽培。	根、树皮、花。花：微凉，止血、健脾。树皮：苦、涩、润脾。叶：淡、平；健脾胃，肺止咳。花：淡、凉；消炎。	列植，作行道边、林边绿化树；
1012	**木通科**	白木通	Akebia trifoliata (Thunb.) Koidz. subsp. australis (Diels) T. Shimizu	三叶木通、八月瓜藤、活血藤。	落叶木质藤本。茎皮具稀疏皮孔及小疣点。掌状复叶，小叶3片，卵状长圆形或阔椭形，先端微凹入具小凸头，基部圆形，全缘。总状花序长7~11cm。果长圆形，成熟时紫色，熟时黄褐色。	生于山坡灌木丛或沟谷疏林中。	果（预知子）。根：祛风通络、利水消炎。藤茎：苦、寒，清热利尿，通脉。果：苦、寒，活血疏肝理气、散结。止痛。	列植，行道边、林和进型或点缀作绿篱植物
1013		木通	Akebia quinata (Houtt.) Decne.	通草、野木瓜、活血藤。	落叶木质藤本。茎皮具圆形，小而褐色的皮孔。掌状复叶，小叶5片，纸质，倒卵形或倒卵状椭圆形，先端圆形或具小凸头，基部圆或阔楔形，上面深绿色，下面青白色。总状花序腋生，略芳香，雌花生于下部，果孪生或单生，长圆形或椭圆形，成熟时紫色，腹缝开裂。	生于山坡灌木丛、林缘和沟谷中。	功效同上	列植，道边、林边进型或点缀作绿缘物
1014	**野牡丹科**	柏拉木	Blastus cochinchinensis Lour.	山暗册、山崩砂、黄京木、山甜娘。	灌木。茎圆柱形，叶对生。叶柄被小腺点，幼时密被黄褐色小腺点，后脱落。狭椭圆形至椭圆状披针形，近全缘，被细纸质或坚纸形。背面密被小腺点，被针形，基出脉，于右上角突出一小片。蒴果椭圆形，为宿存萼所包。	生于山坡、山谷、林下。	根、叶，苦、涩、凉。收敛止血，清热解毒。	丛植，林下栽；列植，道边、林边绿化植物

230

序号	科目名	品种	拉丁学名	别名	识别特征	生长环境	药用部位及功效	园林用途
1015		地菍	Melastoma dodecandrum Lour.	铺地锦、铺地稔、地稔。	茎匍匐上升，逐节生根，分枝多，披散，地上各部被糙伏毛。单叶对生，叶片卵形或椭圆形；基出脉3-5条。聚伞花序顶生，1-3朵花，花瓣紫色至紫红色。蒴果坛状球形，肉质，不开裂。	生于山坡棱地或草丛中。	根。苦、微甘，平。清热凉血，消肿解毒。	丛植，林下植被，花境缓边以及点缀，庭园和盆栽；作行道绿边植，林边绿化植被；
1016		毛柄金锦香	Phyllagathis anisophylla Diels	毛柄锦香草。	小灌木。下部常平卧，具匍茎，逐节生根。同一节上的每对叶中一枚较大，一枚较厚，广卵形至广椭圆形，顶端急尖或钝，基部钝或圆形，全缘或具不明显细浅锯齿，齿顶具刺毛。聚伞花序，花瓣红色。蒴果杯状，顶端平截，钝四棱形。	生于山谷、山坡，密林下，阴湿的路边、水旁、岩石缝间。	全草。苦，凉。清热，利水。	丛植，林下植被，花境缓边以及点缀，庭园和盆栽；列植，水系边、行道边，林边绿化植被；
1017		毛菍	Melastoma sanguineum Sims	豺狗舌、红花野牡丹。	大灌木。地上部分被平展的长紫红色粗毛，毛基部膨大。单叶对生，先端长渐尖，坚纸质，卵状披针形至披针形，基部钝或圆形，全缘，叶柄长，两面被隐藏于表皮下的糙伏毛；基出脉5条。有时3-5朵组成伞房花序，顶生1花，花瓣粉红色或紫红色。蒴果杯状球形，胎座肉质，为宿存的萼筒等所包，宿存萼被红色长毛。	生于山麓沟边、湿润或较湿的草丛或灌木丛中。	叶、全株。苦，涩，凉。解毒止痛，生肌止血。	列植，行道边，林边绿化。

序号	科目名	品种	拉丁学名	别名	识别特征	生长环境	药用部位及功效	园林用途
1018		野牡丹	Melastoma candidum D. Don	高脚稔、野石榴。	灌木。茎钝四棱形或近圆柱形，茎、叶柄密被紧贴的鳞片。单叶对生，叶片宽卵形，先端急尖，基部浅心形、全缘，厚纸质，两面被糙伏毛及短柔毛，基出脉5-7条，叶面被玫瑰红色或暗粉红色，与叶等贴生。蒴果坛状球形，先端平截，密被鳞片状糙毛。	生于山坡松林下或开阔的灌草丛中。	全株。酸、涩、凉。解毒消肿，化滞消积，收敛止血。	丛植，林下植被及花境边缘；列植，作行道边、林边绿化带；
1019		展毛野牡丹	Melastoma normale D. Don	肖野牡丹、大金香炉。	灌木。茎密被平展的长粗毛或糙伏毛。单叶对生，坚纸质，卵形至椭圆形或近心形，两面密被毛，先端渐尖，全缘，基出脉5条。伞形花序生于分枝顶端，具花3-10朵，花瓣紫红色。蒴果坛状球形，先端平展，宿存紫萼生。密被鳞片状糙伏毛。	生于开阔的山坡、灌木、草丛中或疏林下。酸性土常见植物。	根、叶。苦、涩，凉。行气利湿，化瘀止血，解毒。	丛植，作林下植被；列植，作道边、林边绿化。
1020	半边莲科	半边莲	Lobelia chinensis Lour.	急解索、细米草、瓜仁草。	多年生草本。茎细弱，匍匐，节上生根，分枝直立，无毛。叶互生，无柄或近无柄，椭圆状披针形至线形，先端急尖，基部阔楔形，全缘或上部叶有明显的锯齿。花常一朵生于叶腋，花梗细；花冠粉红色或白色，背面裂至基部，裂片全部展于下方，呈一个平面，两侧裂片披针形，较长，中间3条裂片椭圆状披针形，较短。蒴果倒锥状。	生于水田边、沟边及潮湿草地上。	带根全草。甘、平。清热解毒，利水消肿。	丛植，林下、庭园植被；盆栽，以及林边、道边等护坡草坪物。
1021		铜锤玉带草	Pratia nummularia (Lam.) A. Br. et Aschers.	狭叶半边莲。	多年生草本。茎平卧，被开展的柔毛，节上生根。叶互生，叶片心形、圆形或卵形，先端钝圆或急尖，基部斜心形，边缘具牙齿，花单生叶腋；花冠紫红色、淡紫色、绿色或黄白色，花冠简呈坛状，裂片5片。浆果紫红色，椭圆状球形。	生于田边、路旁以及山坡、低山草坡、或疏林中的潮湿地。	全草。辛、苦，平。祛风除湿，活血，解毒。	丛植，林下、庭园植被；盆栽，以及行道边、护坡等草坪物。

232

序号	科目名	品种	拉丁学名	别名	识别特征	生长环境	药用部位及功效	园林用途
1022	桔梗科	半枫荷	Semiliquidambar cathayensis Chang	白背枫、大叶半枫荷、鸡冠刺	高大乔木。树皮灰褐色，小枝被黄褐色短柔毛。单叶互生，二形，掌状 3-5 裂，基部截形、或长卵形或斜心形，基部钝或斜圆形，叶背密被黄褐色星状柔毛、再萌发新枝上的叶常星状柔毛，叶背密被黄褐色短柔毛，先端钝或渐尖，雄花为短穗状花序数个排成总状，雌花为头状花序，单生。头状果序，含蒴果 22-28 个。	生于山野间或栽培。	叶、根。甘、微温。叶：活血止血。根：祛风除湿、活血通络。	列植，作行道边树种，或孤植、景区装饰树
1023		刺果藤	Byttneria aspera Colebr.	大胶藤、大蹄藤、牛冠麻。	木质大藤本。小枝幼嫩被短柔毛。叶互生、宽卵形或近圆形，心形或被短柔毛，先端急尖，基部心形，下面密被白色星状柔毛，花小、淡黄白色，基生脉 5 条。聚伞花序顶生或腋生的附属体。蒴果圆球形或卵状球形，有多数短粗刺和短柔毛。	生于疏林中或山溪旁。	根、茎。辛、苦、微温。祛风湿、强筋骨。	列植林景点缀植物
1024		假苹婆	Sterculia lanceolata Cav.	鸡皮树、赛苹婆。	小乔木或灌木。茎皮韧，皮孔明显。单叶互生、叶片椭圆形、披针形或矩圆状披针形、先端急尖，侧脉 7-9 对；叶柄两端膨大。圆锥花序密集、花密生、淡红色。蓇葖果长椭圆形，先端具喙，外面密被短绒毛。	生于山谷溪旁。	叶。辛、温。散瘀止痛。	列植，作行道树种；对植、景区装饰树，孤植，庭园植物
1025		剑叶山芝麻	Helicteres lanceolata DC.	大叶山芝麻、山芝麻。	灌木。枝密被黄褐色星状短柔毛。叶披针形或矩圆状披针形、顶端急尖或渐尖，基部钝，状披针成长聚伞花序，顶生或腋生，花瓣 5 片，红紫色。蒴果圆筒状、顶端有喙，密被长绒毛。	生于山坡草地上或灌木丛中。	根、叶。苦、寒。清热解毒。	丛植，作林边、行道边低矮绿化灌木
1026		苹婆	Sterculia nobilis Smith	凤眼果、七姐果。	乔木。树皮褐黑色。叶薄革质、矩圆形或椭圆形，基部浑圆或急尖，两面均无毛。圆锥花序顶生或腋生，柔弱而疏散、矩圆状卵形，顶端具喙，蓇葖果鲜红色，厚革质，每果内有种子 1-4 颗。	喜生于排水良好的肥沃的土壤，耐阴蔽。	果壳。甘、温。止痢。	列植，作行道边树种；对植，景区装饰树，孤植，庭园植物

序号	科目名	品种	拉丁学名	别名	识别特征	生长环境	药用部位及功效	园林用途
1027		山芝麻	Helicteres angustifolia Linn.	野麻甲、油麻。	小灌木。茎被灰绿色短柔毛。单叶互生，叶片披针形或长圆形，先端钝，上面近无毛，下面密被淡黄色星状短柔毛，基出脉3条。花数朵簇生于叶腋，淡紫色。蒴果长椭圆形，密被星状毛。	生于山坡、旷地和路旁。	根、全株。苦，寒；有小毒。清热解毒，消肿。	丛植，作林边、行道边低矮绿化灌木
1028		梧桐	Firmiana platanifolia (Linn, f.) Marsili	青桐。	落叶乔木。叶心形，掌状3-5裂，裂片三角形，基生脉7条，叶柄与叶片等长。花淡黄绿色，圆锥花序顶生，花萼近膜质，有柄，蓇葖果。成熟前开裂成叶状。	多为人工栽培。	叶、花、根、皮及种子。叶：甘，平；镇静、降压。花：甘，平；祛风解毒，用于烫伤。根：祛风湿，凉。种子：甘、平；补肾。	列植或对植，作道边树种，孤植种，庭园植物
1029		午时花	Pentapetes phoenicea Linn.	夜落金钱。	一年生草本。被稀疏星状柔毛。条状披针形叶，顶端渐尖，基部阔三角形，圆形或截形，具钝锯齿。花开于午间，闭于午后，红色，广倒卵形；1-2朵腋生，密被星状毛及刚毛。蒴果近圆球形。	多为栽培。	全草。消结散肿。	列植作林边、行道边植物；丛植，作花缘点花卉，园花卉
1030		雁婆麻	Helicteres hirsuta Lour.	肖婆麻、油麻、山油麻甲。	灌木。小枝被星状柔毛。卵形或卵状矩圆形叶，顶端渐尖或急尖，基部斜心形或截形，具不规则锯齿，两面密被星状柔毛；基生脉5条；叶柄密被柔毛，如星状，伸长如喙状；花瓣5片，红色或红紫色，花柱状，圆柱状，顶端渐尖，密被长柔毛和具凸头状突起。	生于旷野疏林中和灌木丛中。	根。用于慢性胃炎、胃痛、消化不良。	丛植，作林边、行道边低矮绿化灌木

序号	科目名	品种	拉丁学名	别名	识别特征	生长环境	药用部位及功效	园林用途
1031	**椴树科**	甜麻	Corchorus aestuans Linn.	假黄麻，针筒草。	一年生草本。茎略带红褐色，被柔毛。卵形或阔卵形叶，顶端短渐尖或急尖，稀疏长粗毛，具锯齿，基部圆形，两面被疏柔毛。萼片5片，狭窄长圆形，上部半回陷如舟状，外面紫红色；花瓣5片，倒卵形，黄色。蒴果长筒形，具6条纵棱，其中3~4棱呈翅状突起；顶端具3~4条向外延伸的角，二叉。	生长于荒地、旷野、村旁。	全草。淡、寒。清热解毒	列植或丛植，作林边、行道边植物
1032		布渣叶	Microcos paniculata Linn.	破布叶	灌木或小乔木。单叶互生，倒卵状长圆形，顶端渐尖，基部圆，边缘有细锯齿，基出脉3条，组成顶生的聚伞圆锥花序。花淡黄色，纸质。核果近球形或倒卵形，成熟时棕色。	山坡、林缘，或疏灌木丛或疏林下。	叶。淡、微酸、平。清热解毒，消滞。	列植，作林道边、行道树种；
1033		刺蒴麻	Triumfetta rhomboidea Jack.	黄花地桃花、黄花虱麻头。	亚灌木。嫩枝被灰褐色茸毛。单叶互生，茎下部的叶阔卵圆形，先端常3裂，茎上部的叶长圆形，叶背被柔毛，基出脉3~5条。花黄色，聚伞花序数个腋生，被灰黄色柔毛，具钩针刺。蒴果球形，具钩针刺。	生于林边或灌木丛中。	根、全草。苦、寒。通淋化石。	丛植，作林道边、道边低矮绿化灌木
1034	**樟科**	豺皮樟	Litsea rotindifolia Hemsl. var. oblongifolia (Nees) Allen	圆叶木姜子、白叶仔。	常绿灌木。树皮灰褐色。先端渐尖，长圆形，叶片倒卵形，叶面有光泽，叶片倒卵状椭圆形，背绿白色；叶柄密被褐色长柔毛，单性花，雌雄异株。球形果，初时绿色，熟时黑色。	生于低山灌木丛，疏林或丘陵地带。	根、树皮。辛、温。祛风除湿、行气止痛、活血通经。	列植，作林边、行道边低矮绿化灌木树种
1035		潺槁树	Litsea glutinosa (Lour.) C. B. Rob.	潺槁木姜子、胶樟、油槁树、香胶叶。	灌木或小乔木。小枝灰褐色。单叶互生，叶片椭圆形，幼时两面有灰黄色绒毛，幼时有灰黄色绒毛，老时上面仅中脉略有毛，下面有灰黄色绒毛或近无毛，雌雄异株。果球形，雌雄花生于叶腋，伞形花序生于叶腋。	生于灌木丛中，林缘或溪边。	树皮。甘、苦、涩。拔毒生肌、凉血、消肿止痛。	列植，作林边、行道边树种

（亚）热带主要景观药用植物名录及景观配置形式

序号	科目名	品种	拉丁学名	别名	识别特征	生长环境	药用部位及功效	园林用途
1036		鼎湖钓樟	Lindera chunii Merr.	白胶木、乌药、钓樟、陈氏钓樟。	灌木或小乔木。根膨大呈纺锤形。单叶互生，叶片长椭圆状披针形，先端急尖，基部宽三出脉，上面深绿色，有光泽，下面密生灰色绢毛，离基三出脉。单性花，雌雄异株。果椭圆形。	生于杂木林、山谷疏林中。	根。辛、温。祛风除湿，行气止痛，散瘀消肿。	列植、作林边、行道边种；
1037		肉桂	Cinnamomum cassia Presl	玉树、桂皮、桂枝、筒桂。	常绿高大乔木。树皮灰色，芳香，幼枝略呈四棱形，叶片互生，叶片较大，长椭圆形至披针形，先端短尖，革质，有光泽，背面绿色，基部三出脉。浆果黑色，椭圆形，基部有宿萼。	多为栽培。	树皮（肉桂）、嫩枝（桂枝）。辛、甘、温。散寒止痛，温中补阳，温经通脉。桂枝：发汗解表，温经通脉。	列植、作林边、道边种植；孤植、对植，或庭园植物；
1038		山鸡椒	Litsea cubeba (Lour.) Pers.	山苍子、木姜子、豆豉姜、木姜子。	落叶灌木或小乔木。和果实具芳香气味。嫩枝树皮黄绿色，光滑，叶互生，叶披针形，全缘，无毛。花先叶开放，上面深绿色，下面淡黄色。幼时绿色，浆果状，核果近球形，成熟时黑色。	生于向阳山坡、疏林或林缘灌木丛中。	根、茎、叶、果。辛、温。无毒。祛风散寒，息肝风，理气止痛。消肿。	列植、作林边、行道边种；
1039		乌药	Lindera aggregata (Sims) Kosterm.	天台乌药、台乌、乌药子、矮樟。	常绿灌木。根膨大略呈连珠状，叶互生，单叶片卵形，上面有光泽，下面生灰色柔毛，伞形花序腋生；花被6片，被白色柔毛，核果椭圆形，肉质无毛，熟时紫黑色。	生于向阳山坡的灌木丛或草丛中。	根。辛、温。行气止痛，温肾散寒。	列植、作林边、行道边或灌木树；
1040		无根藤	Cassythafiliformis Linn.	无头草、罗网藤。	寄生缠绕草本。根盘状吸根寄生主植物；单叶互生，被绣色短柔毛。叶退化为微小的鳞片，穗状花序密被绣色短柔毛，花小，白色。果小，但依此分两，顶端具宿存的花被片。藏于花后增大的肉质果托内，果卵球形。	寄生山坡灌木丛或疏林中。	全草。凉、微苦、有小毒。清热利湿，凉血止血。	寄植；孤植、生树作林间或疏林点缀；
1041		香叶树	Lindera communis Hemsl.	香果树、细叶假樟、千斤香、香叶子。	常绿灌木或小乔木。叶互生，叶片卵形或椭圆形或近圆形，急尖近尾尖，全缘，基部宽，两面无毛，上面有光泽，叶柄腋，单生或同个两个叶生子花腋，无毛，雌花黄色。伞形花序具5～8朵生或黄白色或黄色，成熟时红色。	生于丘陵和山地下部的疏林中。	枝叶、茎皮。涩、微辛、微寒。解毒消肿，散瘀止痛。	列植、作林边、行道边种；

236

序号	科目名	品种	拉丁学名	别名	识别特征	生长环境	药用部位及功效	园林用途
1042		阴香	Cinnamomum burmanni (Nees et T. Nees) Blume	野玉桂树、山肉桂、大叶樟。	常绿乔木。树皮光滑，灰褐色，味似肉桂，枝条无毛。单叶互生或近对生，叶片卵圆形，全缘，上面绿色，光亮，下面粉绿色，两面无毛，革质。离基三出脉，花序近顶生，花绿白色。果卵形。	生于疏林、密林、灌木丛中或溪边、路旁。	树皮。辛、微甘、温。祛风散寒，温中止痛。	列植、作行道植边，孤植树种、庭园植、近景点缀
1043		樟	Cinnamomum camphora (Linn.) Presl	香樟、油樟、小叶樟。	大乔木。树皮灰黄褐色，纵裂；全株有樟脑气味。单叶互生，全缘，上面绿色，有光泽，下面灰绿色，微有白粉，离基三出脉，叶脉分叉处有腺体。果近球形或卵球形，紫黑色。	生于沟谷和山坡上或栽培。	根。辛、温。行气散结，止痛。	列植、作行道边、孤植绿化树种；庭园对点缀、绿化树
1044	车前科	车前草	Plantago asiatica Linn.	田灌草、车轮菜、钱贯草。	草本。根茎短缩肥厚，具须根。基生叶或成座状，叶柄几与叶片等长，卵形或椭圆形，基部狭窄成长柄，全缘或呈不规则波状浅齿，具5～7条弧形脉，长12～50cm，具棱角。蒴果卵状圆锥形，花淡绿色，花淡绿色。	生于荒地、路旁、溪边等湿地。	全草、种子。甘、寒。清热利尿，祛痰、凉血、解毒。	丛植或列植、林下植被，林边、道边、水系边绿化带、庭园植被或盆栽；
1045		大车前	Plantago major Linn.	田贯草、串草。	草本。叶基生，匙形，先端钝，具长柄。表面绿色，背面淡绿色。花茎有5～7条弧形脉，从叶丛中长出，穗状花序，蒴果卵状圆锥形。种子多数。	生于山野、荒地、路旁或河边湿润地方	全草及种子。甘、淡、微寒。利尿通淋，祛痰止咳，清热解毒。	丛植或列植、作林下、道边行、水系边和绿化带、庭园植被或盆栽。

(亚)热带主要景观药用植物名录及景观配置形式

序号	科目名	品种	拉丁学名	别名	识别特征	生长环境	药用部位及功效	园林用途
1046		平车前	Plantago depressa Willd.	车前、车轮菜、车转辘菜	一年生草本。有明显的圆柱形直根，根生叶平展，椭圆形或卵状披针形或披针形，无毛或有毛。花茎略带弧状。穗状花序。蒴果圆锥状，周裂，果内有种子5粒。	生于山野、路旁、沟旁及河边。	全株。味甘，性微寒。清热利尿，明目，祛痰。用于暑湿泄泻，目赤肿痛，痰热咳嗽。	作丛植。林下植被或林边、行道边种植物
1047	第伦桃科	大花第伦桃	Dillenia turbinata Finet et Gagnep.	大花五桠果。	常绿乔木。嫩枝暗褐色。具褐色绒毛，老枝秃净，干后锯齿色，叶柄粗壮，叶革质，倒卵形，下面凸起，具被褐色柔毛窄翅，花序顶生，总状花序生于枝顶，花3-5朵，不花序柄粗大，具褐色长绒毛。果近于圆球形，暗红色。	生于常绿林里。	叶。润肺止咳利尿。	列植，林边，道路边种；
1048		五桠果	Dillenia indica Linn.	拟枇杷、山枇杷。	常绿乔木。树皮红褐色，平滑，大块薄片状脱落；老枝具明显叶柄痕迹。叶薄革质，矩圆形或倒卵状矩圆形，先端近于圆形，基部广楔形，不等侧，具明显锯齿，叶脉约一出面的短尖头，革质，叶面生于枝顶叶腋内，直径12-20cm，花瓣白色，倒卵形。果圆球形，不裂开。	生于山谷溪旁水湿地带。	根、树皮。酸、涩，收敛、解毒。	列植，林边，道路边种；庭植点缀植物
1049	千屈菜科	大花紫薇	Lagerstroemia speciosa (Linn.) Pers.	大叶紫薇、百日红。	大乔木。小枝无毛或被微被糠秕状毛。叶革质，圆状椭圆形或卵状圆形，顶生圆锥花序；茎大，顶端钝形，基部阔楔形，花大，花梗及花轴被糠秕状密毛；花瓣6片，淡红色或紫色。蒴果球状至倒卵状矩圆形，褐灰色。	多为栽培。	树皮、叶、种子及根。根含单宁，可作收敛剂，树皮、叶可作泻药，种子具麻醉性。	列植，林边，道路边绿化种；孤植，庭植，点级，景区绿化树

238

序号	科目名	品种	拉丁学名	别名	识别特征	生长环境	药用部位及功效	园林用途
1050		紫薇	Lagerstroemia indica Linn.	痒痒花、紫金花、紫兰花。	落叶灌木或小乔木。枝干具4棱。叶互生或偶有对生，纸质，椭圆形或阔矩圆形，顶端短尖、基部阔楔形，两面无毛或下面沿中脉有微柔毛，紫红色、圆锥花序顶生；花瓣6片，淡红色或白色至紫色至黄色。蒴果椭圆状球形或阔椭圆形，幼时绿色，成熟时或干燥时呈紫黑色。	生于阴湿肥沃的土壤上。	根、树皮。微苦、平。活血，止血，解毒，消肿。	列植、作行、林边、道边绿化植；孤景区或庭园点缀；
1051	冬青科	大叶冬青	Ilex latifolia Thunb.	鼎湖冬青、苦丁茶、苦灯茶	常绿乔木。树皮灰黑色，平滑，新枝有棱角，或卵状长椭圆形，先端锐尖，叶背主脉突起，叶柄粗短，上部叶脉散形。核果球形，红色。	生于山坡或灌木竹林中。	叶（苦丁茶）。甘、苦，寒。散风热，清头目，除烦渴。	列植、作行、林边、道边绿化、孤植庭园区点缀植物
1052		枸骨	Ilex cornuta Lindl. et Paxt.	猫儿刺、老虎刺、八角刺。	常绿灌木或小乔木。枝褐色或灰白色，具纵裂缝及隆起的叶痕，无皮孔。叶厚革质，二形，四角状长圆形或卵形，先端具3枚尖硬刺齿，中央刺齿反曲，基部圆形两侧各具1-2刺齿，两面无毛。花淡黄色，簇生于叶腋。果球形，成熟时鲜红色，基部具四角形宿存花萼。	生于山坡、丘陵等灌木丛中、疏林中、路边、溪旁和村舍附近	叶、果、根、花。苦、凉。清热，益肝肾，祛风湿。	列植、作行道绿化树种；孤植或庭园区点缀植物
1053		毛冬青	Ilex pubescens Hook. et Am.	毛披树、山熊胆。	常绿灌木或小枝灰褐色，密被粗毛，单叶互生，叶片卵形，先端渐尖，基部宽楔形，边缘具疏毛，叶两面被粗毛。花序簇生于叶腋，熟时红色，宿存花柱明显。	生于山坡灌木丛和山荒的木丛中。	根、苦、涩、寒。活血通脉、清热解毒、消肿止痛。	列植或作丛植、作行道边、边绿灌木、花卉种、花坛果点缀边绿；

239

序号	科目名	品种	拉丁学名	别名	识别特征	生长环境	药用部位及功效	园林用途
1054		梅叶冬青	Ilex asprella (Hook., et Am.) Champ., ex Benth. var. asprella	秤星树、岗梅、点秤星	落叶灌木。小枝无毛，单叶互生，叶片卵形，先端渐尖成尾状，基部宽楔形，边缘具细锯齿，雄花2-3朵，簇生或单生于叶腋，雌花单生于叶腋。核果球形，熟时紫黑色。	生于山谷路旁灌木丛或疏叶阔叶林中。	根（岗梅根）。苦、甘、凉。清热解毒，散瘀活络，生津止渴。	作行道树；列植、林边、道边、灌木种。
1055		铁冬青	Ilex rotunda Thunb.	救必应、白皮青、银香、冬青	常绿乔木。枝灰色，小枝多少青褐叶互生，叶椭圆形，先端短尖，全缘，上面有光泽，侧脉5对，两面明显。核果矩球形，熟时红色。	生于沟、溪边或林下。	树皮、根皮（救必应）。苦、寒。清热解毒，消肿止痛，利湿。	列植、林边、道边、孤植种，作园区点缀庭园植物
1056	鼠李科	大叶勾儿茶	Berchemia huana Rehd.	勾儿茶、大叶铁包金。	藤状灌木。树皮黄绿色，略光滑，有黑色块状斑。单叶互生，叶片卵形至卵圆形，先端钝或成渐尖，基部圆形，全缘，下面灰白色，侧脉明显，7-12对。花数朵簇生，排成顶生宽聚伞圆锥花序。核果圆柱状椭圆形，成熟时变紫褐色。	生于路旁或灌木林缘。	茎、叶及根。微涩。祛风除湿，活血止痛。	列植、林边、道边、灌边或造型树种；
1057		滇刺枣	Ziziphus mauritiana Lam.	酸枣、青枣、毛叶刺枣。	常绿乔木或灌木。幼枝被黄灰色密绒毛，老枝紫红色，具两个托叶刺，一个斜上，另一个钩状下弯，矩圆状椭圆形，卵形，基部稍偏斜，叶绿被支黄色密绒毛，叶柄被支成腋生集二歧聚伞花序。核果矩圆形，橙色或红色，成熟时变黑色。	生于山坡、丘陵、河边、湿润林中或灌木丛中。	树皮、果实。凉、微苦。消热止痛，收敛止泻。	作行道树，孤植木，作庭园或盆栽植物
1058		雀梅藤	Sageretia thea (Osbeck) Johnst.	对节刺、对角刺、酸味、酸枣子。	藤状或直立灌木。小枝具刺，互生或近对生，被短柔毛，近对生叶质，矩圆形、顶端个圆形或椭圆形或矩圆形，顶端钝或近圆形，基部圆形，边缘具细锯齿，花黄色，芳香，常数个小簇生排成顶生或腋生圆锥状花序。核果近圆球形，成熟时疏散或紫黑色，味酸。	生于丘陵、山地林下或灌木丛中。	嫩枝叶。甘、淡、平。降气化痰，祛风利湿。	列植、林边、道边、灌木；

序号	科目名	品种	拉丁学名	别名	识别特征	生长环境	药用部位及功效	园林用途
1059		铁包金	Berchemia lineata (Linn.) DC.	老鼠耳、勾儿茶、乌口籽。	藤状灌木。小枝被柔毛。单叶互生，卵形或近圆形，顶端钝而有小突尖，全缘，侧脉约5对，近平行；花白色，2-10朵簇生于叶腋或枝顶，呈聚伞总状花序。核果长卵状，肉质，成熟时紫黑色。	生于丘陵荒野灌木丛中。	根。苦、微涩、平。化瘀止血，祛风祛湿，消肿解毒。	列植、作林边、行道边或园区造型树种；
1060		翼核果	Ventilago leiocarpa Benth.	铁牛入石、血风藤。	藤状灌木。茎表面具细纵纹，幼枝绿色。单叶互生，叶片卵状长圆形，先端渐尖，基部阔楔形，全缘或稍有细锯齿，革质，蔟生于叶脉；顶生聚伞总状或聚伞总状花序。核果球形，熟时红褐色。	生于山野、沟边的疏林下或灌木丛中。	根、茎。苦、温。舒气补血，活络。	列植、作林边、行道边或园区造型树种；
1061 **卫矛科**		冬青卫矛	Euonymus japonicus Thunb.	正木、大叶黄杨。	灌木。小枝四棱。叶革质，倒卵形或椭圆形，先端圆阔或钝尖，边缘具有浅细钝齿。聚伞花序5-12朵，假种皮橘红色，淡红状，全包种子。	多为栽培。	根。苦、温。调经止痛，用于月经不调，痛经，跌打损伤，肾折，小便涩痛。	列植、作林边、行道边，孤植、作庭园或盆栽植物；
1062		短梗南蛇藤	Celastrus rosthornianus Loes.	黄绳儿、花南蛇藤。	灌木。小枝具较稀皮孔，长方椭圆形，先端急尖或短急尖，或基部近全缘，腋芽圆锥状或卵状。叶纸质或阔椭圆形，边缘具疏浅锯齿，花序顶生及腋生；花序顶生于总状花序；蒴果近方形，果近球状。	生于山坡林和丛下。	根、根皮。辛、微温。祛风除湿，活血止痛，解毒消肿。茎叶：苦、辛，祛风除湿，止血，消肿。果实：宁心安神，有小毒。	列植、作林边、行道植；
1063		扶芳藤	Euonymus fortunei (Turcz.) Hand.-Mazz.	千斤藤、卫矛、小松藤。	常绿藤本灌木。宽窄各异较大，椭圆形、长方椭圆形或长方披针形，可窄至近披针形，先端钝或急尖，基部楔形，边缘齿浅不明显。聚伞花序3-4次分枝；花白绿色；花盘方形。果皮光滑，近球状。蒴果粉红色，果皮光滑。	生于山坡丛林中。	茎叶。苦、甘、微温、辛，舒筋活络，益肾壮腰，止血消瘀。	列植、作林边、行道边或园区行道植物；

序号	科目名	品种	拉丁学名	别名	识别特征	生长环境	药用部位及功效	园林用途
1064		密花美登木	Maytenus confertifloms J. Y. Luo et X. X. Chen	团花假卫矛、亚楼侧。	灌木。小枝有刺，刺粗壮，先端直或稍下曲。叶纸质，阔椭圆形或倒卵形，先端渐窄渐尖或具短尖头，基部窄楔形，边缘具浅波状圆齿，侧脉细而明显。聚伞花序多数集生叶腋，花多，花白色，花瓣淡绿带紫色，三角状；萼片淡红色，三角卵形。蒴果近球状。	生于石灰岩、山丛林中。	叶。辛、苦，寒。有毒。祛瘀止痛、解毒消肿。	列植，作林边、行道边灌木；
1065		青江藤	Celastrus hindsii Benth.	夜茶藤、黄果藤。	灌木。小枝具较稀皮孔，腋芽圆锥状或状。纸质或革质，长方椭圆形、先端急短渐尖，基部楔形或阔楔形，边缘具疏锯齿，两面均突起。聚伞花序顶生及腋生，花淡绿色。花近球形，幼果绿带紫色，裂瓣格缩。	生于山坡林和丛林缘中。	根。辛、苦，平。用通经、利尿，小便不利等	丛植，林下灌木植；列植，作行道边绿篱，作绿观叶物；可
1066		短叶水蜈蚣	Kyllinga brevifolia Rottb.	水蜈蚣。	草本。根状茎长而葡匐，具多数竹间，每一节上长一秆，稍长干秆，平展，上部边缘和背面中肋上具细刺，后期向下反折，花有状密片3枚，极展开，后叶序花序，多为单个，球形或卵状长球形，具密生小穗，穗状花序，扁双凸状，小坚果倒卵状长圆形，表面具密的细点。	生于山坡荒地、路旁草地、田丛溪流草野边。	全草。辛，平。清热疏风解表、利湿，止咳化痰、祛瘀消肿。	丛植，作林边和水系边、河流、水池边斑点缀植水点缀植物。
1067	藤黄科	多花山竹子	Garcinia multiflora Champ. ex Benth.	木竹子、山竹子、竹节果、查牙桔。	乔木，稀灌木。叶革质。卵形、顶端急尖或渐尖，基部楔形或宽楔形，全缘，雄花序成聚伞状圆锥花序，花瓣黄色。果卵圆形至倒卵圆形，成熟时黄色，盾状柱头宿存。	山坡疏林中、沟谷边缘或次生林或灌木丛中。	果实，树皮。甘、酸，凉。树皮消清热生津、收敛止痛，炎消肌。	果植，作行道边绿化树；孤植，作景或庭植观赏对植区景园树种

242

序号	科目名	品种	拉丁学名	别名	认别特征	生长环境	药用部位及功效	园林用途
1068		黄牛木	Cratoxylum cochinchinense (Lour.) BL	黄牛茶、黄芽木、节节红、满天红。	灌木或小乔木，树干下部有簇生的长枝刺。单叶对生；叶片长圆形，先端尖及圆形，基部楔形，全缘，有透明腺点及黑点。聚伞花序1-3朵，花粉红色。蒴果椭圆形，具宿存萼。	丘陵或山地的干燥阳坡上的次生林或灌木丛中。	根、树皮及嫩叶。甘、微苦、凉；解暑清热，利湿消滞。	列植、行道边绿化树或孤植、对植；景区或庭园树种。
1069		岭南山竹子	Garcinia oblongifolia Champ. ex Benth.	黄牙果、牙果、黄牙桔。	常绿高大乔木，树皮深灰色。老枝通常具断环纹。单叶对生，叶片倒披针形，先端短渐尖，基部楔形，侧脉每边至少在8条，薄革质。花橙色，花瓣4片，雄蕊成聚伞花序或顶生或单生，雌花单生，雄蕊多数，合生成一肉质体。浆果近球形。	生于山地湿润肥沃的地方。	果实、树皮。果实：甘、酸、凉。树皮：凉，清热生津，消炎止痛，收敛生肌。	作列植、行道边绿化树或孤植、对植；景区或庭园树种。
1070	番木瓜科	番木瓜	Carica papaya Linn.	木瓜、番瓜、满山抛、冬瓜。	常绿软木质小乔木。具乳汁。茎不分枝或有时于损伤处分枝，近直形，具螺旋状排列托叶叶痕。叶生于茎顶端，叶大，掌状5-9深裂，每裂片再为羽状分裂；叶柄中空，花单性或两性，植株分雄株、雌株和两性株；花冠5裂片，分离，乳黄色或黄色。浆果肉质，成熟时橙黄色或黄色，长圆球形。果肉柔软多汁，味香甜。	生于田边、宅旁。	叶、果实。甘、平；叶：解毒、接骨。果实：消食下乳，除湿通络，解毒驱虫。	列植、林边、道边、系绿化树；孤植，作庭园或盆景树种。
1071	金缕梅科	枫香树	Liquidambar formosana Hance	白胶香、红枫、枫脂、枫香果。	落叶乔木。树皮灰褐色，方块状剥落。有树脂，干后黑色，有光泽。鳞状苞片阔卵形，掌状3裂，先端尾状渐尖，两侧裂片平展。叶薄革质，两侧裂片平展；基部心形；边缘有锯齿，齿尖有腺状；叶柄长；雄性短穗状花序多个排成总状，雌性头状花序有花24-43朵花。头状果序圆球形，蒴果下半具宿存花柱及针刺状萼齿。	多生于平地、村落附近及低山的次生林中。	树脂、根、叶及果实（路路通）。平；根：解毒止痛。叶及果实：祛风除湿，通络活血。	作列植、林边、道边绿化树；孤植点植，作园区或庭园绿风景植物。

序号	科目名	品种	拉丁学名	别名	识别特征	生长环境	药用部位及功效	园林用途
1072		红花檵木	Loropetalum chinense (R. Br.) Oliver var. rubrum Yieh	红檵木、红花檵木。	灌木或小乔木。多分枝，小枝具星毛。叶革质，卵形，先端尖锐，基部钝，不等侧，上面略被粗毛或秃净，下面被星毛，或与嫩叶同时开放；花簇生3-8朵，紫红色，比新叶先开放，苞片线形，花萼筒杯状。蒴果卵圆形，被褐色星状绒毛。	多为栽培。	叶、根。止血，去瘀生新。	列植或丛植，作林边、行道边绿化，带庭灌园观赏灌木。
1073		檵木	Loropetalum chinense (R. Br.) Oliver	白花树、檵花木、扁花木、锯担柴。	灌木或小乔木。多分枝，小枝具星毛。叶革质，先端尖锐，基部钝，上面略被粗毛或秃净，下面被星毛。花簇生3-8朵，白色，比新叶先开放，或与嫩叶同时开放；苞片线形，花萼筒杯状。蒴果卵圆形，被褐色星状绒毛。	喜生于向阳的丘坡及山地。	根、叶及花。根：苦、温，行血祛瘀；叶：苦、涩、平，止泻，止血，止痛生肌，花：甘、涩、平，清热，止血。	列植或丛植，作林边、行道边绿化，带庭灌园观赏灌木。
1074		蕈树	Altingia chinensis (Champ.) Oliver ex Hance	阿丁枫、半边风、老虎斑。	常绿乔木。叶革质或厚革质，倒卵状矩圆形，先端短急尖，基部楔形，边缘有钝锯齿；侧脉约7对，在上下两面均突起，网状小脉上明显。雄花短穗状花序多个排成圆锥花序，雌花头状花序单生或数个排成圆锥花序。头状果序近球形，基底平截。	生于亚热带常绿林中。	根。辛、温。祛风湿，通经络。	列植，作林边、行道边绿化树，孤植，作庭园植物。
1075	橄榄科	橄榄	Canarium album (Lour.) Raeusch.	黄榄、青果、山榄、白榄。	乔木。小枝幼部被黄棕色绒毛。叶全缘，背面有细小的疏状突起，有托叶，早脱落。花序腋生，雄花序为聚伞圆锥花序，雌花序为总状。核果，卵圆形至纺锤形，无毛，成熟时黄绿色。小叶3-6对，小叶革质。	于沟谷和山坡杂木林中，或栽培于庭园、村旁。	果核。甘、涩、酸、温。解毒，敛疮，止血，利气。	作林边、行道绿化树，孤植，作庭园区点缀或庭园植物。

244

序号	科目名	品种	拉丁学名	别名	识别特征	生长环境	药用部位及功效	园林用途
1076		乌榄	Canarium pimela Leenh.	黑榄。	乔木。小枝干时紫褐色，髓部周围及中央具柱状维管圆形，无托叶。小叶4~6对，纸质至革质，宽椭圆形，顶端急渐尖，尖头短而钝，基部阔圆形，全缘，网脉明显。聚伞圆锥花序腋生。果具长柄，狭卵圆形，成熟时紫黑色。	生长于杂木林内。	果实。酸，涩，平。止血，利水，解毒。	列植，作林边、行道边绿化树；孤植，作园区点缀或庭园植物
1077	凤梨科	凤梨	Ananas comosus (Linn.) Merr.	波萝、波罗、番娄子、波萝。	草本。茎短。叶莲座式排列，剑形，顶端渐尖，全缘或有锯齿，腹面绿色，背面粉绿色，边缘和顶端常带褐红色。花序于叶丛中抽出，状如松球，结果时增大；苞片基部绿色，上半部淡红色，三角状卵形；萼片肉质，顶端带红色，花瓣上部紫红色，下部白色。聚花果肉质。	多为栽培。	果皮。涩，甘，平。解毒，止咳。	列植或丛植，作林边、边绿化，园低矮观叶、观果植被；孤植，可做盆景
1078	八角枫科	瓜木	Alangium platanifolium (Sieb. et Zucc.) Harms	华瓜木、八角枫、角梧桐	落叶灌木或小乔木。小枝纤细，近"之"形，具白色乳汁。叶纸质，阔卵形或阔倒卵形，顶端钝尖，基部近于心脏形，不分裂或稀分裂，边缘波状或钝锯齿状。聚伞花序尾状锐尖，花腋生；花瓣6~7片，紫红色。核果卵圆形。	生于山地或疏林中。	侧根，须根及花。辛，微温，有毒。祛风除湿，舒筋活络，止痛	列植，作林边、行道边绿化树；孤植，作园区点缀或庭园植物
1079	含羞草科	光荚含羞草	Mimosa bimucronata (DC.) Kuntze	簕仔树。	落叶灌木。二回羽状复叶，羽片6~7对，叶轴无刺，小叶12~16对，线形，劲直，具直刺，呈锐三角形，嫩枝密被黄色被短柔毛。荚果带状，头状花序球形，有5~7个荚节，花白色，无刺毛，褐色，成熟时荚节脱落留荚缘。	生于疏林下。	茎叶。清热消肿。	列植，作林边、行道边绿化或作篱树，为绿篱树种

（亚）热带主要景观药用植物名录及景观配置形式

序号	科目名	品种	拉丁学名	别名	识别特征	生长环境	药用部位及功效	园林用途
1080		海红豆	Adenanthera pavonina Linn. var. microsperma (Teijsm. et Binnend.) Nielsen	红豆，相思格，相思子，孔雀豆。	落叶乔木。嫩枝被微柔毛。小叶4-7对，互生，长圆形或卵形，两端圆钝，两面被微柔毛，具短柄；叶柄和叶序生于叶腋或在枝顶排成圆锥花序，无腺体。被短柔毛，花小，白色或黄色，具香味；种子近圆形，鲜红色，有光泽。荚果狭长圆形，开裂后果瓣旋卷；	多生于山沟、溪边或山林中。	种子。微苦、辛。微寒。有小毒。疏风清热，润肤养颜，止痒。	列植，行道边绿化树；孤植，作园区点缀植物。
1081		含羞草	Mimosa pudica Linn.	知羞草，怕丑草，应草。	半灌木状草本。茎披散，具倒刺毛或锐刺。二回羽状复叶，羽片2-4对，掌状排列，小叶10-20对，长圆形，边缘及叶脉有刺毛。头状花序长圆形，2-3个腋生，花小，淡红色，有3-4个支节。	生于山坡丛林、行路旁。有栽培。	全草。甘、涩。凉。有小毒。凉血解毒，安神镇静，散瘀止痛。止血。	丛植，林下、行道边，庭院植被。
1082		猴耳环	Pithecellobium clypearia (Jack) Benth.	围涎树，鸡心树，三不正，尿桶弓。	乔木。小枝具棱角，疏生黄色柔毛。二回羽状复叶，羽片3-8对，小叶6-16对，对生，斜棱形，革质，基部极不等侧，叶柄基部、叶轴羽片间、小叶柄间各有一腺体。头状花序排成圆锥状，花冠白色或淡黄色。荚果带状，旋卷呈环状，外缘呈波状。	生于山坡、路旁及河边。	叶。苦、涩。寒。收湿敛疮。清热解毒。	列植，行道边绿化树；孤植，作园区点缀植物。
1083		亮叶猴耳环	Archidendron lucidum Benth.	亮叶围涎树，尿桶弓。	乔木。各部被锈色柔毛，二回偶数羽状复叶，羽片2-4对，小叶4-10对，互生，斜卵形，叶柄基部、叶轴羽片间各有一腺体。头状花序，小枝具不明显条棱，花冠白色。荚果带状，黄色，旋卷呈环状。	生于林中、灌木丛中、山坡、路旁和河边。	枝叶。微苦、辛。凉。有小毒。祛风消肿，凉血解肌，收敛生肌。	列植，行道边绿化树；孤植，作园区点缀植物。
1084		银合欢	Leucaena leucocephala (Lam.) de Wit	白合欢，银合欢树，假含羞草，假牙皂角。	灌木或小乔木。无刺。二回羽状复叶，羽片4-8对，叶轴被柔毛，最下一对羽片着生处有腺体1枚；羽片线形，先端急尖，基生；边缘被细柔毛。头状花序，顶端凸尖，花白色。荚果带状，顶端凸尖，种子1-2个腋生，基部有柄。	生于荒地或疏林中。	树皮、叶及种子。树皮：用于心悸，骨折；叶：用于治疮疡，种子：驱虫，消渴。	列植，行道边绿化树；孤植，作园区点缀植物。

序号	科目名	品种	拉丁学名	别名	识别特征	生长环境	药用部位及功效	园林用途
1085	大风子科	海南大风子	Hydnocarpus hainanensis (Merr.) Sleum.	龙角、高根、乌壳子、海南麻风树。	常绿乔木。树皮灰褐色。叶薄革质，长圆形，先端短渐尖，基部楔形，具不规则浅状锯齿，两面无毛。总状花序腋生或顶生，浆果球形，密生棕褐色茸毛，果梗粗壮。	生于常绿阔叶林中。	成熟种子。辛、热。有毒。祛风燥湿，攻毒杀虫。	列植、行道边绿化树；孤植，作园区或庭园点缀植物。
1086	海桐花科	海桐	Pittosporum tobira (Thunb.) Ait.	青树、海桐花、七里香、山矾、水香花。	常绿灌木或小乔木。叶聚生于枝顶，革质，倒卵状披针形或倒卵状楔形，先端圆形或钝，全缘，微回入或微卷。伞房状伞形花序顶生，密被黄褐色柔毛。花白色，有芳香，后变黄色。蒴果圆球形，有棱呈三角形。	多为栽培。	枝、叶。杀虫。外用煎水洗疥疮。	列植、行道边、水系边绿化；孤植，作园区或庭园点缀植物。
1087	旱金莲科	旱金莲	Tropaeolum majus Linn.	荷叶七、莲花。	一年生肉质草本。叶互生，着生于叶片的近中心处，叶柄向上扭曲，盾状，叶片圆形，有主脉9条，由叶柄着生处向四面放射，边缘为波浪形的浅缺刻，背面常被疏毛或有引凸点。单花腋生，黄色、紫色、橘红色或杂色。花托杯状，成熟时分裂成3个具一粒种子的瘦果。	常见栽培，偶见逸为野生。	全草。辛、酸，凉。清热解毒，凉血止血。	可做水系边花卉观赏；孤植可做园区、庭园特定栽培。
1088	莲叶桐科	红花青藤	Illigera rhodantha Hance	毛青藤。	藤本。茎具棱，幼枝被黄褐色绒毛。叶互生，指状复叶，小叶3片，卵形至卵状近心形，两面中脉被短柔毛，基部组成圆锥花序，密被黄褐色绒毛。聚伞花序组成圆锥花序，萼片5片，紫红色，花瓣与萼片同形，玫瑰红色。果具4翅。	生于山谷密林或疏林灌木丛或溪边杂木林中。	全株。甘、辛，温。祛风止痛，散瘀消肿。	列植成丛植，植被林下或林缘或造型植物；可做盆栽植物。

序号	科目名	品种	拉丁学名	别名	识别特征	生长环境	药用部位及功效	园林用途
1089	胡颓子科	胡颓子	Elaeagnus pungens Thunb.	半含春、三月蒲、羊奶子枣、滚子、羊奶子。	常绿直立灌木。具刺，刺顶生或腋生；幼枝微扁菱形，密被锈色鳞片，后鳞片脱落，黑色，具光泽。叶革质，椭圆形或阔椭圆形，两端钝形，边缘皱波状，下面银白色和被褐色鳞片；叶柄深褐色，密被褐色鳞片，下垂，成熟时红色。花白色或淡白色，密被鳞片，幼时被褐色鳞片。果椭圆形，成熟时红色。	生于向阳山坡或路旁。	根、叶及果：苦、酸、平；活血止血，祛风利湿，止咳平喘。叶：酸、涩、平；下气定喘。果：酸、涩、平；平喘，活血，止痢。	列植，可做林边，行道边树，孤植，作园区绿化树；庭园点缀植物。
1090	谷精草科	华南谷精草	Eriocaulon sexangulare Linn.	谷精草、谷精珠、大叶谷精草。	大型沼泽生草本。叶丛生，线形，质厚，长15-30条。花葶多，具4-6棱，鞘状苞片长4-12cm，口部斜裂，裂片禾秆色；花序近球形或柱状圆球形，灰白色；总苞片禾秆色，硬膜质；花瓣3片，膜质线形，中藏稍大，近顶处各有一淡褐色腺体。种子卵形，不明显被鳞片。	生于水坑、池塘或稻田中。	带花茎的头状花序：辛、甘、平，明目；疏散风热，退翳。	丛植，行道边，作林边观和园区植物；作湖池绿水点缀植物。
1091	山矾科	华山矾	Symplocos chinensis (Lour.) Druce.	土常山、常山、白常山。	灌木。嫩枝、叶柄、叶背均被灰黄色曲柔毛。叶纸质，椭圆形或倒卵形，先端急尖或短尖，基部楔形，边缘具细尖锯齿，叶面具腺点下凹，芳香子叶面凹凸下。圆锥花序顶生或腋生，被柔毛。核果卵状圆球形，熟时蓝色。	生于丘陵、山坡、杂林中。	叶、根：苦、凉，有小毒；清热利湿，解毒，止血生肌。	列植，行道边、庭园和园区植物；作盆景。
1092	楝科	灰李浆果楝	Cipadessa cinerascens (Pellegr.) Hand.-Mazz.	亚罗椿、秧勒	灌木或小乔木。嫩枝具灰白色皮孔。小叶对生，4-6对，纸质，椭圆形至卵状长圆形，基部宽楔形，偏斜，两面均被紧贴的灰黄色柔毛，背面尤密。圆锥花序，花瓣白色渐黄，外被紧贴疏柔毛，核果小，球状，熟后紫黑色。	生于山地疏林或灌木林中。	根、叶：辛、苦、微温，祛风化湿，行气止痛。	列植，林道边，行道边绿化树。
1093		楝	Melia azedarach Linn.	苦楝、楝树、紫花树。	落叶乔木。树皮纵裂，幼枝被星状柔毛，幼小叶卵形圆形，先端长尖，二至三回羽状复叶，小叶卵形至椭圆圆形，边缘具深浅不一的钝齿；圆锥花序腋生，花淡紫色。核果小至近球形。	生于山坡、田野，或栽培。	干皮、根皮：苦、寒、有小毒；驱虫疗癣。	列植，林边、行道边绿化树种。

序号	科目名	品种	拉丁学名	别名	识别特征	生长环境	药用部位及功效	园林用途
1094		米仔兰	Aglaia odorata Lour.	米兰、山胡椒、碎米花、五叶兰。	常绿灌木或小乔木。多分枝。奇数羽状复叶互生，叶轴具狭翅，小叶3-5片，对生，倒卵形，先端钝，基部楔形，全缘，花序腋生，花杂性，雌雄异株，圆锥花序腋生，花黄色，极香。浆果卵形或近球形。	生于肥沃的壤土和沙壤土林中，有栽培。	枝、叶及花。枝、叶：辛、微温，散瘀肿；花：甘、平，宽胸解郁，疏风解表，宣肺止咳。	林植、行道边、庭园和园区造型或藤架等观赏植物；孤植；作盆景
1095	西番莲科	鸡蛋果	Passiflora edulis Sims	百香果、洋石榴、紫果西番莲。	草质藤本。茎具细条纹，无毛。叶纸质，基部心形，掌状三深裂，裂片边缘具小腺体。花芳香，萼5片，外面绿色，内面绿白色，花瓣5片，与萼片等长。浆果卵球形，熟时紫色。	多为栽培。	果实。甘、酸、平，清肺润燥，安神和血止痛。	可作林边、行道边、庭园和园区造型或藤架低矮造型墙等观赏植物；孤植，作盆景
1096		龙珠果	Passiflora foetida Linn.	香花果、天仙果、龙须果。	草质藤本。具臭味。茎具条纹，圆柱形，被柔毛。叶膜质，宽卵形至长圆状卵形，先端3浅裂，边缘呈不规则波状，具头状伏毛及腺毛。聚伞花序退化仅存一花，花白色或淡紫色，具白斑；苞片3回羽状丝裂，裂片丝状，顶端具腺毛。浆果卵圆形，无毛。	生于山坡路边。	全株、果。甘、平，清热解毒，清肺止咳。	列植，可作林边、行道边、庭园和园区造型或藤架或绿墙等观赏植物；孤植
1097		西番莲	Passiflora coerulea Linn.	转心莲、洋酸枝茄花、时计草。	草质藤本。叶纸质，叶较大，基部心形，掌状5深裂，托叶较大，肾形，抱茎，淡绿色，裂片全缘；聚伞花序退化仅存一花，花大，淡绿色。浆果卵圆球形，熟时橙黄色或黄色。	多为栽培。	全草。苦、温，除湿，活血，止痛。	列植，作林边、行道边、庭园和园区造型架或绿墙等观赏植物；孤植，作盆景

（亚）热带主要景观药用植物名录及景观配置形式

序号	科目名	品种	拉丁学名	别名	识别特征	生长环境	药用部位及功效	园林用途
1098	檀香科	寄生藤	Dendrotrophe frutescens (Champ. ex Benth.) Danser	青藤公、入地寄生。	木质藤本。常呈灌木状。单叶互生，枝三棱形，扭曲，光滑无毛，幼茎黄绿色。基出脉3条。叶厚，软革质，花单性，雌雄异株。核果具卵圆形或卵圆形，先端具内拱形宿存花被，成熟时棕黄色。	生于山坡灌木丛中。	全株。微甘、苦、涩、平。疏风清热、活血止痛。	可作林边、行道边、行道边绿化低矮绿化树种
1099		檀香	Santalum album Linn.	白檀、真檀。	常绿寄生性乔木。叶对生，椭圆形或卵状披针形，基部楔形，全缘，上绿下白。三歧聚伞式圆锥花序，花被管钟状、淡绿色，内部初时绿黄色，后呈深棕红色。核果球形，成熟时黑色。	引种栽培。	心材。辛、温。温中理气、和胃止痛。	园边、园区行道种树种，可做园树；区可点缀庭园
1100	壳斗科	黧蒴锥	Castanopsis fissa (Champ. ex Benth.) Rehd. et Wils.	蚁萌、裂壳锥、大叶锥。	乔木。新枝及嫩叶背面均被红锈色细片状蜡鳞及棕黄色毛。嫩枝红紫色，纵沟棱明显。叶厚纸质，长圆形，基部楔形，顶端急尖，叶缘自下部起有波浪状钝裂齿，嫩叶背面被棕红色细片状蜡鳞，成长叶中黄色或灰色。雄花圆锥花序，花序轴无毛。果壳斗被椭红褐色粉末状蜡鳞。	生于山地疏林中、阳坡，较常见。	叶、果实。叶：外用于跌打损伤。果实：花疳。用于咽喉肿痛。	列植、行道边绿化区；孤植可做绿植点缀园区
1101		栗	Castanea mollissima Bl.	板栗、毛栗、风栗。	落叶乔木。树皮具黄灰色圆形皮孔。单叶互生，长椭圆形或椭圆状披针形，基部常一侧偏斜而不对称，有锯齿，齿端具芒状尖头。雄花斗状穗状花序，雌雄同株，雄花斗状。每壳斗有雌花2或3朵，连刺直径2-3cm，不规则瓣裂，刺基部合生。	生于低山丘陵、缓坡、河滩等。	根、叶、花及果实。根：活血止痛。叶：清肺止咳。花：解毒消肿。果实：补肾强筋、益气健脾。果壳气活血消肿、止血。	列植、行道边和园区绿化；孤植，可做庭园点缀植物树

序号	科目名	品种	拉丁学名	别名	识别特征	生长环境	药用部位及功效	园林用途
1102	蒟蒻薯科	裂果薯	Schizocapsa plantaginea Hance	水田七。	多年生草本。根状茎粗短，常弯曲。叶狭椭圆形或狭椭圆状披针形，顶端渐尖，基部下延，叶柄两侧具狭翅。伞形花序，花被裂片6条，淡绿色、青绿色、暗色。蒴果近倒卵形，三瓣裂。	生于水边、山谷、路边、田边潮湿地方。	根状茎。治牙痛，外敷治跌打、疮肿毒。	孤植或列植，在林下或低矮绿植，边坡植物；可作庭园被覆或盆栽观叶植物。
1103	秋海棠科	竹节秋海棠	Begonia maculata Raddi	斑叶竹节海棠、白斑海棠、斑叶海棠、竹节秋海棠。	多年生肉质草本。茎平滑无毛，分枝，具明显呈竹节状形，肉厚，斜长圆形或长卵形，斜端心形，顶端尖，基部心形，边缘浅波状，具多数圆形小白点，背面深红色，叶柄可见，聚伞花序腋生而悬垂。花淡玫瑰色或白色。	多为栽培。	全草。苦，平。散瘀，利水，解毒。	丛植或列植，林下、行道边和水系边分界植物；花境边界植物；孤植，庭园或盆景区点缀植物。
1104		裂叶秋海棠	Begonia palmata D. Don	红八角莲、麻叶秋海棠、中华秋海棠。	茎及叶柄均密被锈褐色绒毛。叶形变化较大。叶片宽卵形，先端渐尖，浅至中裂，裂片宽三角形，基部心形，上面密被硬毛，下面沿脉密被锈褐色绒毛，花玫瑰色或白色，花片外面被密被混合毛。	河边阴湿地、山谷阴处、岩石上，密林中岩壁上。	全草。甘、酸，寒。清热解毒，散瘀消肿。	列植、行道下和水系边分界植物，园林园缘植物；孤景植物、庭园和盆栽。

251

（亚）热带主要景观药用植物名录及景观配置形式

序号	科目名	品种	拉丁学名	别名	识别特征	生长环境	药用部位及功效	园林用途
1105		紫背天葵	Begonia fimbristipula Hance	红天葵、散血子、一点红、一叶红。	多年生草本，无地上茎。地下茎球形。基生叶多为1片，叶片膜质，圆形或卵状心形，基部偏心形，边缘有不规则的重锯齿和缘毛，两面生粗毛，掌状脉。聚伞花序。蒴果三角形，具3翅。	多生于低山山坡和山谷阴湿石壁处。	球茎、全株。甘、凉。清热解毒，散瘀润燥止咳，散结消肿。	列植，行道边、点系列植、园林配置；造景配置庭园和盆栽。
1106		四季秋海棠	Begonia cucullata Willd.	四季海棠、四季秋海棠。	多年生常绿草本。茎直立，稍肉质。具光泽，稍偏斜，卵形或宽卵形，具锯齿略带肉质，边缘生瓣毛，有总花梗上；花单生于叶腋。蒴果绿色，并有红色的3翅。	多为栽培。	花、叶。苦、凉。清热解毒。	丛植或列植，林下、边边分开植物、境地界花物，孤植，庭园或盆景植物。
1107	露兜树科	露兜勒树	Pandanus tectorius Sol.	露兜勒。	常绿分枝灌木或小乔木。常左右扭曲，具多分枝密螺旋状排列，有粗壮的气根。叶簇生于枝顶，三行排列，先端渐狭成一长尾尖，叶缘和背面中脉均有粗壮的锐刺。雄花序由若干穗状花序组成，佛焰苞长披针形，近白色；雌花序单生于枝顶，圆球形，乳白色。聚花果大，向下悬垂，圆球形或长圆形，由多个核果束组成。	生于海边沙地，或引种栽培，作绿篱。	根、果及果核。甘、淡、凉。清热解毒，发汗解表，利水化浊。	列植或对植，作绿化树；林下、行道绿化树；孤植，可做庭园和景观区点缀植物

252

序号	科目名	品种	拉丁学名	别名	识别特征	生长环境	药用部位及功效	园林用途
1108	木麻黄科	木麻黄	Casuarina equisetifolia Forst.	驳骨树、马尾树。	乔木。幼树皮密集排列成条状或成块状，老树树皮粗糙，深褐色，不规则纵裂，内皮深红色；枝红褐色，节密集。鳞片状叶每轮常7片，披针形，具三角形或略被白粉，具细小突体。雄花序圆柱形，雄花覆瓦状排列，被白色柔毛或苞片。球果果序椭圆形，两端近截平或钝也。	多为栽培。	幼嫩枝叶、树皮。温、微苦、辛。宣肺止咳、行气、止痛，温中止泻，利湿。	列植或行植，作行道、边、水系绿化树；孤植，做园区点缀
1109	交让木科	牛耳枫	Daphniphyllum calycinum Benth.	老虎耳、岭南虎皮楠。	灌木。小枝灰褐色，具稀疏皮孔。叶纸质、阔椭圆形或倒卵形，先端钝，具短尖头，基部阔楔形，全缘，叶背略被白粉，具细小乳突状。总状花序腋生；花萼盘状，裂片阔三角形。果长圆形，卵圆形，具小疣状突。	生于疏林或灌木丛中	根、叶。凉。清热解毒。	列植、林下、行道、边绿化树；
1110	牛栓藤科	牛栓藤	Connarus paniculatus Roxb.	云南牛栓藤。	藤本或攀缘灌木。奇数羽状复叶，小叶3~7片，形或披针形，全缘，无毛，革质，长圆状椭圆形；圆锥花序顶生或腋生；萼片5片，外面被锈色绒毛，稍厚，稍胀大，花瓣5片，鲜红色；种子黑紫色，光亮。果长椭圆形，鲜红色。	生于山坡疏林或密林中。	茎叶。用于感冒。	列植、林下、植被，在景区园林作观赏树点缀植物
1111	榆科	狭叶山黄麻	Trema angustifolia (Planch.) Blume.	狭叶山油麻、小叶山黄麻。	灌木。单叶对生，叶柄短，先端渐尖，上面极粗糙，密被乳头状小突起，下面密被短柔毛，边缘具整齐的小锯齿，基出3脉，侧脉3~5对，雌雄异株，单性花，雌雄蕊齐。基部圆或微斜，成腋生聚伞花序。核果近球形。	生于向阳山坡或谷地，坡、灌木林中。	根、叶。凉、辛。解毒。疏风清热，凉血止血。	列植、林边、道界、庭园灌木；
1112	榆科	朴树	Celtis sinensis Pers.	千粒树、朴榆、朴子树。	落叶乔木。树皮灰色，平滑，叶革质，通常卵形或椭圆形，叶互生，先端急尖至渐尖，基部偏斜，中部以上边缘有浅锯齿，基出3脉，花杂性同株，黄绿色。核果近球形，熟时红褐色。	生于山坡、山沟、丘陵等处。	树皮、根皮。凉、苦、微。祛风化湿，消食化滞。	列植、林边、园区行道边绿化树种；

253

（亚）热带主要景观药用植物名录及景观配置形式

序号	科目名	品种	拉丁学名	别名	识别特征	生长环境	药用部位及功效	园林用途
1113		山黄麻	Trema tomentosa (Roxb.) Hara	麻桐树、山麻、络木、母子树、麻布树	小乔木。小枝灰褐至棕褐色，密被灰褐色或灰色短绒毛。叶纸质或薄革质，宽卵形或卵状矩圆形，先端渐尖至尾状渐尖，基部心形，边缘具细锯齿，两面均被毛；叶面极粗糙，边被短绒毛，花被片5片，卵状矩圆形；雌花序短穗状，雄花序短圆形。核果宽卵珠状，成熟时褐黑色或紫黑色。	生于湿润的河谷和山坡混交林中，或空旷的山坡。	叶和根。涩、平。叶：外伤出血。叶：跌打损伤，根：瘀血疼痛，腹痛	平、林边、行道边缘化树种；
1114		藤构	Broussonetia kaempferi Sieb. var. australis Suzuki	藤葡蟠、蔓构。	蔓生灌木状。树皮褐色，小枝幼时被浅褐色柔毛，后脱落。叶互生，螺旋状排列，卵状椭圆形，近对称的，边缘具锯齿细，齿尖具腺体，基部心形或截形，雄花序短穗状，雌花集生为球形头状花序。聚花果，花柱线形延长。	生于山谷灌木丛中或沟边、山路旁。	全株，根，根皮。微甘，平。清热利尿，活血消肿	列植、园区边、行道边绿化植物；
1115		榆树	Ulmus pumila Linn.	白榆、家榆、长叶家榆、黄药家榆。	落叶乔木或灌木。冬芽近球形或卵圆形，芽鳞背面无毛，内层具缘毛，叶椭圆状披针形，先端长柔毛，斜或近对称，长圆形或卵状先端渐尖，边缘具重锯齿或单锯齿，花先于叶开放，翅果近圆形，初淡绿色，后白黄色。叶腋成簇状。	生于山坡、山谷、川地，丘陵及沙岗等处	果实，树皮及叶。果实：微辛，树皮、安神健脾，叶：甘，平，安神，利小便。	列植、园区等行道树、树种；
1116	龙脑香科	坡垒	Hopea hainanensis Merr. et Chun		常绿乔木，高25-30米；树皮黑褐色，浅纵裂。小枝和花序密生微柔毛。叶革质，椭圆形或近圆状圆形，先端短尖；叶柄有较短毛；圆锥花序顶生或生于上部叶腋；花小，坚果卵圆形，为增大成翅，其中2枚等片所包围，倒披针形。	喜温暖，耐阴生性较强	树脂提取物。抗癌，抗肿瘤疗效，抗菌消炎作用，可用于烫伤的防治；防辐射，冻疮的防治。	具孤植，庭园植物，园植或作行道树

序号	科目名	品种	拉丁学名	别名	识别特征	生长环境	药用部位及功效	园林用途
1117	安石榴科	石榴	Pimica granatum Linn.	安石榴、山力叶、丹若、石榴木。	落叶灌木或乔木。枝顶常成尖锐长刺。叶常对生，纸质，矩圆状披针形，顶端短尖或微凹，基部短尖至稍钝形，上面光亮，尖至淡黄绿色。浆果近球形，为淡黄褐色或淡黄绿色；种子多数，钝角形。	多为栽培。	果皮（石榴皮）。酸、涩、温。涩肠止血。	列植，林边、行道边景观带；对植或孤植。庭园区作园区装饰或盆栽植物。
1118	苦苣苔科	石上莲	Oreocharis benthamii Clarke var. reticulata Dunn	网脉石上莲。	多年生草本。叶丛生，基部渐钝，上面密被褐色绵毛，下面密被褐色绵毛。聚伞花序2-3次分枝，每花序具8-11花；花梗长，被毛及鳞片，花冠细筒形，淡紫色，外面被短柔毛。蒴果线形。	生于岩石上。	全草、叶。酸、微涩、凉。清热除湿、消肿止痛。	孤植成丛植、配合景植。园区点造景点缀，如山石景点缀。
1119	猕猴桃科	水东哥	Saurauia tristyla DC.	白饭树、米花树、水枇杷、山枇杷。	灌木或小乔木。小枝被爪甲状鳞片或钻状刺毛。叶纸质或薄革质，倒卵状椭圆形，顶端短渐尖至尾状渐尖，基部楔形，边缘具小锯齿，具刺状锯齿，两面具爪甲状刺毛或钻状刺毛，侧脉具刺毛及钻状鳞片；花序生于叶腋或老枝落叶腋，花粉红色或白色。果球形。花白色、绿色或淡黄色。	生于山地林中或山路旁。	根、果。苦、凉。有毒。散瘀消肿、止血。	列植，林边、行道边绿植种；孤植作园区点缀植物。
1120	山龙眼科	网脉山龙眼	Helicia reticulata W. T. Wang	萝卜树、打过山龙眼、亮光子。	乔木或灌木。叶革质或近革质，长圆形，倒卵形，倒卵状披针形，顶端短渐尖、急尖或钝，基部楔形，具疏生锯齿或具细齿，边缘具小齿。总状花序生于枝已落叶腋部，果椭圆形，顶端具短尖，果皮干后草质、黑色。	生于山地湿润常绿阔叶林中。	枝、叶。止血。	列植，林边、行道边绿植种；孤植作园区园或点景点缀。

（亚）热带主要景观药用植物名录及景观配置形式

序号	科目名	品种	拉丁学名	别名	识别特征	生长环境	药用部位及功效	园林用途
1121		银桦	Grevillea robusta A. Cunn. ex R. Br.	银桦树、银栎、银橡树。	乔木，树皮具浅裂纵裂痕，次羽状深裂，边缘背卷，叶缘背卷，腋生，或排成少分枝的顶生圆锥花序，总状花序，花序梗被褐色绒毛，花被片橙色或黄褐色。果卵状椭圆形，稍偏斜。	常见于常绿林。	叶、花及树脂。叶、花：清热利气、活血止痛；树脂：用于胃痛、疮疡久不收口。	列植或丛植，行道边、边坡；观赏树种；孤植作庭园或园区观赏植物。
1122	毛茛科	威灵仙	Clematis chinensis Osbeck	铁脚威灵仙、老虎须、青龙须。	草质藤本。茎叶干后变黑色。一回羽状复叶，小叶3-5片。圆锥花序腋生或顶生，萼片开展，白色，外面边缘密生白色短柔毛，瘦果狭卵形，疏生柔毛。	生于山坡、山谷或灌木丛中。	根、根茎。辛、咸、温。祛风除湿，通络止痛。	列植或丛植、林边，行道被矮植被低矮型或绿化造型植物；园绿篱；
1123		回毛茛	Ranunculus cantoniensis DC.	小回回蒜、假芹菜、鸭脚板、子午草、眼睛扣草。	多年生草本。全株各部密被糙毛。三出复叶，基生叶及下部叶的叶柄长达15cm，上部渐少，3全裂，花序顶生至腋旁花圆形，椭圆形，椭圆状卵形，上部渐小，3片，花瓣5片，基部狭窄成爪。聚合果近球形。	生于溪边、沟旁、田边或林缘。	全草。微苦、辛。有毒。清肝明目，除湿解毒，截疟。	列植或园区，行道边，林下，可做庭园被；
1124	蓝果树科	喜树	Camptotheca acuminata Decne.	旱莲木、千张树、水栜树。	落叶乔木。树皮灰色或浅灰色，矩圆状椭圆形，纸质，全缘，顶端短锐尖，基部纵裂成浅沟状。球形头状花序组成圆锥花序，顶生或腋生；雌雄同株，翅果矩圆形，顶端具宿存花盘，两侧具窄翅。	生于林边或溪边。	果实、根、根皮。苦、辛、寒。清热解毒，散结消癥，胃肠癌、结肠癌、膀胱癌，粒细胞和急性白血病；外治牛皮癣。	列植或对植、园区，行道边，水系边；观叶树种；孤植作庭园。

序号	科目名	品种	拉丁学名	别名	识别特征	生长环境	药用部位及功效	园林用途
1125	苦木科	鸦胆子	Brucea javanica (Linn.) Merr.	鸦蛋子、苦参子、老鸦胆、羊不食。	灌木或小乔木。嫩枝、叶柄及花序均被黄色柔毛。叶长20-40cm，小叶3-15片，常略偏斜，边缘具粗齿，先端渐尖，基部宽楔形，卵形或卵状披针形，两面均被柔毛。圆锥花序，雌花序长为雄花序的一半；花细小，暗紫色。核果长卵形，灰黑色，干后具不规则多角形网纹，外壳硬骨质而脆；种仁黄白色，含油，味极苦。	生于旷野、山麓灌木丛或疏林中。	果实。苦、寒。有小毒。清热解毒、杀虫、截疟。	列植、林边、行道树种、孤植植园区或庭园点缀植物。
1126	杨梅科	杨梅	Myrica rubra (Lour.) S. et Zucc.	山杨梅、朱红、珠红、树梅	常绿乔木。叶革质。叶片长椭圆形或长倒卵形，全缘，光滑无毛。雌雄异株，雄花序单生或数条生于叶腋；雌花序单生于叶腋，其基部苞状，常密集于小枝上端部分，顶端圆钝，基部楔形。雌花序长，多见头状凸起，外果皮肉质，较雄花序短而细瘦。核果球状，成熟时深红色或紫红色，味酸甜。	生于山坡或山谷林中，性喜酸性土壤。	果实。酸、甘。性温。生津解烦、和中消食、涩肠、止血。	列植、行道树种、孤植或对植、作园区或庭园点缀植物。
1127	芭蕉科	大蕉	Musa sapientum Linn.	粉芭蕉、芭蕉	多年生草本。丛生，具匍匐茎，假茎圆形，假茎厚而粗重，被白粉。叶直立或上举，长圆形，被白粉、多被白粉，叶柄基部伸长，叶基近心形或耳形，先端锐尖；穗状花序轴被毛，苞片卵形或卵状披针形，外面红色、外面呈紫红色，内面深红色；花被片黄白色。果序由多数果束组成，果柄伸长，果实细腻，成熟时味甜或略带酸味。果肉紫圆形，短粗，成熟时果身棱角明显。	可广泛分布于田间坡地和田间坡地等	果实。甘、寒。润肺、清热解毒、清肠。	列植或丛植、作林边、行道植物、园区或庭园观叶植物。

第三章 景观药用植物在园林中部分配置方式

3.1 配置原则

药植园是一个有机体，其内部各组分都体现了园区的系统性、整体性。而各类药用植物由于本身的生理性、景观性和生态特征，必然导致其在园区内配置有规可循。在园内进行设计，第一要务就是保存种群，其次才是景观的效果，按照保护为先、景观为辅、科学搭配的原则，合理布局。

（1）树种的乡土化原则（生态适应性）

药用植物作为特色植物集群，在选择相关品种进行景观设计的过程中，应科学地选择与所在地域生态环境相适应的植物。要充分利用本土药用植物树种，能更好地体现区域文化，确保药用植物的存在性、保护性和开发利用相结合的特点，更是体现地域文脉及设计生态化的重要环节。且乡土药用植物品种能较好地适应本区域的温度、水分、光照、土壤和空气等生境因子，在移植后能尽快恢复自身生机，就能保证园区造景成景。

（2）植物景观多样性原则（生物多样性）

药用植物园的建设的一个重要作用就是将地区性的药用植物通过园区景观设置展现给广大群众及学者，以提高对本地区药用植物的认知及日常使用方向。因此，对园区内景观植物除了根据景观规划要求、景观要素搭配上进行筛选的同时，还要根据需要从药用植物的药用部位、生长环境需求特点、主治方向和方式等内容进行分类。在推进以上划区的工作中就要对区域药用植物有综合认识，以求品种尽量丰富、生境尽量相近、药效尽量相同。即在景观建设过程中应充分考虑品种的多样性、生境的多样性、功能服务多样性以及其产品的多样性原则。

（3）功能布局科学化原则

药用植物园的建设对药用植物本身而然有两个目标：一方面是对具有药用价值和观赏价值的植物品种进行活体保存，在某种程度上可以实现既保存又可以深度开发利用（科研类药植园）；另一方面就是要给具有可观赏性药用植物创造一定的自然生态环境，满足不同人群的感官需求、生理需求和心理需求，发挥其调节或缓和状态的功效。因此，在园区内进行规划过程中，首先要根据药用植物的形态学特点、生长特性、群落特点、感官刺激效果进行空间布局，如：是否进行立体空间层级布局、色泽是否要按照季节变化进行布局、需要单植株还是丛种、对人影响侧重在视觉还是嗅觉等，还有植株是否存在毒性或危害性，需要如何管理等。此外，在园区配置过程中，要考虑产品与技术的导入，就是把药用植物的产品研发、药用价值的体现和科学使用方式等通过产品展现、技术展示来表达。

（4）服务对象有原则

鉴于药用植物园在设计规划过程中已经充分考虑景观要素和各品种在时间、空间上分布特点，甚至明确各特色区的药用效果，在一定程度上可以认为药用植物园是一个具有特殊服务功能甚至空间理疗的效果的艺术品集合，它的服务对象就不限于参观游玩之人，而是具有特定对象的人群。首先由于它是区域药用植物保存活体库，因此它服务的第一类人群就是那些想了解本区域药用植物种类的人；其次，由于设计过程中已经从药用部位、主治功效等方面考虑布局，对于那些想深入研究并开发其功效中医药技术人员具有重要意义；此外，由于部分药用区本身就有直接的治疗效果，它是可以为相关病人服务，如通过芳香植物配置营造的"园艺疗法"体验区、产品效果应用区等。所以，药用植物园的服务是有主体对象的，且对象也是定向的。

（5）管理操作规范性原则

药用植物园无论从景观构造、环境布局、植物搭配等方面都较一般的植物专园要求高，加之服务对象有定向性，在植物保存和产品研发展示也有特定要求，所以药用植物园管理具有严格的规范性原则。首先要求所保存的药用植物要根据不同的生境特点进行科学定植管理，以保证存活；其次要根据药用植物的药用部位、主治功效进行科学安排，以便研究人员在研究过程中相应的部位得到应有的保存和开发；最后，由于特殊树种所具有的如"园艺疗法"、体验式治疗等方式的存在和研究需要，必然要求强化药植园内管理。只有采取一系列规范措施，才能保证植物的生长到位、药用效果到位和示范到位。

3.2 药用植物形态学分类及其功能

（1）乔木类药用植物

多年生直立木本植物，其主干明显，高度可达5米以上，如：肉豆蔻、山竹树、木棉等。

药用植物园中高大的乔木，一方面可以为园区和游人提供树荫，另一方面由于其丰富的叶色、不同季节的花色，可以让这些树形创造框景，不同的叶色、花色在一定程度上可以给园区创造背景和远景等。

（2）灌木类药用植物

多年生直立植物木本植物，多从基部分枝、主干不明显，高度在5米以下，如九里香、木槿、扶桑等。

药用植物园中的灌木主要作用有：①丰富景观层次：可使园林景观增加立体层次感；②增强群体结构和生态效益：不同的立体层次也可以对植物群落、生态环境提供缓冲地带和保护作用；③柔化景观、增加空间景观特色，使空间景观得到丰富和满足；④利用园区空间多面性，创造多元素景点。

（3）藤本类药用植物

茎细长不能直立，需缠绕支撑物或其他特殊器官（如：卷须、吸盘等）通过攀附而向上生长。其茎有木质和草质之分，如爬山虎、绞股蓝、使君子等。

药用植物园中的藤本植物可以通过利用其缠绕、攀附等特点，一方面可以对陡坡、裸地进行绿化、美化，在一定程度上可以固土护坡形成良好生态和景观效应；另一方面由于藤本植物种类较多、形状和姿态各异，观赏效果显著，而且通过与其他植物搭配，利用不同时序变化产生不同花果景观效应。

（4）草本或地被类药用植物

茎为草质，茎叶柔软，越冬时地上部分枯死（多年生草本药用植物）或全株枯死（一年生草本药用植物），如姜、益母草、益母草等。

作分界使用的水溪边地被　　　　　林下地被植物

单一地被（石蒜）成景　　　　　林缘路边地被植物带

药用植物园中的草本植物主要作用包括：①园区内林缘路边分界；②水边、溪边过渡划分；③单一种类成片铺设成景；④通过组合不同叶色进行带状铺设造景；⑤两种及以上不同植物通过搭配、造型和空间落差形成不同色彩和质地的形状带。

3.3 药用植物园植物配置方式

3.3.1 植物温热立体空间搭配方式

光是绿色植物进行光合作用的必要条件。由于（亚）热带地区气候区比较稳定、热量充足，地区品种对温度需求变化不大。根据各种药用植物对光照强度需求不同，将其分为阳生药用植物、阴生药用植物和光敏中性药用植物。

（1）阳生药用植物（喜阳）。指有充足的直射阳光才能保证健康生长的，且在隐蔽和弱光条件下会导致生育不良或死亡的药用植物。这类药用植物要求光饱和点在全光照 40%-50% 以上。几乎所有的高大的药用乔木（如肉豆蔻、山竹），棕榈科中的槟榔、椰子，灌木中的合欢树、九里香、月季，草本中的芋、车前草等都属于阳生植物。

（2）阴生药用植物（喜阴）。指在较弱的光照条件下比在强光下生长更加良好的药用植物。这类药用植物要求光饱和点在全光照 50% 一下，一般只需要全光照的 10%-30%。在全光照下会被灼伤甚至晒死，且植株一般不高。如四大南药中的砂仁、益智，多数的草本植物等。

（3）光敏中性药用植物（耐阴）。指处于阳生和阴生药用植物之间的中间类型。这类药用植物一般在全日照下生长健壮，但也能耐受适度的荫蔽，或一定的遮阴度却能保持健康生长，但其耐阴性因种类而有所差异，如山捻子、天门冬、地胆头等。

鉴于以上植物不同需光性特点，在园区内进行景观布局时要根据植物特点而合理分布种植空间与种植密度，必须做到层次清晰、明暗有序。

3.3.2 景观色彩配置方式

不同的植物具有不同的叶色、花色、果色等多彩颜色，有些植物还随着不同季节和气候环境变化而不断变换他们的色彩。在药用植物园搭配中，要做到不同药用植物的色彩变迁，避免"一季一花色、独自门前开"的诟病。要充分利用药用植物本身的色、香、用等形式来构建药植园丰富景点。

（1）药植园植物色彩搭配中，要注重色相的变化与统一，以及不同色相的对比和调和等问题。统一色相是指色相环上距离在15°左右的色相。药植园区内需协调各种色相，要注重色相调和，避免造成单调感：如在花坛、绿地中常用金黄的金盏菊和红色的鸡冠花；荷花与绿叶形成水天一色感；雨后的葱兰和多彩的半枝莲等都形成有机融合，这些都是统一层面的搭配。而紫花羊蹄甲和紫丁香之间可以形成立体搭配方式；红木棉与黄槐以及林下朱顶红等搭配也可以造景。

（2）药植园植物色彩也要注重色彩的季相变化。在春季色彩应用中，植物叶色以绿色为主调，要有多层次搭配。在夏季搭配上要最好使用一些列有色相变化的植物群，使景观构图上有丰富的层次，给人夏季的树荫和清凉感觉，如荷花的水天一色、合欢树的淡色与淡墨清凉、含笑的甜美清爽。秋季植物则要充分考虑金秋与硕果的特点。景观设计要以红、橙、黄、紫为暖色调，如三角枫、红桑、山捻子和山竹子等这些从叶色、果色等方面都体现药植园秋色与秋果特征。而由于亚热带和热带地区基本不存在冬季，也就没有冬季色相的明显变化，仅有部分一年生草本药用植物会因为气温下降而短暂枯黄。

3.3.3 植物与水体组合景观方式

水生植物按习性可分为挺水性植物、沉水性植物、浮叶性植物和漂浮性植物四类。

挺水植物是指生长在水边或水位较浅的地方，其根在长在水里，但叶片或茎挺出水面。这类植株常用于园区水景、岸边、湿地里，如荷花、菖蒲、慈姑、鱼腥草、鸢尾等。

沉水性植物多生长在水深处，且全株植物完全浸在水中。

浮叶性植物大多生活在深水区域，其根和茎生于水底泥土中，叶片有长叶柄浮在水面，如睡莲、芡实等。

漂浮性植物主要指全株漂浮在水面上，根系无须在泥土中，如浮萍、凤眼莲等。

热带药用观赏植物用到的主要水生植物有慈姑、荷花、泽泻、鸢尾、鱼腥草、海芋等，而沉水性药用植物因没有观赏价值不考虑其中。同时，不同的水生药用植物需要根据不同配置环境（池、小溪、湖泊等）和营造的景色主次，合理进行水体的组合造景，如水边造景、驳岸造景和堤、岛造景等园林特景。

浮水植物　　　　　　　　　　　　湖边挺水植物区

3.3.4 园艺疗法植物造景方式

园艺疗法是一种通过植物、植物的生长环境以及与植物相关的各种活动，维持和恢复长者身体与精神机能，提高生活质量的有效方法。

根据其服务类型或途径可以划分为五种疗法，包括植物疗法（Plant Therapy）、花疗法（Flower Therapy）、芳香疗法（Aroma Therapy）、园艺疗法（Horticultural Therapy）、药草疗法（Phytotherapy），而每种疗法的植物品种、植物利用方式和对人作用部位都不相同。

根据不同的园艺疗法类型，结合南方药用植物特性，在建设药用植物园过程中一定要充分考虑不同人群需求方式及获得的途径，结合配置不同种类、不同气味甚至配套不同色泽来进行综合刺激，具体可以划分为芳香治疗区（嗅觉区）、花色感受区（视觉区）、品味体验区（味觉区）和草药劳作区（触觉区）。

芳香治疗区（嗅觉区） 一方面药用花卉所散发的各种香气，可通过嗅觉神经直达大脑中枢，以改善大脑功能和刺激愉悦感。主要利用的芳香植物包括木兰科的白玉兰、蔷薇科的月季与玫瑰、芸香科的九里香和芸香、唇形科的薰衣草和藿香、檀香科的降香黄檀和紫檀、禾本科的香茅等。有些植物气味容易唤醒感情方面的记忆，有些还能唤起人的其他感官。如百合、月季等香味能让人想起食物。

花色感受区（视觉区） 暖色如红色、橙色、黄色，鲜艳夺目，使人心跳加快、精神亢奋，并给人以热烈、辉煌、温暖和兴奋感。这种色调一般适合中青少年感受，以提升其热情、希望和向往生活。冷色如绿色、蓝色、紫色等较为深沉，但又有清爽、宁静和使人放松的感觉，适合调整心态、舒缓心情的人感悟；白色是纯洁神圣的代表。因此，在药植园内布局视觉性园艺疗法区，则要考虑不同的药用植物花色、叶色和及其不同时序变化进行，同时还可以考虑增添花坛、小景以加强游人与园区的互动。其次建议要在各小分区前进行治疗对象和范围说明，提高服务针对性和增强心理效果。

品味体验区（味觉区） 在药植园内部可以开辟一片味觉感受区，主要包括热带果树观赏和采摘区（包括荔枝、龙眼、山竹、山捻子、桃树、葡萄等）、香料油料植物观赏和体验区（包括香料植物如薄荷、胡椒、香茅、

265

油料植物的山茶、椰子等）、健康餐饮和食材品味区（包括肾茶、绞股蓝、茶叶、鸡骨草、金钱草等饮料产品和展销区，蕨类、芹菜等产品区）。园区内服务的专业化或对象化，有利于提升园区的整体质量和口碑。

草药劳作区（触觉区）　其服务对象是老人和孩子，让孩子在园区内体会栽种一年生低矮的可视、可采摘的草药，以增强动手能力、学习能力和体验能力。这些草药主要包括鱼腥草、沙姜、猫须草、丝瓜、木瓜、薄荷、柠檬、橘子等。甚至可以对该区实行划分和认购制、代管制，使所有者得到身心的愉悦和幸福感。

综上所述，药用植物园是一个大资源库，尤其是（亚）热带药用植物的树、花、果、草本等都可以广泛推广。而建立药用植物园园艺理疗区将是一种扩展性尝试，并争取强化定向化、多样化、产品化功能，以提高园区服务效果。

参考文献

[1] 赵迎春，王新安.我国药用植物资源开发利用问题的探讨 [J].中国林副特产.2005(4)：53.
[2] 郭志强.浅谈药用植物在城市园林中的应用 [J].今日科苑.2008,(2)：192.
[3] 董世林.植物资源学 [M].哈尔滨：东北林业大学出版社.1991:82-96.
[4] 王莲英.花卉学 [M].北京：中国林业出版社.2003:101-132.
[5] 王予婧.广西药用植物及其造景探索 [D].广州：华南理工大学.2010.
[6] 罗德荣.药用植物专类园规划设计初探 [D].重庆：西南大学.2009.
[7] 梁敦睦.中国园林的植物造景 [J].广东园林.1999,(1)：20-21,26.
[8] 李修清.药用观赏植物在园林中的应用研究 [J].现代农业科技,2011(8):215-216.
[9] 艾铁民.药用植物学 [M].北京：北京大学医学出版社.2004.
[10] 孔怡.药用观赏植物在园林绿化配置中的应用研究 [D].天津：天津大学.2013.
[11] 国家中医药管局《中华草本》编委会.中华草本.上海：上海科学技术出版社.1998.
[12] 王国强.全国中草药汇编.北京：人民卫生出版社.2014.
[13] 刘基柱，杨全，罗景斌 主编.岭南常见药用植物识别图鉴.广州：羊城晚报出版社.2019.
[14] 杨小波 主编.海南植物名录.北京：科学出版社.2013.
[15] 中国植物志编委会.中国植物志，第1-80卷.北京：科学出版社,1961-2004.
[16] 中国科学院华南植物研究所.广东植物志，第1-10卷.广州：广东科技出版社,1987-2011.
[17] 丁景和.药用植物学.上海：上海科学技术出版社,1995.
[18] 罗献瑞.实用中草药彩色图集，第1-4册.广州：广东科技出版社,1997.
[19] 章俊华，刘玮.园艺疗法 [J].中国园林,2009.07
[20] 林宁，麦全法.药用植物在景观应用中的研究概述 [J].植物学研究，2020,9(2)：123-131.
[21] 翁春雨，任军方，张浪，云勇.海南药用植物资源概述 [J].安徽农学通报,2013,19(17):87-88.
[22] 郭毓仁.治疗景观与园艺疗法 [M].台湾：詹氏书局.2006（6)：2.
[23] 广西药用植物园.广西药用植物园药用植物名录 [M].广西药用植物园.2006(07).
[24] 李彤，陈鸾声.药用植物园景区规划 [J].中国园林.1995,11（2)：43-46.
[25] 祁云枝.西安植物园药用景区的改造规划设计 [J].西北林学院学报。2003,18（3)：113-116.
[26] 黄宝康，秦路平，郑汉臣.药用植物园作为实践教学基地的功能模式探讨 [J].药学教育.2007,23（1)：34-36.
[27] 丁华娇，应求是，章银柯.杭州植物园百草园的小生境设计和植物配置 [J].华中建筑.2007,25（10)：133-136.